新型职业农民培育综合技术读本

梁建柏　李显生　主编

中国农业科学技术出版社

U0271913

图书在版编目（CIP）数据

新型职业农民培育综合技术读本／梁建柏，李显生主编 . —北京：
中国农业科学技术出版社，2014.12

ISBN 978 - 7 - 5116 - 1892 - 4

Ⅰ. ①新…　Ⅱ. ①梁…②李…　Ⅲ. ①农业技术 – 通俗读物
Ⅳ. ①S - 49

中国版本图书馆 CIP 数据核字（2014）第 269501 号

责任编辑	于建慧　崔改泵
责任校对	贾晓红

出 版 者	中国农业科学技术出版社
	北京市中关村南大街 12 号　邮编：100081
电　　话	(010)82109194(编辑室)　(010)82109702(发行部)
	(010)82109709(读者服务部)
传　　真	(010)82106631
网　　址	http://www. castp. cn
经 销 者	各地新华书店
印 刷 者	北京富泰印刷有限责任公司
开　　本	850mm ×1168mm　1/32
印　　张	10. 5
字　　数	266 千字
版　　次	2014 年 12 月第 1 版　2014 年 12 月第 1 次印刷
定　　价	28. 00 元

《新型职业农民培育综合技术读本》
编写人员名单

顾　　问　张要武　孙占明

编　委　会

主　　任　梁建柏
成　　员　李显生　伏承宽　史　伟　赵志刚
　　　　　赵彦彬　骆汉兵　王春生　柯　铸

主　　编　梁建柏　李显生
副 主 编　秦兆义　侯振春
编写人员　姜新华　尹修安　郭向东　里志有
　　　　　周洪臣　韩阳杰　刘广会　苏立坚
　　　　　邢颖慧　苏洪新　赵春青　李　红
　　　　　李　姝　印宝东　孙　影

序　言

　　盘锦市自然资源禀赋优越，农业基础稳固，特色产业突出。在率先实现农业现代化的伟大实践中，先行先试，坚持打生态牌、走特色路，紧紧围绕"稻子、蟹子、棚子、鸭子"等优势产业，大力实施"四子工程"，注重用现代物质条件来装备农业，用现代产业体系提升农业，用现代经营方式推进农业，用现代科学技术改造农业，农业产业化、规模化、品牌化、标准化和机械化取得了巨大成就，生态农业发展走在全省乃至全国的前列。

　　《新型职业农民培育综合技术读本》，从水稻种植、设施蔬菜、北方河蟹养殖、畜禽养殖、农业机械化等五大方面，言简意赅、通俗易懂地为农民培训、农村（业）教育、科研、推广提供借鉴和参考。经过有关人员大量的艰辛劳动，使该书具有很强的针对性、政策性、前瞻性和可操作性。

　　科技支撑发展，创新引领未来，愿从事和关心盘锦农业的人们能从本书中获得借鉴和启迪。

孙占明

2014 年 10 月 18 日

目　　录

水稻种植篇

设施蔬菜篇

北方河蟹养殖篇

畜禽养殖篇

农业机械化篇

水稻种植篇

第一章 选种及育秧

第一节 选购水稻良种

根据当地生态条件、生产条件、经济条件、栽培水平及病虫害发生为害等情况，选用经过国家审定和当地技术部门试验、示范和推广的综合性状好的水稻品种：一是株型紧凑，茎秆粗壮、分蘖力强。二是抗病虫、抗倒伏、抗盐碱。三是生育期在 155~160 天。四是优质、高产的水稻品种。通过多年的试验及生产实际应用证明，比较适合盘锦地区的种植的水稻品种有以下几种：

1. 盐丰 47 品种

该品种属于粳型常规水稻品种，在辽宁南部，京津地区生育期 157 天，株高 98cm，穗长 16.5cm，每穗成粒 129 粒，结实率 85.1%，千粒重 26.2g，整精米率为 66.2%，垩白米率为 15.5%，垩白度 2.8%，平均亩产 650~700kg，最高亩产可达 800~850kg，具有较大的增产潜力。抗水稻稻瘟病，条纹叶枯病，干尖线虫病，是目前比较优良的品种。

2. 辽河 5 品种

该品种是继盐丰 47 品种之后选育的品种，生育期 158 天，属中晚熟品种，苗期叶色浓绿，叶片直立，株型紧凑，分蘖力强，主茎 15 片叶，半紧穗型，穗长 16.0cm，穗粒数 116.6 粒，千粒重 25g，颖壳金黄色，无芒。糙米率 82.6%，精米率 73.4%，垩白粒率 21%，垩白度 3.4%，中抗穗颈瘟病，抗水稻条纹叶枯病，高产，平均亩产 650 ~ 750kg。①

3. 盐粳 456 品种

盐粳 456 品种是辽宁省盐碱地利用研究所以盐丰 47 为母本，辽粳 207 为父本进行有性杂交，后代按系谱法进行选择，育成的高产、优质、多抗水稻品种。一般亩产 650 ~ 700kg。该品种 2010 年经过辽宁省品种审定。全生育期 163 天，株高 103cm，穗粒数 123.2 粒，结实率 92.1%。

4. 田丰 202 品种

该品种生育期 163 天，属中晚熟品种，秧苗粗壮、挺拔，叶片宽厚、根系发达，株高 110cm，株型紧凑，分蘖力强，主茎 16 片叶，半紧穗型，穗长 17cm，平均粒数 134.9 粒，结实率 83.7%，千粒重 25g，糙米率 83.6%，精米率 74.2%，垩白粒率 8%。平均亩产 700kg。

5. 锦稻 106 品种

生育期 159 天，属中晚熟品种，苗期叶色深绿，叶片直立宽厚，株高 94.5cm，株型紧凑，分蘖力强，中抗稻瘟病，抗水稻纹枯病。主茎 15 片叶，紧穗型品种，穗长 16.5cm，每穗 121.4 粒，千粒重 26.3g，谷粒长椭圆形，颖壳深黄色。糙米率为 82.9%，精米率 73.9%。适宜栽培密度为 15 ~ 18 穴/m²，平均亩产 650 ~ 700kg。

6. 优质米品种

丰锦、一目惚、秋田小町均属日本品种，生育期 145 ~ 150 天，株高 95 ~ 100cm，株型紧凑，分蘖力强，主茎叶片 15 片叶，每穗粒数 70 ~ 80 粒，千粒重 25.5g，平均亩产 400 ~ 500kg，通过稀植及矮化栽培亩产可达 500 ~ 600kg，适合做搭配品种种植，可以生产优质大米提早上市，获得高效益。缺点是这些品种抗倒伏能力差。

上述常规品种在盘锦地区经过多年种植，有着比较优良的特性

---

① 注：1 亩 ≈ 667m²

和品质，水稻产量水平在全省都是排列前名的，每年都有800kg的产量典型户出现，最高的亩产可达到850kg。

第二节 培育壮秧技术

培育壮秧是水稻增产的关键技术措施之一。生产实践证明，培育壮秧应以肥培土、以土保苗。在水稻育秧上应大力推广应用工厂化大棚育苗及旱地育秧技术，大棚及旱育秧具有早生快发，有效分蘖率高，抗性强，结实率高等特点。

一、秧苗方式

按照灌溉水的管理方式不同，水稻育苗可分为三种方式，即水育苗、湿润育苗和旱育苗。

1. 水育苗：水整地，水做床，水平床、带水播种，育苗全过程除防绵腐病、坏种烂秧及露田扎根外，一般应都建立水层。

2. 湿润育苗：也叫半旱育苗，水整地，水做床，湿播种，秧苗3叶1心前湿润管理，不建立水层，3叶后秧苗形成了输导组织，秧田开始建立水层。

3. 旱育苗：旱育苗可分为大地隔离层开闭式旱育苗；大地隔离层无纺布机插软盘旱育苗；高台、田园隔离层无纺布机插软盘旱育苗；工厂化大棚硬盘旱育苗。

旱育苗是旱整地，旱做床，旱播种，人工浇水补水，整个秧田期不建立水层。目前，主要推广应用的育苗方式是工厂化大棚盘育苗、大地隔离层无纺布旱育苗。大地无纺布隔离层旱育苗主要是培育人工插秧的秧苗，大地隔离层无纺布软盘旱育苗和高台、田园隔离层无纺布软盘旱育苗主要培育机插秧的秧苗。通过近几年的发展，盘锦地区水稻移栽机械化插秧占总面积的80%以上，而工厂大棚育苗达到了总育苗的60%，实现了水稻全程机械化生产，达到集中、高效、快捷、低成本的目标，最终保质保量完成水稻生产各项任务，为水稻高产奠定了基础。

二、壮秧标准

综合壮秧标准是：根：根系发达、粗短、白根多、无黑根。苗：基部粗扁、苗健叶绿，叶片上冲不披散。生长旺盛，群体整齐一致，个体差异小，苗体有弹性，叶片挺健、叶鞘短、叶色深绿、绿叶多，黄、枯叶少，秧苗高度适中，无病或骷髅苗。

（一）机插秧壮秧标准

秧龄 30～35 天，株高 15cm、叶龄 3.5 叶、茎粗 0.3cm、秧苗根系发达、根白、根多无黑根。秧苗高度整齐一致，无秃疮苗。秧苗清秀健壮、整株具有完整的绿叶数，移栽时植伤小，插后返青快。

（二）常规旱育苗壮秧标准

秧龄 40～45 天、叶龄 4.1～4.5、株高 17cm、茎粗 0.4～0.5cm 宽、秧苗 40% 带蘖。根系发达，新根、白根多。秧苗整齐一至，无骷髅苗、徒长苗、细苗、小老秧，秧苗完整叶片多、无黄叶、病叶。秧苗清秀健壮，植株富有弹性，移栽时植伤小，成活率高，返青快。

三、工厂化大棚育苗技术

（一）种子处理

选种子时应做好种子发芽试验，标准的种子发芽率应为90%～95%以上，低于90%发芽率的种子不能做种子。简易的发芽试验做法是：用发芽皿 3 个（用开水浸泡消毒），发芽皿里铺上一层脱脂棉，将每个发芽皿装上 100 粒种子，装上发芽适当的水，然后放置在温度 30～32℃的地方或发芽箱中。一般 4 天查发芽势，7 天查发芽率，发芽率在 90% 以上为合格的种子。做好发芽试验的目的是为确定播种量提供依据。

1. 种子脱芒：为了播种均匀，出苗齐，防止稻芒或小枝梗及杂物堵塞播种器，造成缺种断条，保证移栽时秧爪取苗均等，在泡种前要进行种子脱芒，去掉小枝梗和颖壳上的芒或杂物等。

2. 晒种：晒种可提高种子发芽率，降低种子内水分，使每粒种子水分均等，保证种子出芽均匀一致，晒种还可以杀死种子表皮所带的病原物，在泡种前选晴天晒种 2~3 天。

3. 选种：种子经过晒种后要继续选种，主要是为了选择籽粒饱满，整齐一致的种子，以保证苗齐苗壮。一般采取风选筛选，然后再进行盐水选种。盐水选种：在 50kg 水中加入 12.5kg 食盐，充分的溶解，也可用鲜鸡蛋放入溶液中调试，当鸡蛋露出水面 5 分硬币大小为适，选种后用清水洗种 1~2 遍，洗掉种子表面的盐分，以免影响种子出芽。

4. 种子消毒：种子消毒主要是为了预防水稻恶苗病，干尖线虫病。采用 16% 的线虫清 10~15g 消毒种子 5kg。具体做法是先用清水捞去秕谷，然后容器中盛装一定的水，把所要求的线虫清药剂倒入温水（35~40℃）中充分搅拌，再把种子倒入容器中，水要淹没种子 10cm，常温下浸泡种子 6~7 天，然后用清水清洗种子。

5. 催芽：一般采用温控蒸汽催芽器催芽和常规预热催芽法，用催芽器催芽，浸泡好的种子在催芽器的作用下，经过 32 小时完成破胸催芽。常规预热催芽，即将浸泡好种子捞出控干水分，放入 45~50℃的温水中预热 1~2 分钟，然后堆放在室内，堆下用木头垫起再铺上席子，四周用塑料膜覆盖保温，当温度升高到 30~32℃时经常的翻动种堆，使种子堆内的温度均匀一致，当种子 90% 露白时进行降温晾芽，等待播种。

6. 拌种：为了预防水稻苗期的立枯病、青枯病的发生，在水稻播种前进行药剂拌种，采用 30% 的拌宝壮可湿性粉剂 30~40g 拌种 15~20kg，或亮盾（咯菌腈 25g/L、精甲霜灵 37.5g/L）300~400mL 拌种 100kg，做到边拌边播种。可有效地控制水稻立枯病、青枯病的发生。

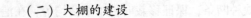

（二）大棚的建设

1. 选址

工厂化大棚育苗应选择园田或旱田，也可以选择地势较高的稻田，稻田地周围应有环沟，防止大田泡水整地时浸润。工厂大棚要靠近水源，便于浇灌。大棚最好选择南北走向，这样不仅有利光照的利用，同时也有利于通风管理。其次是工厂化大棚应选择交通方便，有利于进料和外运苗等各项作业。

2. 建棚标准

棚高 3~4m，棚宽 8~10m、棚长 70~100m。大棚的间距为 1.4~1.6m，采用镀锌厚皮铁管做骨架，可采用装卸式的大棚骨架模式，便于装拆及管理。大棚两端钢架山立柱支撑，用钢质锁扣固钢丝，将钢架链接，再把钢丝与地面固定物链接锁紧。

3. 大棚膜采取三段式盖膜

即最上顶一幅膜，两边各一幅膜，每一幅棚膜宽度基本一致，上幅膜是固定的，下两幅膜不是固定的，可以人为调整。采取三幅盖膜便于炼苗，特别是高温天气时显现出它的优点，四处通风，温度更接近自然，是防治秧苗徒长的有效措施。大棚膜铺盖后用尼龙绳绷紧，防止大风把大棚掀开。工厂化大棚的大小根据所负担的插秧面积来确定，设施面积的利用率可达到 80%~85%，每 100m^2 育苗面积可为 25~28 亩稻田提供秧苗，为了提高机械设备的利用率，工厂设施面积一般应确定在 500m^2 以上。

4. 整平育苗地

水稻育苗播种前对大棚内的育苗地要进行彻底整平，以往秧苗生长高矮不齐、秃疮苗，大都是育苗地不平造成的，有的地方秧盘底部悬空，浇水很快即渗干，因而悬空的地方极易缺水而生长不好。所以要想育好苗就必须保证育苗地的平整，这样秧盘才能摆的齐、平、直。使秧盘能充分与土壤接触，有利于秧苗根系与地下的衔接，从而有利于秧田的管理，保证秧苗正常的生长。育苗地的整平可采用6m长的木尺找平，做到起高填洼、大棚地高低差不超过5cm，同时育苗地要用石磙压实、压平。也可采取灌水方式，利用水来找平，效果很好。

（三）营养土的配制

1. **选好黑土**

要求黑土是无草籽、无农药残留、土壤肥沃的客土，一般在引水"干渠"里取土。禁止在大豆田、玉米田里取土做育苗土，以免发生药害。一般用土量按每盘5kg土准备。

2. **壮苗剂**

目前壮苗剂的种类很多，在应用上一般采用正规厂家生产的，有效成分含量比较高的，并连续多年应用没有出现问题的壮苗剂。如果采用2.5kg包装，含量在19%～21%的可拌土装80～100盘。即25～31g壮苗剂/盘。壮苗剂要与黑土充分的搅拌均匀，有结块的要过筛，以免造成秧苗生长不齐或肥害发生。

3. **腐熟好的粪肥**

腐熟好的粪肥既起到营养又起到土壤的疏松，有利于秧苗的根系的生长，使根系发达健壮。每盘可掺混0.5kg的优质粪肥。

（四）播种育苗

1. **育苗期**

根据历年的育苗期与当年的气候条件来合理的确定育播种期。当气温稳定通过5℃时，即4月5日至4月10日进行。根据育苗的总量和水稻移栽的时间来合理的安排分期播种育苗，一般可分期2～3批育苗。

2. **播种量**

稀播种是培育培育壮苗的重要措施，根据多年的试验、实践得出每盘播种80～100g干种子（发芽率在95%以上）比较适合，能达到秧苗个体的健壮目的，播种2～2.5粒/cm²，保证成苗1.5～2株。早期播种，由于秧龄长，插秧期晚，播种量应小，播种期晚、播种量应稍大些，但不可以超标。以往水稻播种量大，秧苗细弱，质量差，因此合理的确定播种量可以解决秧苗质量差的问题。

3. 加强播种质量

营养土要拌好，播种均匀。播种流水线要在育苗前彻底的检修，防止出现问题，保持正常的作业，覆盖土要保持 0.5cm 厚，不要漏种子。苗盘底土要浇足底水，摆盘要平、直、不悬空。

4. 覆盖地膜

为了确保播后种子出苗快，出苗齐，在播种摆盘后要铺设地膜，要压好四边，防止漏气透风，避免床面或床面局部的风干而缺水，造成出苗不好。

（五）大棚秧田管理

机插秧对秧苗的总体要求是整体均衡，个体健壮。每盘苗无高低，每把苗无粗细，形体分布均匀，根系盘结牢固，土层厚薄一致，秧苗起运不散，秧苗高度适中。严格技术要求，培育出适合机插的健壮秧苗，是水稻机插秧技术推广成败的关键环节。因此，必须加强苗期管理。苗期管理分三个阶段，一是出苗前，二是出苗后，三是三叶期的管理。

1. 发芽出苗前的管理

出苗前主要应注重水分、温度的管理。保证水稻所需水分温度，促进早发芽、早出苗，出齐苗。首先要保证棚内温度 30 ~ 32℃，要把棚膜四周压严，有损坏的地方尽快的补好，遇寒潮时应及时在棚膜上铺盖保温材料。其次是要保证棚内床土水分，要经常的检查床内水分状况，是否能满足对水分的要求。如苗床水分不足、干燥发白是应及时补水；如发现床内湿度过大时应选择晴天通风晾床，降低湿度；发现漏种子时应立即补铺覆盖土，发现种子"顶盖"时应用小木棍轻轻敲碎顶盖，随即用喷灌浇水，碎土即可落下。

2. 出苗后的管理

（1）温度：大棚内的温度管理十分重要，应专人管理，管理人员要认真，不可有半点马虎，稍有纰漏就会造成重大损失。

水稻一叶期的管理，秧苗出齐后即可撤掉地膜，降低棚内温度，使秧苗在适当低温状态下生长，此时要防高温伤苗，要控制徒长，保证秧苗生长健壮平衡，温度控制在 25～27℃。此阶段可以采取通风措施炼苗，根据大棚内的温度状况而决定通风口的大小，开始时先小通风，然后逐渐加大通风口，尽量使秧苗的木质纤维程度大，也就是说秧苗要老壮些，这样才能保证秧苗不发生青枯病。

二叶期棚内温度控制在 25℃ 以下，此时通风炼苗更加频繁，工作量加大，严格控制温度超标。

三叶期棚内温度接近自然温度，温度控制在 20℃ 左右，两边的大棚膜基本是全部落下。而此时的棚膜的作用只是预防突发性寒潮降温、降雨天气的出现，避免对秧苗造成危害。一般情况下与自然温度相同为好，最适温度的验证办法是人站在大棚内感觉比较舒适，没有热意为好。

（2）水的管理：大棚育苗是旱育苗的一种，水分管理上要遵循旱管的原则，利用现代的喷灌技术根据秧苗、秧盘的水分状况科学、合理供水，达到土壤湿润而不涝，盘土潮湿为好，这样才能培育健壮理想的根系。在播种后出苗前的管理要重视秧盘土的水分状况，此时必须保证不能缺水，缺水就出不好苗。此时期要时刻观察苗床水分状况，缺水时要立即供给，量要适宜，不要过大。出齐苗后到一叶一心期基本是 1～2 天喷浇一次水，床面郁闭时，浇水次数减少，一般是 2～3 天浇水一次，浇水要在每天 16：00—17：00 进行，不要在每天的早晨或高温时进行。秧苗期水管理总的原则是，以旱管为主，不干不浇，尽量减少浇水次数，杜绝过水、淹水管理。

（3）青枯病、立枯病防治：一是在秧苗一叶期进行立枯病的防治，喷洒 30% 恶霉灵、甲霜灵的药剂。每瓶喷施 $20m^2$，然后用清水洗苗，间隔 10 天再防治一次。二是采取低温炼苗与适当的减少用水次数，控制秧苗徒长，培育发达的健壮根系，可有效预防秧苗青枯病的发生。一旦发生青枯病了，根据发生的程度可采取的方法是：一是发生青枯病轻的立即喷施壮根的微肥、生根剂加"育苗灵"一类的药剂，防止继续蔓延，能起到治疗和保护作用。二是青枯病发生较重的，可采取保水方法进行防治青枯病，一般要保水一周以上，水层淹没秧苗 2/3 为适，当见新根和绿叶展出时即可撤水，采取正常管理。

（4）肥：秧田管理较为主要的是运用好肥，保证秧苗正常健康的生长，在施肥上要依据秧苗的生长情况来定，一般秧田施肥在秧苗三叶期进行。施肥量每 m^2 21％硫铵 30g、50％硫酸钾 20g、64％磷酸二铵 25g 对水 100 倍液喷浇，然后用清水喷浇洗苗。秧苗移栽前喷雾生根剂，促进根系发生，加速秧苗盘根，有利机插。

（5）秧苗田除草：在水稻移栽前选用"稻喜"除草剂 25mL 对水 15kg 进行茎叶喷雾，喷雾要均匀，不要重复，喷药后的稗草也不需拔除，移栽到大田稗草自己死亡。

（6）移栽前喷施杀虫剂福戈（40％氯虫苯甲酰胺）：福戈是先正达公司生产的农药，该药低毒，广谱，对所有的稻田害虫都有效，药效期长（对潜叶蝇、稻飞虱效果稍差），可持续 30～40 天。秧田一次用药可解决过去多次用药，不但效果好，同时省工、省力。具体施药同水稻虫害防治。

（六）大棚育苗注意事项

1. 采取有效措施使播种后种子尽快出苗、出齐苗。

2. 预防高温天气对幼苗的危害，在温度的管理上要绝对的认真，不可忽视。

3. 控制温度、预防秧苗徒长、提高秧苗质量。

4. 预防青枯病的发生，发生后要及时采取有效措施控制。

5. 培育秧苗根系发达、根系粗壮、白根多、无黑根的秧苗，有利移栽后秧苗扎根快。

四、常规育苗技术

（一）种子处理及育苗技术

1. 种子处理同工厂大棚育苗技术。

2. 育苗方式：推广水稻无纺布隔离层旱育苗，无纺布隔离层旱育苗的优点是：一是能培育高度整齐一致的壮苗，水稻移栽后返青快，分蘖早；二是省工、省力、省成本，降低费用；三是秧苗全根下地，植伤小，缓苗快；四是由于秧苗健壮，抗逆性强，秧田一般情况下不发生病害。

3. 播种量：盘育苗机插的，每盘发芽率在95%的播干籽90～100g；常规手插秧的 $1m^2$ 播干籽200～250g。超过规定的播种量不但秧苗细弱不壮、返青慢，同时秧苗易发生青枯病坏苗。

4. 覆盖土要达到要求的厚度，一般铺0.5cm厚左右，覆盖土铺太薄易漏籽，不利种子出苗。

5. 育苗时不需喷施封闭药剂，等到水稻移栽前喷施稻杰或稻喜防除稗草。育苗时喷药封闭易产生药要害，不利出苗。

6. 无纺布下面铺设地膜：铺地膜是为了保持床面湿度，促使种子早出苗、出齐苗，防止苗床土风干。地膜四周要压严、防止漏气。

7. 育苗注意事项：一是要深沟高床，步道沟深30cm、宽35cm。床的规格是：床宽2.2m，净播幅1.8m，床长15～20m；二是床面要平，严格做床的质量，杜绝高低不平；三是育苗时苗床不能太湿泞，应该平床后3～4天再开始播种育苗，这时的苗床干湿度比较适合，能避免因湿度过大而造成出苗不齐或不出芽的现象；四是播种量要合理；五是覆盖土要均匀，厚度适中。

（二）常规育苗秧田管理

1. 温度

播种后到齐苗期的中心工作就是以促温、增温为主，使种子尽快的出苗、出齐苗。及时清除步道沟淤泥和积水，床内温度应以

30～32℃为适。秧苗一叶一心期开始通风炼苗，床内温度掌握在30℃左右，二叶一心温度控制在25℃左右。3叶期温度控制在自然状态下。总的原则是以平稳为主，防止秧苗过量徒长。

2. 水

秧田应坚持旱管水为主，建立良好的旱地土壤环境，创造适宜根系生长条件达到培育壮秧的目的。秧苗缺水时用喷壶喷浇，不缺水不浇水，秧田期在特殊情况下除外，一般不采取过水或保水管理。

3. 肥

秧田施肥一般在秧苗3叶期进行，根据具体情况酌情施肥，做到氮、磷、钾、锌肥的综合施用，促进秧苗平衡健壮生长。

4. 防治青枯病

秧田青枯病是水稻生产的大敌，由于管理不善、恶劣的气候条件，很容易发生青枯病，轻者青枯，重者大面积死苗，造成缺苗，秧苗质量差。每年5月初都有青枯病发生，有时措手不及。防治青枯病的方法：一叶一心期开始炼苗，要狠、要彻底。控制播种量，杜绝超密育苗和郁闭生长。秧田始终坚持旱管，避免频繁过水。减少秧田施肥量，采取合理使用综合营养，保证秧苗平衡生长。秧苗一叶一心期喷施"育苗灵"预防秧苗立枯病的发生，在秧苗2叶至3叶期喷施生根剂和"恶霉灵、甲霜灵"药剂预防青枯病的发生。

第二章　水稻移栽

第一节　移栽前的准备工作

一、精细整地

一是在土壤墒情最佳的时期进行春翻或春旋，翻埋残茬。春翻、春旋保证质量，深度达到 10～15cm，一般在来泡田水前结束；二是进行旱整平：来水前要进行旱搭埂、旱整平，填好埂边沟，四边取直或铲除四边稻茬等工作，为机动车水平地打基础。

二、泡田

一次大水淹灌泡田 1～2 天，土壤盐碱重的地块要多泡几天，达到洗盐洗碱的目的。

三、做好水平地

采用动力平地，要进行反复轧耙，破碎泥块，使土壤细碎、松软，达到地平如镜，高低差不过寸。动力平地后要及时更换新水，排除土壤中的有害物质，降低盐碱的含量。

四、药剂封闭

药剂封闭是水稻生产中的一项重要工作，近年水稻本田的药剂封闭很不好造成了大草荒，给水稻生产造成了诸多的麻烦。分析原因，一是药剂封闭药量不够，农民不按要求量去封闭，如 60% 丁草胺每亩用药量应该是 200g，近几年农民却用100～125g。二是封药时水层浅或跑水漏水，两天后地干影响封药效果。三是杂草的抗药性大，由于长期多年的采用丁草胺、吡嘧磺窿药剂应用，杂草对该药剂逐步的产生抗性，因而封闭效果差。四是个别药剂有效成分含量可能低。根据盘锦市水稻田的杂草的分布数量、种类，一般移栽前所采用的药剂是：每亩用60%的丁草胺200mL加10%比密磺隆20g对水喷雾或泼浇。或50%丙草胺50mL加24%乙氧氟草醚20~30g对水泼浇，保持水层5~7天，水层浅可续水，但不能干地。

五、施底肥

施底肥的优点有：一是肥料全层下地，持续供肥。二是肥料的利用率提高，减少肥料的损失。三是为水稻生长及早的提供养分，使水稻正常的生长。四是施肥简便、省工、省时、减低劳动强度。在施底肥时要坚持有机肥为主，氮、磷、钾、硅肥配合施用。移栽前结合稻田翻旋地，亩施有机肥1000~1500kg，尿素7.5kg、64%磷酸二铵7.5kg，50%硫酸钾5kg、35%的硅肥15~20kg；或每亩施55%长效掺混肥30kg，与土壤充分混拌，达到全耕层施肥目的。

六、水稻移栽期确定

1. 当气温稳定通过15℃时即可进行水稻移栽，在物候期看是刺槐树开花时是水稻移栽的最佳时期，因此在此时期采取一切措施、力量，保质保量的完成水稻移栽任务，一般是5月15—20日开始，5月末结束。

2. 各项准备工作完成时可提早移栽，否则可适当晚栽，比如药剂封闭、底肥、地没有平好就要推迟移栽期。

3. 秧苗质量好，达到标准时可移栽，苗小可晚栽。

4. 叶龄、秧龄期：秧苗叶龄为3.5片，秧龄为30~35天；株高15cm时是水稻移栽的最佳时期。

5. 生育期长的品种可适当早移栽，生育期短的可以适当晚栽。生育期 160 天的可在 5 月 25 日前移栽，生育期在 155 天的可以在 5 月末或 6 月 5 日前移栽。

七、移栽密度

水稻合理的稀植是水稻高产的重要措施，通过几年的试验、研究水稻稀植不但能获得高产，同时大大改善了水稻群体与个体的生长条件，使水稻抗病能力提高，所以今后全市重点要推广水稻稀植栽培技术，推广与稀植相应的配套技术。在生产中由于品种的不同，其栽培的密度也不一样。盐丰 47 系列的品种可采取（9×5）~（9×6）的株行距，穴插 4~5 苗，每亩 5 万 ~6.6 万基本苗。丰锦、秋田小町等优质米品种可采取 9×6 的株行距，穴栽 4~5 株苗。每亩约 1.1 万穴，合 4 万 ~5 万苗。

第二节 移栽后水稻田间管理

一、移栽后的药剂封闭

近年水稻本田药剂封闭效果不好，莎草科杂草、禾本科杂草泛滥成灾草荒给农民造成了较大负担和损失。所以为解决这个问题特提出如下除草技术：水稻移栽返青后，是移栽后 7~8 天，在底草少，杂草小的情况下，可采用 69% 吡密·苯噻酰 60g 或 70% 苄密·苯噻酰 60g 拌肥或拌土 15kg 撒施，保持水层 5~7cm，保水 5~7 天。在稗草 4 叶期前用 50% 二氯奎磷酸 40g/亩，稗草超过 4~5 叶时二氯喹啉酸要加倍用量，撒掉稻田水进行茎叶喷雾，24 小时后覆水正常管理。莎草科草可用二甲灭草松，120~150mL 或 70.5% 二甲唑草酮 15~20g 或苄密唑草酮 15g，撒水进行茎叶喷雾，24 小时后覆水正常管理。

水绵是对水稻生产影响很严重的藻类植物，水稻移栽后开始发生，很快蔓延全田，影响温度，影响光照，同时与水稻争肥，影响水稻生长，现已成为水稻田有害生物之一。

防治对策：一是每亩采用45%三苯基乙酸锡40～50g对水15kg喷雾。二是每亩采用40%西草净可湿性粉剂50～75g拌土或拌肥10～15kg撒施。

注意事项：一是三苯基乙酸锡要在水稻移栽缓苗后进行，选择晴天，在每天的高温时间（13：00～14：00）进行喷雾药剂，水层不要过深，保持水3～5cm为适。二是西草净必须在秧苗彻底缓苗后进行，因为西草净对秧苗有较大的伤害作用，秧苗缓苗不好，根系发育不健壮很容易产生药害。所以绝对要掌握用药时期，用药量。西草净应用时要与细潮土混拌均匀，然后闷12小时后施用，施药时不要重复撒施，有没有水绵的地方都要撒药。

二、水管理

（一）科学管水、用水

在水稻生长期间为促进根系生长良好，增强吸收能力，促进水稻生长健壮。在水的管理上，以增氧通气、养根活根为中心，以增强根系活力为目的，科学运筹水的应用。具体是：水稻移栽后立即采取适当的深水扶苗2～3天，水层6cm左右。一是护苗防倒，保持秧苗直立。二是减少秧苗对水分的蒸发，使水稻早返青。水稻分蘖期采取浅水灌溉保持水层2～3cm，目的是提高地温，促进水稻分蘖。水稻分蘖末期根据水稻的长势状况，适当撤水晾田，控制无效生长，保证水稻群体与个体良好的发育。水稻拔节至抽穗开花期，对水的需求比较严格，适当建立水层，保持水稻抽穗开花对水的需求，但不要深，3～5cm就可以。水稻灌浆期是水稻后期最重要的时期，水运作好水稻就可丰收，否则就会减产。因此，加强水稻后期的水管理是十分重要，因为后期所做的工作都是以保证水稻根系为中心，延缓根系衰老为目的，那么在水的管理上要遵循"浅、湿"的灌溉原则（干湿壮籽），以"浅、湿"为主，保持水稻根际有足够的氧气，使根系衰老的速度减慢，保持根系有旺盛的活力，从而使水稻植株叶片完整，活秆活粒成熟。

（二）完善田间水利工程、提高用水质量

盘锦地区是退海平原，土壤盐碱重，pH 值一般都在 8.0 左右，由于有害物质含量高，水稻秧苗生长缓慢，有时由于秧苗素质差，加之盐害，水稻基本停止生长。为此，减少和降低稻田的盐碱含量是促进水稻生长，提高水稻产量的重要措施。通过提高农田水利工程标准可以有效达到渗、淋、排、洗等作用，降低田间盐碱及有害物质的含量，使水稻能健康的生长。具体如下：一是田间上水沟（沟深 70cm，沟上宽 1.3m、底宽 30cm），下水沟（沟深 80 ~ 90cm、沟上宽 1.5m、底宽 40cm）达到标准，做到灌排自如。二是降低条田的宽度，一般以 20 ~ 25m 宽为宜。三是采取"U"形槽或暗排暗灌等设施可以提高水的利用率，用水时间大大的缩短。

三、施肥

（一）常规施肥

总的肥料指标是：纯氮量指标是每亩 18 ~ 18.5kg；有效磷为 8.25 ~ 9.2kg；有效钾为 5 ~ 6kg；有效硅 14 ~ 17kg。遵循这个标准，在施足底肥的基础上，移栽后每亩施返青肥 21% 硫酸铵 10kg。分蘖肥一：每亩施尿素 10kg、64% 磷酸二铵 10kg、50% 硫酸钾肥 5kg，21% 硫酸锌 0.5kg；分蘖肥二：尿素 10kg、磷酸二铵 2.5 ~ 5kg。分蘖肥要在 6 月末结束。7 月 10—15 日根据水稻生长情况酌情施点穗肥，每亩施尿素 3.5 ~ 5kg 或 15 - 15 - 15 的复合肥 7.5kg，施穗肥的前提要在水稻落黄时施入，否则是不可以的，落黄严重的可适当多施点肥，落黄轻的可适当的少施肥，具体要灵活掌握。在水稻灌浆期、大约时间是 8 月 20 日前后每亩施尿素 3.5kg 或 15 - 15 - 15 复合肥 5kg，此时施肥对水稻根系、叶片、对千粒重等有很大的益处，可使水稻活秆活粒不早衰，是增加水稻产量的重要措施。

水稻对硅肥吸收量大，而增施速效硅肥可明显的改善水稻长势长相，由于植株细胞硅质化程度高，抗病虫的能力提高，特别是抗水稻纹枯病的效果非常好，经过几年的施硅肥的试验，每亩地施35%硅肥20～25kg，在水稻抽穗后调查，纹枯病发病株率为5%～10%，而没有施硅肥的水稻不但生长不好，水稻纹枯病的发生几乎全田都有，发病级数高，发病株率达到70%以上。施硅肥最好是做底肥一次性施入，早施比晚施效果好。

（二）长效肥的施用

俗称一次性复合肥，一般使用一次性复合肥养分含量为53%～55%，N、P、K各养分含量分别是27－18－10、28－15－12或30－15－10等配方，在这个含量的情况下，要求每亩施肥40～50kg，这个数量的肥基本可以满足水稻生长前期的需要。长效肥可以分两次施：一次是结合稻田旋耕使用，做到全层有肥，这一次施肥一般亩施长效的肥70%，剩余30%的肥留做水稻移栽后返青期施入。以后可在水稻分蘖始期补施尿素10～15kg，这样"前、中"期追肥就基本结束，以后根据实际情况酌情的施点补肥，保持水稻平衡的生长。长效肥施肥次数少，省工、省力、操作简单。但肥料的质量往往有很大差距，在选择长效肥时一定要慎重，不要盲目选购。另外，该肥一般只含有氮、磷、钾元素，不含其他元素，因此在应用时要补施锌肥、硅肥或其他微肥等。

（三）叶面肥

水稻灌浆期喷施90%磷酸二氢钾肥50～100g，或粒粒饱30g或水稻灌浆肥30g，可有效促进水稻灌浆，提高千粒重，一般喷施1～2次。

第三章　水稻病虫害防治

第一节　水稻病害防治

水稻病虫害防治，必须坚持"预防为主，综合防治"的植保工作方针。以种植抗病虫品种为中心，以健身栽培为基础，药剂保护为辅的综合防治措施。

一、农业防治

选用抗虫品种、培育壮秧、合理稀植、合理施肥、科学灌水；及时清除遭受病虫危害的植株，减少田间病虫基数；水稻收获后及时翻犁稻田，冬季清除田间及周边杂草，破坏病虫害越冬场所，降低来年病虫害基数和病虫害发生率，具体如下。

1. 选用抗病品种：目前比较抗病的品种有盐粳456、锦稻105、锦丰一号，盐丰47等（抗稻瘟病、干尖线虫病、条纹叶枯病），这些品种在本地已经种植多年，有较好的优点，丰产性能高，抗病性好，比较适合当地种植，应大力推广应用。倡导农民不要盲目外地引种，不经过试验、示范的品种最好不应用于生产。

2. 培肥土壤、改良土地，增施有机肥，提高土壤保肥、保水和供肥能力。每年要结合机收割进行稻草还田；完成30%～40%，争取2～3年轮回一次，或每亩投农肥1 000～1 500kg结合秋季适当深翻，可有效改良土壤、提高地力，使水稻根系生长空间增大，根系发育好，从而水稻抗病。

3. 采取稀植技术：水稻移栽密度过大，通风透光差，很容易导致郁闭，株行间湿度大，易发生各种病虫害。通过水稻稀植栽培可改善水稻群体与个体生长关系，水稻光能利用率高，稀植后的田间小气候明显改善，不利于病虫的发生。全市今后应大力推广9×6寸（1寸≈0.0333m，全书同）的株行距。

4. 增施磷肥、钾肥、硅肥、钙肥等，适当减少氮肥亩施用量，达到营养元素的综合施用，使营养达到供给平衡，水稻在养分平衡的情况下健康生长，从而提高水稻抗病能力。一般亩施尿素30kg、磷酸二铵15~20kg、50%硫酸钾10kg，35%硅肥25kg，钙肥2kg，21%锌肥0.5kg。按照这个配方施肥可以明显的减少水稻病害的发生，同时还可以获得高产。在施肥上要采取"少吃多餐"的方法，杜绝一次用肥量过大，造成一哄而起，生长过旺，使水稻迅速郁闭，加速水稻病害发生。

5. 科学进行水的灌溉：一是要彻底的改善田间的灌排系统，提高排盐洗碱能力，减少盐碱对水稻根系的危害，从而使水稻根系发育好，抗性提高。二是采取"浅、湿、干"间歇的灌溉方法，提高土壤的通透性，为水稻根系生长创造较好的条件，保持根系有较长时间的活力，使水稻活秆活粒成熟。

二、化学药剂防治水稻病害

1. 水稻稻瘟病：稻瘟病是水稻病害中较为严重的病害之一，每年都因稻瘟病的发生而造成大量的减产，严重时可造成水稻减产20%~40%，有时个别田块绝收。水稻稻瘟病可分为：苗瘟、叶瘟、节瘟、穗颈瘟、枝梗瘟、粒瘟等，以穗颈瘟、节瘟的发生对产量影响最大，因此防治水稻节瘟、穗颈瘟发生是关键。在防治上一般是水稻破口出穗30%和水稻齐穗期各防一次。防治药剂是：75%三环唑50g或40%稻瘟灵125mL或2%春雷霉素125mL或凯润24g加25%三唑酮40g对水15kg喷雾。

注意事项：水稻长势旺、郁闭严重、密度大的田块要早防、多防、用药量要大。在气候条件恶劣的情况下，如遇连续阴雨、光照少、温度在22~25℃是稻瘟病大发生的前兆，因此要加强防治。

在喷药时要避开高温时段，在每天的 10 时前和 15 时后进行。每亩地至少要喷雾一桶水（15kg），一般两桶水最好。喷药时要应用增效剂，不但提高防治效果同时还可防治雨水的冲刷。

2. 纹枯病：水稻纹枯病是水稻第二大病害，也叫花秆病。发病原因是水稻品种抗病性差，栽培密度大，氮肥集中且使用量超标，各元素配备不合理，田间郁闭过早，长期采取大水管理。发病初期水稻基部叶鞘产生水浸状不规则暗绿色病斑，丛内形成烂叶，以后病斑扩大逐渐发展到水稻茎秆、叶片穗部等，纹枯病在高温、高湿时快速大发生，同时产生大量的菌丝，发生盛期菌丝是白色，当空气干燥、湿度小时菌丝收缩卷曲成萝卜籽大小的褐色菌核，菌核成熟后散落在田间或稻草上越冬，成为翌年的病原。纹枯病大发生时病斑可达到全株，使水稻枯萎倒伏，产生秕谷，千粒重明显降低。防治方法：一是在水平地后，在田格下风头用细纱网打捞菌核和浪渣，打捞的浪渣可深埋或晾干烧毁。二是在水稻拔节期（7 月 10 日）8 月 10 日采取药剂防治。防治药剂：20% 井冈霉素可湿性粉剂 50g 或 30% 己唑醇（头等功）、30% 苯甲丙环唑（爱苗）15g 或 30% 的戊唑醇 20g 等对水 30kg 喷雾。发生早、重的田块可适当早防、早用药，相反情况用药两次就可以了。

3. 稻曲病：稻曲病由绿核菌（真菌），侵染水稻花器引起的病害，水稻初期谷粒膨大、畸形，形成"稻曲"。初期稻粒浅白色膜包裹，中后期白膜破裂，大量黑色孢子粉露出，孢子粉随风摇摆散落传播病害，内层是黄色的稻曲。孢子在每年的 7 月下旬开始萌动侵入稻株，7 月末、8 月初水稻出穗后表现症状，严重时全田一片墨绿。稻曲病的发生一般是长势好的田块，农民习惯的称为是丰产病。稻曲病是水稻病害中比较好防治的病害，如果药剂应用得当，防治时期抓的准，就能达到很好的防治效果。防治药剂：25% 三唑酮 40g 加 30% 的己唑醇 15g 或 30% 戊唑醇 20g 加 30% 苯甲丙环唑 8g 对水 30～60kg 喷雾。防治时期：在水稻破口前 5～7 天进行用药防治（水稻苞未破口前），水稻破口后防治效果就很差。

4. 水稻条纹叶枯病：水稻条纹叶枯病是间歇发生的病害，有的年份发生多一些，有的年份发生少或不发生，凡是发生该病的水稻大都是感病品种，因此，在购种时要慎重，应选购抗病品种。发病时叶片相间失绿呈条状，病部失绿黄色，病叶呈花色，有时条纹症状不明显。严重发生的植株逐渐矮缩，枯萎不能出穗。发病原因一般是品种带病毒，品种抗病性差，水稻灰飞虱携带病毒传播病害。防治一是选用抗病品种。二是做好种子检疫，严格把好种子检疫关。三是用药消灭灰飞虱，采取药剂是 50% 吡蚜酮 10～15g 或 70% 吡虫啉 20g 对水 15kg 在灰飞虱发生初期进行防治。该病只有在未发生前做好预防，药剂防治效果一般。

5. 水稻干尖线虫病：水稻干尖线虫病在盘锦地区检疫性的病害，对水稻生产威胁很大，对产量影响较大，生产上应引起重视。该病一旦发生，要立即报告有关植物检疫部门。发病症状一般在水稻分蘖末期至水稻抽穗期表现症状，水稻尖叶或二叶的叶尖 1～3cm 处呈钝圆形的病斑并有纸捻状扭曲。该病是水稻线虫危害，表现病的症状。一旦发生就很难防治，可以说是无药、无法可治的病害。发病原因：一是水稻品种抗病性差。二是种子带线虫。三是种子消毒没有做好或药剂不当。药剂防治：做好种子消毒，用 16% 线虫清 15～20g 消毒 5kg 种子。

第二节　水稻虫害防治

一、水稻二化螟

二化螟也称钻心虫，在盘锦市一年发生两代，近年发生 2～3 代，并且发生的世代不整齐，给生产防治带来了很大难度。二化螟初期一龄为害叶鞘、二龄以后钻心为害，造成枯心、枯穗，对水稻产量影响较大。2013 年，水稻二化螟发生最重，造成大面积的枯死倒伏，影响产量 30% 以上。发生危害时期：一代为 6 月 20 日至

7月初；二代为7月20日至8月初；三代为8月20日至9月初。防治应分别在各代的始发期用药防治。防治药剂：一是40%氯虫·噻虫嗪（福戈）12g或20%氯虫苯甲酰胺（康宽）15g在水稻移栽前2～3天对水5kg喷雾在20～30盘的秧苗上。7月15—20日每亩再用氯虫·噻虫嗪（福戈）8g或20%氯虫苯甲酰胺（康宽）10g对水15kg喷雾，通过两次喷药可以达到理想的防治效果。

二、稻飞虱

稻飞虱可分为白背飞虱、灰飞虱、褐飞虱3种，对盘锦市危害以灰飞虱和褐飞虱最重。稻飞虱在盘锦可以发生6～7代。稻飞虱属于突发性和爆发性强的害虫，在水稻抽穗期危害最重，可造成稻穗发黑、铁壳秕谷。发生重时可造成成片水稻倒伏，减产严重。一般雌若虫占比例大时可能造成大发生。因此，在水稻拔节至抽穗时，要时刻观察稻飞虱的发生动向，以便于及早预报做好防治。当稻飞虱虫口密度达到每100穴稻丛有500～1 000头时立即采取药剂防治。防治药剂：50%吡蚜酮10～15g或25%噻虫嗪20g或40%毒死蜱50mL对水15～20kg喷雾。防治稻飞虱一是要抓早，在初发期、低龄时进行。二是对水量要足，药液要喷透稻丛中。对水量少喷不到水稻植株的下部，起不到防治效果。三是在重发期时采取大剂量的用药，否则达不到防治效果。

三、稻水象甲

为小型甲虫，成虫为害叶片，造成白道。幼虫为害水稻根系，可使稻株东倒西歪，并使水稻停止生长。成虫体长4mm，一般在每天的傍晚出动，具有空中飞，水里游，陆地走的特性。幼虫白色，2～3mm，分布在水稻的根系附近。稻水象甲成虫5月初至6月上旬危害植株叶片，6月中、下旬幼虫为害水稻根系（地下部分）。因此，根据其特性做好防治，一是采用20%三唑磷、45%毒死蜱、一路杀绝、高氯·马乳油等30～40mL/亩喷雾防治成虫。二是在 6 月中旬用 35% 地虫克星 50 ~60mL/亩防治根际幼虫。

四、黏虫

黏虫以幼虫为害水稻，啃食叶片，造成叶片缺口，虫口密度大时全田水稻植株无叶。幼虫一生分为六龄，每年在盘锦地区发生2 ~3 代，老熟幼虫食量大，对水稻为害严重。幼虫一般为黑色、土灰色，以及杂色相间。黏虫属于爆发性、突发性，暴食性强的害虫。从发生到产生大的为害只需 2 ~3 天的时间，发生迅速。黏虫发生最大的特点是防治难度大，稍微疏忽，错过最佳防治时期就很难一次防住。用药时一要选择内吸性及渗透性强、药效期长的药剂。二是要交替或轮换使用不同药剂。三是适当增加药剂用量，达到一次彻底解决害虫。四是防治黏虫一般用药都是高毒的或是毒性相对较大，对人、畜或动物、养殖田等都有毒害的，所以要严格把握，杜绝药液散播或误食。采用药剂是：5% 高效氯氟氰菊酯每亩30 ~40g 加 3% 甲维盐 3 ~5g 或 48% 阿维毒死蜱 40g 加 80% 敌敌畏50g，或 40% 除虫脲 30g 加 40 氧化乐果 40g 对水 20kg 喷雾，间隔5 ~6 天再防治一次。在防治上要做到，提早发现，提早防治，做到防小、防早，消灭在初发期。

五、潜叶蝇

潜叶蝇是水稻生产中常见的虫害，是以幼虫为害水稻叶片，虽然不是大面积发生的害虫，但每年都有局部发生，它的特点是，一旦发生就危害比较严重，损失较大。潜叶蝇在盘锦地区每年发生的代数不详，水稻移栽期开始，一直到 7 月 15 日都有发生。潜叶蝇为害症状：潜叶蝇以幼虫（很小）潜在叶片内取食，形成 1mm 左右宽白色的长道，严重时叶片全白后整株枯死。防治：采用 40% 乐果 1 000 倍液，12% 马拉·杀螟松 1 000 倍液；5% 甲维盐 5g 对水 15kg 在水稻移栽前喷雾，或 40% 福戈或 20% 的康宽 10 ~15g 对水 15kg 喷雾。

第四章 稻田养蟹病虫害防治

稻田养蟹是盘锦地区一大产业之一，实现了水稻田"一地多收、生态环保、有机"于一体的高效产业模式，稻田养蟹面积逐渐加大，效益在不断提高，越来越受到农民的青睐。稻田养蟹可分为成蟹与扣蟹两种，扣蟹作为种苗留作翌年养成蟹用；成蟹养殖是商品蟹，供应餐桌食用，优质大蟹营养丰富经济效益高。但河蟹田的安全用药是较为复杂的课题，即要考虑水稻防治病虫，还要考虑到河蟹的生存，所以在选择药剂即要对河蟹无害，还要对病虫害有效果的药剂。

第一节 稻田养蟹病害防治

一、水稻纹枯病

水稻发病初期选用30%苯甲丙环唑10~15g或20%井冈霉素40~50g对水30~50kg喷雾，7月20日、8月10日各喷雾一次。

二、水稻稻瘟病

防治时期为水稻破口期、水稻齐穗期、水稻灌浆前期。稻瘟病发生或发生严重要采取3次防治，没有发生或轻度发生的可采取2次防治。采用药剂：75%三环唑悬浮剂40~50g或2%的加收米（日本产），100g或国产的4%春雷霉素每亩地100~150g或吡唑醚菌酯250g/L 20~25g对水15kg喷雾。

三、稻曲病

25% 三唑酮可湿性粉剂每亩地 40～50g 或 50% 多菌灵可湿性粉剂 100g 或 40% 戊唑醇 20～30g 对水 15kg 于水稻破口前 5～7 天喷雾。

四、水稻条纹叶枯病

条纹叶枯病药剂防治：每亩选用 80% 乙蒜素 30～50g 对水 15kg 喷雾或 50% 菌毒清配成 500 倍液喷雾，间隔 10～15 天防治第 2 次，可较好预防条纹叶枯病的发生。

第二节　稻田养蟹虫害防治

1. 二化螟、稻水象甲：每亩选用 40% 福戈（氯虫．噻虫嗪）12g 或 20% 康宽（氯虫苯甲酰胺）10g 对水 15kg 喷雾，在二化螟每代幼虫的发生低龄用药，因为该药持效期长，水稻一生用药 2～3 次即可，就可达到理想的防治效果。

2. 稻飞虱：稻飞虱是很难防治的虫害，而蟹田发生就更难防治，所以蟹田必须提早做好预防，控制发生。选用药剂 25% 噻虫嗪散粒剂 8～10g 对水 15kg 喷雾，一般进行 2 次即可。用药量大时可考虑应对河蟹绝对安全，那么最好是今天喷药这一半田，明天再喷雾那一半田，这样河蟹就比较安全了。

3. 防治灰飞虱：水稻灰飞虱在盘锦地区可以越冬，灰飞虱自身携带病毒，在为害水稻时就传播病毒，使水稻受害表现症状，因此在水稻移栽后就要用药防治灰飞虱，消灭病原。每亩选用 25% 噻虫嗪 8～12g 对水 15kg 喷雾。

4. 水稻黏虫：混特安（氰戊菊酯溶液）水产专用，每亩 25mL 对水 15kg 喷雾或混特安 20mL ＋ 康宽 4g 对水 15kg 喷雾。注意：黏虫一定要防小、防早，即在黏虫一龄期用药防治最佳。

第五章 水稻生产田间诊断

第一节 营养诊断

一、缺素症诊断

1. 缺氮。植株矮小，直立，生长缓慢、分蘖少，叶片小、色浅，叶片薄，下部叶片首先发黄、焦枯，穗短小，穗粒少。但氮过多则植株徒长，贪青晚熟，茎秆柔弱、易倒伏，空秕粒增加。

2. 缺磷。植株瘦小，分蘖少，叶片直立、细窄、色暗绿。严重缺磷时，稻丛紧束，叶片卷缩，有赤褐色斑点，叶尖及叶缘常带紫红色，无光泽，缺磷水稻未老先衰。

3. 缺钾。老叶柔弱下披，心叶挺心，中下部叶片从叶尖的边缘开始发黄并逐渐向内侧发展出现赤褐色焦尖和斑点，随后老叶黄枯、早衰，稻丛披散，叶、鞘比例失调，叶鞘短。并逐渐向上位叶扩展，严重时稻面发红、如火燎状。水稻抽穗后易发生胡麻叶斑病，导致抽穗不齐，成穗率低，穗形小，结实率差，籽粒无光泽、不饱满，易倒伏和感病。

4. 缺锌。水稻新叶中脉及两侧叶片基部首先褪绿、黄化，有的连叶鞘脊部也黄化，以后逐渐转变为棕红色条斑。植株通常有不同程度的矮缩，严重时叶枕距平位或错位，老叶叶鞘甚至高于新叶叶鞘，称为矮缩苗或坐窝苗。幼叶发病褪绿，使叶片展开不完全，前端展开而后部折合，出现叶角度增大的特殊形态。如症状持续到成熟期，植株极端矮化、色深、叶小而短，叶鞘比叶片长，则拔节困难，分蘖松散呈草丛状，成熟延迟，虽能抽出纤细稻穗，大多不实。

5. 缺硅。水稻需硅多，容易缺硅，缺硅造成叶片松弛，有枯斑、茎秆直立性差，易倒伏，易早衰感病，千粒重低。

二、水稻缺素症的发生原因

1. 缺氮素的原因：水稻缺氮的原因一是土壤盐碱重、土地瘠薄，有机质含量少，供肥能力差。二是氮肥施用量少，水稻生长盛期脱肥，表现营养不足。三是氮肥施用衔接不上，间隔时间长。四是施肥不均匀，造成个别局部脱肥，生长量不足。

2. 缺磷素的原因：水稻缺磷的原因一是土壤盐碱重，在微碱性和石灰性的条件下，磷元素与土壤中的钙离子结合而固定，造成磷的有效性降低。稻田低洼，冷水田、低温等都影响磷素的吸收。稻田施用磷肥少，达不到水稻对磷素吸收的要求，在盐碱地的地区水稻一生需施用磷素量是 6.5~8.1kg，低于这个量会影响水稻生长。

3. 缺钾的原因：一是土壤供钾不足或土温、气温偏低，水稻不能充分利用土壤中低浓度钾素而引起。二是偏施氮肥，磷肥、钾肥施用少。三是前茬作物耗钾量大，土壤有效钾亏缺严重。四是排水不良，土壤还原性强，根系活力降低，对钾的吸收受阻。

4. 水稻缺锌的原因：缺锌一是土壤有效锌含量少。二是大量的施用氮、磷肥影响对锌肥的吸收。三是土壤盐碱、黏重、生土的地块易缺锌。四是靠下风头的地角浪渣腐烂发黑产生有机酸抑制锌肥的吸收。

三、缺素症解决措施

1. 培肥地力。增施有机肥，提高土壤的供肥能力，科学合理的施用氮肥，保持持续的为水稻供应氮素营养，根据水稻长势长相灵活的施氮肥，避免氮肥供给不及时而影响水稻正常的生长。采取秋季深翻，增加土壤耕层的深度，为水稻根系生长提供较好的环境。

2. 满足水稻对磷素营养的需要，一般每亩施 12% 过磷酸钙 40～50kg，64% 磷酸二铵每亩 15～20kg。过磷酸钙可一次性作底肥施入，64% 磷酸二铵可做 2～3 次追肥施用，可有效防治缺磷现象发生。

3. 缺钾解决措施

（1）合理施肥：过量施氮肥会引起植株体缺钾，为此，要适当控制氮肥的施用，同时追施钾肥或叶面喷施钾肥，切不可使用含有氮肥的叶面钾肥，否则会加重病害。钾离子在植物体内可以再利用，因此钾肥要早施。

（2）合理灌、排水：长期深灌水，极易导致土壤的氧化还原电位降低，加大还原性物质对根系的危害和对钾素吸收的抑制作用，因此，应合理灌排水，适时搁田，以促进水稻根系对钾的高效吸收。

（3）钾肥施用要遵循钾元素在植物体内的代谢原理进行，钾离子不参与代谢、合成作用，在植物体内始终呈离子状态存在。钾离子可以促进植物的代谢、合成，使水稻良好生长，同时由于钾离子的存在可以明显抵抗不良因素对水稻的影响，使水稻抗性增强。所以在钾肥施用时要早施、施巧，做到根部吸收与叶面吸收相结合。每亩根部施 50% 硫酸钾肥 10～15kg，分两次施入（底肥 5～7.5kg，蘖肥 5～7.5kg）。叶面肥可在水稻抽穗灌浆期喷施 90% 磷酸二氢钾 100g 2～3 次，明显提高水稻产量。

4. 锌肥在水稻生长发育过程中需要量不大，但对水稻生长影响比较大，缺少会影响水稻生长。根据水稻的生长情况酌情施好锌肥是促进水稻生长的重要措施。一般是在秧田施 21%～25% 含量的硫酸锌肥每 $20m^2$ 50～100g 或水稻移栽后每亩施 21%～25% 硫酸锌肥 0.5kg。水稻分蘖期氮肥、磷肥切不可以一次过量的施入，否则容易导致水稻缺锌。改良土壤，培肥地力，增施有机肥可有效的解决土壤盐碱重，地板瘠薄缺锌状况，每亩施有机肥1500kg，或稻草还田等都可以有效改善土壤状况。打捞田角的浪渣，减少由于浪渣腐熟而产生大量的有机酸造成有机酸浓度的过大影响水稻对锌肥的吸收。

第二节　水稻药害的诊断

一、秧田药剂封闭药害

1. 症状：水稻播种后出苗期，种芽畸形，钩状芽，贴在地皮不长，整床秧苗呈局部秃疮状，秧苗叶枕重叠，黄枯。

2. 发生原因：一是播种后覆盖土不均匀，有的地方漏种子，药与种子接触。二是用药不规范，超标，封药不均匀，有的地方药量大。三是播种时床面湿度过大，封闭药剂在水的作用下迅速与种子芽接触，伤害了种芽。

3. 预防药害发生的措施：

（1）播种后覆盖土要保持0.5cm的厚度，覆盖均匀一致。

（2）严格用药量，每20m² 用1.5%丁·扑可湿性粉剂250g与细土15kg充分混拌均匀撒施或用19%的秧草灵30g与15kg的细土混拌均匀撒施在40m²的床面上。

（3）降低床面湿度，减少水分与除草药剂的作用。

（4）播种育苗时尽可能不进行药剂封闭，待水稻三叶后，稗草3叶左右进行茎叶喷施2.5%稻杰每亩40～50mL，可有效解决药害的发生。

（5）水稻秧苗齐苗后要及时通风炼苗，降低床内温度，减少温度对秧苗的危害。

（6）水稻秧苗已发生药害时要降低床内温度，保持通风炼苗，喷施0.136%碧护可湿性粉剂和叶面肥缓解药害。

二、本田药害的诊断

（一）药害

1. 药害症状：移栽后返青慢，久不发苗，苗枯黄，不扎根，根系不好。单株多，畸形，重时稻苗渐枯黄死苗，茎秆发硬，暗绿色。

2. 发生原因：25% 西草净、60% 丁草胺药剂封闭量过大；药剂封闭后安全期没有到就开始水稻移栽；秧苗素质差，抗性低。

3. 防治方法：严格药剂封闭量，每亩 60% 丁草胺 150 ~ 200g 加 10% 吡嘧黄隆可湿性粉剂 10 ~ 20g 或 50% 丙草胺乳剂 60 ~ 70mL 加 24% 乙氧氟草醚 20 ~ 30mL 对水均匀喷雾或泼浇；本田封闭杜绝使用西草净药剂。增施磷钾肥，叶面肥（张绪林牌），喷施赤霉素、芸苔素、吲哚乙酸混合剂的生长素可有效缓解药害症状。

（二）药害

1. 药害症状：葱管状叶，水稻心叶呈纵向卷叶，一般长为 10 ~ 15cm，卷叶后不再展开，呈死心状。一般在水稻分蘖期发生，每穴 1 ~ 5 株受害不等。严重时稻苗逐渐黄枯死亡，发生轻的生长点可在水稻茎基部扭曲的钻出，以后逐渐伸直生长。受害则生长推迟，分蘖少，株数、穗数不足，不抽穗，减产程度一般为 20% ~ 40%。

2. 发生原因：药剂所致。水稻秧田期由于种豆、玉米等旱田作物，进行药剂封闭所用的 2，4 – D 丁酯药剂飘逸到水稻秧苗上，经过 20 ~ 25 天潜伏期后，在水稻分蘖期表现受害症状。

3. 秧田期禁止坝埂用 2，4 – D 丁酯药剂封闭，即使用 2，4 – D 丁酯药剂封闭也要在秧苗田的下风头进行，防止 2，4 – D 丁酯药剂产生飘逸。本田使用 2，4 – D 丁酯药剂防除莎草科杂草要严格用药量，喷雾药剂是做到均匀一致，不重复，不漏喷，用药不要过晚，以免产生药害。一般本田用 2，4 – D 丁酯药剂 50 ~ 55g 对水

15kg 喷雾。当药害产生时适当增施氮、磷、钾、锌复合肥，促进水稻生长，同时进行叶面喷施 0.136% 碧护可湿性粉剂 2g + 张绪林三天青叶面肥 30g 可有效缓解药害，促进水稻根系生长。

设施蔬菜篇

第一章　无公害碱地番茄高效栽培技术规程

碱地番茄是辽宁盘锦及周边区域以其地域盐碱而栽培出的番茄产品，该产品果实绿色果肩，皮薄多汁，果肉清晰可见，含糖量高，酸甜适口。由于盐碱地的矿物质和微量元素含量丰富，使碱地番茄中的维生素、多种矿物元素及番茄红素含量都明显高于普通番茄，深受广大消费者欢迎，种植的经济效益是一般普通番茄的3倍以上。

一、栽培环境

应选择生态条件好，远离污染源，并且有可持续生产能力的农业生产区域，还应选择地势较高，排灌方便，土壤 pH 值为 7.5～8.5，盐碱偏重的土壤环境，生产基地距主干公路 200m 以外，环境的空气质量、灌溉水质、土壤环境应符合 NY5010—2002 的规定。

二、生产管理技术

（一）栽培茬口安排

日光温室冬茬、8月下旬播种、9月下旬定植、1月前后开始采收、4月上旬采收结束。

日光温室春茬、12月上旬开始播种、1月中下旬开始定植、3月下旬开始采收、6月末采收结束。

（二）品种选择

应选择抗病性强、耐低温弱光能力强、口感好的品种，目前靓粉二号、绿冠、碧盈、秀极、绿妃、刚果为选择品种。

（三）播种育苗

1. 采用穴盘基质：穴盘选择 72 孔或 50 孔均可，基质应选择品牌产品。

育苗基本程序如下：基质混拌—装盘—浇水—压印—点籽—覆膜保湿—催芽—绿化—成苗

2. 苗期管理：幼苗出土 60% ~ 70% 应及时揭去覆盖物，防止高温强光烤苗。苗期温度管理指标，播种至齐苗白天 25 ~ 30℃，夜间 18 ~ 20℃，出齐苗后白天 22 ~ 26℃，夜间 12 ~ 15℃，定植前白天 20 ~ 22℃，夜间 10 ~ 12℃。

3. 光照管理：冬春季采用补光灯、张挂反光幕等来增加光照，育苗应选择棚室内阳光充足的地方，而且要保证棚膜清洁没有灰尘，以利于增加苗床内温度和光照强度。

4. 水分管理：保证土壤湿润、不要控水，出苗后浇水要选择晴天上午进行，每次浇水要浇透，采取控温不控水的管理方法。

5. 营养管理：整个育苗期间不需要施肥，在幼苗 4 ~ 5 片真叶时可喷施龙灯喷效（高效叶面肥）来调节秧苗生长，以利于增强秧苗抗性。

6. 苗龄：当秧苗长至五片真叶，苗龄 30 ~ 35 天是最佳定植时期。

（四）定植

1. 定植前准备：将上一茬植株及散落的病叶、黄叶清理干净或深埋或焚烧，然后翻地施肥。亩施优质农家肥 8 000kg，加入有机菌肥 200kg，施后深翻、整平，然后再畦面上施入三元素平衡肥（45% 含量）50kg，加硝酸铵钙 25kg 混拌均匀施入起垄。

2. 定植方法：定植适期冬春茬番茄棚室内 10cm 地温，最低稳定在 10℃以上方可定植。

定植株行距：1m 畦栽单垄，株距 30cm。栽苗深度为苗坨上表面与地面平，避免定植过深，亩保苗 2 200株左右。

3. 田间管理：缓苗期给以较高的温度促进快速缓苗，白天温度 25～30℃、夜间 13～18℃。缓苗后适当控制温度以防徒长，白天温度 20～25℃、夜间 10～12℃，地温保持在 12℃以上。结果期保持较高的温度促进果实快速膨大，白天温度 25～28℃，夜间 13～15℃。

4. 光照管理：番茄定植后，保持棚膜清洁；后墙张挂反光幕；在保证秧苗正常生长条件下，棚室的覆盖物尽量早揭晚盖延长光照时间；连续阴雪天后骤晴，棚室的覆盖物反复揭盖，以免棚内秧苗受强光高温危害，影响正常生长。

5. 水分管理：定植时浇足底水，5～7 天再浇一次缓苗水。此时浇灌淡水，以保证秧苗正常生长，在第一穗果坐住鸡蛋黄大小结合施肥灌水，此时灌水最好浇灌井水（含盐量偏高）以利于碱地番茄果实形成，以后 20 天左右浇一次水，不特殊干旱尽量不浇水，控制营养生长，采取先促后控的管理方法，转熟期加大温差管理以增加番茄果实的品质。

6. 施肥：追肥，当第一穗果长至鸡蛋黄大小时开始追施第一次肥，追高钾冲施肥，亩施 20kg，以后每穗果坐住之后追施一次肥，一般留 4～5 穗果，追肥 4～5 次。总的施肥原则控氮、增钾、补钙，中后期也可进行叶面喷施磷酸二氢钾，防止秧苗早衰，提高品质及果实着色。

7. 植株调整：常规 1m 畦单垄，采用单干整枝，用防老化尼龙线吊秧，每株留 4～5 穗果，每穗留 4～5 个，选择果形周整，无畸形果、裂果，余者全部摘除，顶部果穗上留两片叶掐芯，侧枝及花前枝及时摘除，减少营养消耗。

8. 授粉：为防止落花，每花序开 3～4 朵时用番茄灵 2 号或高朋满座，喷花或蘸花，喷蘸花最佳时间 9～12 时进行，也可用雄蜂授粉。

（五）番茄主要病害防治

1. 番茄晚疫病，番茄一种主要病害，该病流行快，破坏性很大，常造成30%～40%减产，叶、茎、果均可受害。

（1）症状：以叶片和青果受害严重，多从植株下部叶尖或叶缘开始发病。以后逐渐向上部叶片和果实蔓延，初暗绿色水渍状，严重病斑转为褐色。空气湿度大时病斑迅速扩展，叶背病斑边缘一层白霉状物，空气干燥病斑呈褐色逐渐干枯，青果多从近果柄处发病，逐渐向四周发展，后期变深褐色，稍凹陷，潮湿时病斑表面产生一层白色霉状物。

（2）发病原因：病原菌可借气流或雨水传播到番茄植株上，在田间形成中心病株，并借风力或农事操作传染，白天气温在24℃以下，夜间10℃以上，空气湿度在95%以上或有水膜出现时发病重。

（3）防治措施：①种子消毒常用温汤泡种和恶霉灵种子消毒处理。②农业防治选用抗病品种，与非茄科作物实行3年以上轮作。③药剂防治喷施72.2%霜霉威600～800倍液或64%霜脲锰锌600倍液。

2. 番茄灰霉病：灰霉病是番茄生产一大主要病害，特别是冬春季保护地内低温、高湿内外气候条件变化较大导致发病加重，造成减产20%～40%。

（1）症状：该病主要发生在花期和结果期，叶片发病从叶尖开始，出现水渍状现浅褐色病斑，病斑呈"V"字形，逐渐向内发展潮湿病部产生灰霉，病部发病，茎部发病病斑出现水渍状小点，湿度大，长灰色霉层。果实发病多从残留的柱头或花瓣开始，后向果面或果柄造成软腐，病部长出灰绿色绒毛状霉层。

（2）发病原因：温暖湿润是流行病发病主要条件，病原菌发病室温20～23℃相对湿度95%以上。

（3）防治措施：①农业防治及时摘除病叶、病果、残花，放入塑料袋内并带出棚外，深埋或焚烧。②药剂防治：喷施50%腐霉利2 000倍液，丁子香芹酚1 500倍液，50%异菌脲1 500倍液。

3. 番茄叶霉病：又称黑霉病，是番茄保护地栽培的重要叶部病害，该病流行速度快，常常在短期暴发成灾，一般损失 20% 左右，严重时损失 50% 以上。

（1）症状：该病先从底部叶片发病，正面出现椭圆形或不规则型，淡黄褐色病斑。后期病部黑褐色霉层后坏死，病重时叶片布满病斑或病斑连片，叶片逐渐卷曲干枯。

（2）发病原因：气温 22℃ 左右，湿度 90% 以上发病重。连阴雨天气，通风不良，弱光高湿，叶霉病扩展迅速。

（3）防治措施：①种子消毒用 55℃ 温水泡 30 分钟，晾干播种。②农业防治选用抗病品种，加强棚内温湿度管理，适时通风。③物理防治：定植前 10～15 天盖好大棚膜，密封温室使棚内上升 50～70℃，维持 7～10 天，利用高温闷棚杀死病菌。④药剂防治：喷施 40% 氟喹唑乳油 800 倍液，脂肪酸或咪鲜胺 600 倍液防治即可。

4. 番茄猝倒病：俗称歪脖子，又称绵腐病，是番茄苗期主要病害。

（1）症状：苗期发病，幼苗茎基部成水渍状，随后病部变黄褐色，最后缢缩成线状引起幼苗猝倒或枯死，低温多湿时病苗附近的土面上长出白色絮状菌丝。

（2）发病原因：育苗期间长期低温、高湿、光照不足、通风不良、苗床管理不当或幼苗徒长等引发的猝倒病。

（3）防治措施：①种子消毒，播种前种子用 55℃ 温水泡 10 分钟。②农业防治，冬春季应在日光温室内采用电热温床育苗，苗床选择地势高，排水方便的地块。③药剂防治：喷施 72.2% 普力克水剂 800 倍，99% 恶霉灵 2 000 倍防治。

5. 番茄茎基腐病：茎基腐病是番茄一种重要病害，发病率 10%，常造成缺苗断垄。

（1）症状：主要为害定植后番茄茎基部，初病部暗褐色，后绕茎基部或根部扩展至皮层腐烂，病部出现椭圆形或不规则型褐色病斑，后期出现淡褐色霉状物。

（2）发病原因：阴雨天气棚室温度高，土壤湿度大，通风透光条件差，茎基部有损伤，连茬种植易发病。

（3）防治措施：①种子消毒，种子清洗后用 0.3%～0.5% 硫酸铜溶液泡 5 分钟，捞出清水洗干净后即可播种。②农业防治定植秧苗不宜过深，坨面与地面相平即可，覆土时注意不要伤害根茎部，以免造成伤口引发病害。③药剂防治定植前 3% 噁钾水剂 400 倍灌根，定植后用 25% 甲霜灵或 50% g 菌丹 800 倍加根多多灌根即可。

6. 番茄溃疡病：溃疡病又称细菌性溃疡病，是番茄一种毁灭性病害，该病蔓延迅速，危害严重，防治难度大。

（1）症状：植株发病后下部叶片，萎蔫下垂，卷缩似缺水状，随病情发展，叶脉和叶柄出现小白点，茎变粗，外部形成瘤状突起，内部变褐色，自下而上扩展，发病后期，茎中空及至开裂，可见褐色条斑，易则叶片枯死，果实上出现白色圆形小点，发展后变褐色，中心粗燥，略突起，呈典型鸟眼斑。

（2）发病原因：高湿、多雾、多雨等因素有利于病害发生。

（3）防治措施：①种子消毒，播前种子用 55℃ 温水泡 30 分钟，保持恒温并不断搅拌，捞出晾干播种。②农业防治：与非茄科作物进行轮作，采取高垄栽培，避免带露水进行农事操作，发现病株及时拔除，深埋焚烧，并用生石灰对病穴进行消毒处理。③药剂防治：86.2% 氧化亚铜 3 000 倍，3% 中生菌素 2 000 倍，77% 可杀得 1 500 倍，喷雾防治即可。

7. 番茄脐腐病：脐腐病又称蒂腐病，是番茄一种重要生理性病害。

（1）症状：发病初期果实顶端出现一个或几个凹陷斑点，渐渐变暗绿色的斑块，病斑附近果皮也从褐色逐渐变为黑褐色不腐烂，严重时扩展到小半个果实，多发生在一二穗果上。

（2）发病原因：缺钙、生育期间水分供应不均，都容易引起缺钙，导致脐腐病。

（3）防治措施：①农业防治：花期及时补充钙肥，结果中期切勿缺水干旱。②药剂防治：开花坐果前喷施忠诚钙1 500倍，或1%过磷酸钙溶液，10～15天喷施1次，连喷3～4次。

8. 番茄黄化曲叶病毒病是番茄的一种毁灭性病害，近几年已在我国大面积蔓延，造成了巨大危害。

（1）症状：叶片变小、变厚、黄化卷曲，不能正常开花座果，后表现座果少，果实变小且膨大速度慢，成熟期不能正常转色。若花前期感病造成损失可达100%。

（2）发病原因：该病主要由带毒B型烟粉虱危害传播和带毒种苗远距离人为传播。

（3）防治措施：①选育抗病品种。②农业防治：降低烟粉虱种群发生量，苗床和棚室采用防虫网隔离，防止烟粉虱入内。③药剂防治：定植时根部放入吡虫啉药片，定植后及时用药防治，用20%啶虫脒4 000倍或粉虱净2 000倍，加抗病毒剂7～10天1次，连喷3～4次，能达到最佳防效。

9. 番茄斑潜蝇：又称瓜斑潜蝇，是一种严重危害蔬菜生长的害虫。

（1）症状：以幼虫危害为主，进入叶片内侵蚀叶肉，使叶片布满不规则蛇形白色虫道。

（2）防治措施：①农业防治：及时清除菜园残株，残叶及杂草，处理虫害残体。②生物防治：释放姬小蜂，潜蝇茧蜂等寄生蜂。③物理防治：悬挂黄板诱杀成虫。④药剂防治：喷施5%的灭蝇胺2 000～3 000倍或5%氟啶脲2 000倍

10. 白粉虱：又称小白蛾子，蔬菜保护地危害日益严重，发生极为普遍。

（1）症状：成虫和若虫群居叶片背面，吸取汁液造成叶片退绿枯萎，果实畸形僵化，引起植株早衰，造成减产。

（2）防治措施：①生物防治：人工释放丽蚜小蜂。②物理防治：悬挂黄板诱杀成虫，每亩设25～30块，置于行间与植株高度

相同。③药剂防治：喷施70%的吡虫啉粉剂，也可在放帘后采用敌敌畏烟剂熏棚杀灭成虫。

11. 棉铃虫：又称棉铃实夜蛾，危害番茄多种植物，各地均有发生。

（1）症状：以幼虫蛀食花、果、有时也蛀茎，幼果常被吃空，或引起腐烂而脱落，成虫被蛀食果内，蛀孔多在蒂部。雨水病原菌易侵入，引起腐烂脱落。

（2）防治措施：①农业防治：盛发期适时摘除植株下部老叶可有效减少卵量。②药剂防治：喷施5%康歌2 000倍，5%甲维盐3 000倍，20%抑食肼可湿性粉剂800倍，均有很好的杀灭效果。③物理防治：用黑光灯或频振式杀虫灯诱杀成虫。

第二章 设施蔬菜生产实用技术

第一节 秸秆生物反应堆保护地应用技术

秸秆生物反应堆，即生物反应堆应用秸秆作原料，通过一系列转化，综合改变植物生长条件提高作物产量和品质，故称秸秆生物反应堆。其理论依据是植物的光合作用、植物饥饿理论、叶片主被动吸收理论和秸秆矿质元素可循环重复再利用理论。

一、应用效果

1. 二氧化碳效应：二氧化碳浓度可提高 4～6 倍，光合效率增加 50% 以上。

2. 温度效应：20cm 处地温提高 5℃ 左右，室（棚）温提高 2～3℃。

3. 增强作物抗逆性、抗病性，减少农药用量 30% 左右。

4. 土壤改良效应：土壤有机质、腐殖质、通气性显著提高和改善，减少化肥用量 30%。

5. 提高果蔬品质 0.5～1 个等级，提早上市 15 天左右，增产、增收 30% 以上。

二、果蔬施用成效

1. 生长表现：苗期表现为早发、生长快、主茎粗、节间短、叶片大而厚，开花早，病虫害少，抗逆性强。中期表现为长势强壮，座果率高，果实膨大快，不畸形，上市期提前 10～15 天。后期表现为连续结果能力强，收获期延长 20～30 天。重茬问题得到很大改善。

2. 产量表现：果树、蔬菜一般增产 30%～40%。

3. 品质表现：果实整齐、颜色光泽，含糖量、香味香气提高；产品含亚硝酸，农药残留量显著下降，达到有机食品规定的标准。

4. 投入产出比：温室果、菜、瓜为 1：（14～16）；冷棚果、菜、瓜为 1：（8～12）；露地栽培瓜、菜、果为 1：5。

5. 增加经济效益：保护地大棚每亩增收 5 000 元左右；冷棚每亩增收 800～1 000 元。

三、秸秆生物发酵保护地应用技术操作流程

秸秆生物发酵保护地应用技术包括内置式反应堆、外置式反应堆和植物疫苗应用。目前引进推广的主要是内置式反应堆，重点在日光温室和大棚中应用。

1. 物资准备：每亩棚室需准备菌种 7～8 袋（每袋 1kg）；麦麸子 100～120kg，秸秆 4 000kg 以上。

2. 整地施肥：将腐熟的农肥（以马、牛、羊、兔等草食动物粪肥为好）撒施于地表，然后翻耕整平待用。

3. 开沟：栽苗前 7～10d，在栽植行间挖沟。沟宽 30～60cm（畦宽沟宽、畦窄沟窄），沟深 30～35cm，沟长与栽植行等长。

4. 填放秸秆：秸秆顺沟铺放，踏实后 35～40cm 厚，两端比沟长出 10cm。

5. 撒施菌种：菌种可选用液体菌种或固体菌种，按使用说明稀释或扩繁后，将处理好的菌种均匀喷淋或撒在秸秆上，用锹拍震使部分菌种渗入秸秆缝中。

6. 覆土：第一次覆土 5～10cm 厚，不用平整。

7. 浇水：第一次覆土后，向沟内浇水，水量要大，使大部分秸秆浸在水中。不要让水漫到沟外。

8. 第二次覆土：浇水后隔 1～2 天第二次覆土，同时做好栽培畦，畦高 15～20cm，为弧形。

9. 覆盖地膜：栽苗前一天覆盖地膜（也可以不覆膜）。

10. 栽苗：浇小水（掩浇），不要浇大水。

11. 打孔：栽苗后及时打孔，株间、行间都要打孔。孔距 20 ~ 25cm，孔径不小于 2cm。孔要扎到秸秆底部。

四、菌种处理方法

1. 撒施菌种前 3 ~ 5 小时处理好菌种。

2. 菌种：麦麸子：水 = 1：15：13

3. 拌匀后堆置 3 ~ 5 小时，要遮光。当天使用不完，摊放于阴暗处，厚度 5 ~ 8cm 遮光。

4. 如缺少麦麸子，可用玉米糠、稻糠替代，数量要适当增加。

五、技术应用注意事项

秸秆生物发酵保护地应用技术操作要做到"三足、两露、早、稀、少、勤"。

1. "三足"即秸秆数量足，每亩用秸秆 4 000kg 以上；菌种数量足，每亩用菌种 7 ~ 8 袋；浇水足，埋入秸秆后第一次浇水要足。

2. 两露：沟的两端秸秆都要露出 10 ~ 15cm。

3. 早：早定植 7 ~ 10d。

4. 稀：株数减少 15% 左右。

5. 少：整个生长期减少浇水次数 1/3。

6. 勤：10 天左右透一次孔，防止孔被堵塞。

第二节　科学合理用水

是秸秆生物反应堆保护地应用技术成功与否的关键。这是因为，水是微生物分解转化秸秆的重要介质，合理用水是启动反应堆，发挥其功效的基础，充足的水分为作物生长，高产所必须，缺水会降低反应堆效能。一是会使根系缺氧，水多氧气就少，根生长呼吸所需氧气缺乏，导致作物根系生长发育不良，甚至烂根，造成损失。二是使菌种的复活、生长受阻，甚至被闷死，反应堆效能难以很好发挥。三是会给病害发生创造条件。水多湿度大，病害发生严重，消耗增大、产量降低。

四是使冬春季地温降低，影响作物生长。生产上，许多农民朋友往往总是浇水量过大。反应堆合理用水要注意以下几点。

一、内置反应堆第一水

内置反应堆做好后浇第一水是反应堆的启动水，水量要大，掌握原则是使秸秆尽量吃足水。可以浇小行，也可以浇大行，以浇大行水渗到秸秆层最好，浇水要达到垄 3/4 高度，不要盖过垄，否则会拍实土层，不利于发苗。第一次浇水后第 4~5 天，应将处理的疫苗撒施到垄上，与土掺匀、打孔。

二、内置反应堆第二水

即定植缓苗水、浇水千万不能大，要浇小水。定植当天，每棵苗要浇 1 碗水。高温季节隔 3 天在浇一碗水；低温季节隔 7 天再浇 1 碗水。定植后不要盖地膜，等 10 多天苗缓过来后在盖地膜，并及时打孔。

三、正常管理浇水

浇完两遍水后，作物进入正常管理阶段，根据作物生长需要浇水。总的原则是浇水次数控制在常规浇水次数的 1/3~1/2，即常规法栽培浇 2~3 次，用反应堆的只需浇 1 次水。

要根据不同土壤类型掌握浇水的多少。判断方法是掀起作物盖的地膜，用手将表层土的 1~2cm 土拨到一边，向下抓一把土，然后用力攥。如果不能完全将土攥成团，说明土壤缺水，需要马上浇水；如果土能攥成团，1m 高度松手使土自然落下，土团完全散开，说明此时土壤含水量正好适合作物生长，不能浇水。

每次浇水量不能大。浇水要选好天气，浇大行即管理行，使水向两边渗，这样可以控制水量不会浇大。也可以从定植行的膜上浇水。应用滴灌浇水，水量控制好，效果最好。浇水后的3天，要将风口适当放大些，使潮气排除，并要及时打孔。

四、浇水时机

冬季浇水的要点是"三看"和"五不要"。"三看"是看天、看地、看苗情。"五不要"是一不要早上浇、二不要晚上浇、三不要小水勤浇、四不要阴天浇、五不要降温期浇。进入11月，一定要在9：30以后，14：30以前浇水。当天浇不完也要停浇，到第二天同样的时间内再进行。

第三节　蔬菜工厂化穴盘育苗生产技术

蔬菜工厂化穴盘育苗是指规模育苗企业为龙头，如育苗中心、育苗公司等，依据市场需求，采用其穴盘育苗核心技术以及优良蔬菜品种成批生产蔬菜秧苗，以商品的形式为生产者提供优良种苗的专业化生产。

一、穴盘的选择

按取材不同分为聚苯泡沫穴盘和塑料穴盘。为轻便、节省面积的原因，塑料穴盘的应用更为广泛。一般塑料穴盘的规格为54cm×28cm，一个穴盘可有50、72、128、200、288个育苗孔。一般甜瓜多采用20穴，黄瓜多采用72穴，茄科蔬菜如番茄、辣椒苗采用128穴，叶菜类蔬菜如甘蓝、生菜、芹菜可采用200穴。穴盘孔数多时，虽然育苗效率提高，但每孔空间小，基质也少，对肥水的保持差，同时植株见光面积小，要求的育苗水平要更高。

二、基质的选择和配比

穴盘育苗主要采用轻型基质，如草炭、蛭石、珍珠岩等。草炭的持水性和透气性好，富含有机质，而且具有较强的离子吸附性能，在基质中主要起持水、透气、保肥的作用；蛭石的持水性特别好，可以起到保水作用；珍珠岩吸水性差，主要起透气作用。三种物质的适当配比，可以达到最佳的育苗效果，一般的配比含量为草炭∶蛭石∶珍珠岩=3∶1∶1。

三、播种和催芽

蔬菜穴盘育苗通常需要对种子进行预处理。一些日本和荷兰公司，种子质量好，很多品种的出苗率可达98%以上，且已包衣，可不经过种子处理直接播种，效果也好。一般的种子可采用先浸种催芽再播种的方法，可形成整齐的种苗，发挥穴盘育苗的优势。种子处理的方法包括精选、温汤浸种、药剂浸（拌）种、搓洗、催芽等。

四、苗床管理

穴盘苗发育阶段可区分为4个时期：第一期为种子萌芽期；第二期为子叶及茎伸长期（展根期）；第三期为真叶生长期；第四期为炼苗期。每个发育生长时期对水量需求不同，第一期对水分及氧气需求较高以利发芽，基质相对湿度维持95%~100%，供水以喷雾为佳。第二期水分供给稍减，相对湿度应降到80%，增加介质通气量，以利根部在通气较佳的介质中生长。第三期供水应随苗株成长而增加。第四期则限制给水以健壮植株。除了4个不同生育期水分管理原则外，在实际育苗浇水方面还应注意下列几点：①阴雨天日照不足且湿度高时不宜浇水；②浇水时间午前为主，15点后绝不可灌水，以免夜间潮湿徒长；③穴盘边缘苗株易失水，必要时应补水。

五、穴盘苗的矮化技术

蔬菜穴盘苗地上部及地下部受生长空间限制，往往造成生长形态徒长细弱，一般可利用控制光照、温度、水分等方式来矮化秧苗。

1. 光照：植物在弱光下节间伸长而徒长，在强光下节间较短缩，在温室覆盖材质上，必需选择透光率高的材料。

2. 温度：夜间高温易造成种苗徒长，因此，在植物的许可温度范围内，尽量降低夜间温度，加大昼夜温差，利于培养壮苗。

3. 水分：适当限制供水可有效矮化植株并且使植物组织紧密，缩短地上部的节间长度，增加根部含量，对穴盘苗移植后恢复生长极为有利。

4. 常用的生长调节剂有助壮素、矮壮素、多效唑等。

六、穴盘苗的炼苗

定植前适当控水，植物叶片角质层增厚或脂质累积，可以反射太阳辐射减少叶片温度上升，减少叶片水分蒸腾，以增加对缺水的适应力。

夏季高温季节，采用遮阳棚育苗，定植前应增加光照，尽量创造与田间比较一致的环境，使其适应，以避免或减少损失。

冬季温室育苗，定植前将种苗置于较低的温度环境下 3～5 天，可以起到理想的效果。

第四节　土壤消毒技术

盘锦地区的温室蔬菜发展已经有 30 多年的历史，由于多年循环栽培，土壤中细菌、病虫害都有大量积存，成为温室蔬菜生产难以逾越的一道鸿沟。近年盘锦地区的温室蔬菜生产经常遭遇严重土传病害的影响，造成大面积减产，甚至个别农户会绝产。下面介绍

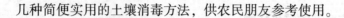

几种简便实用的土壤消毒方法，供农民朋友参考使用。

一、毒土消毒法

即先将药剂配成毒土，然后进行沟施、穴施或撒施。毒土的配制方法是将一定量的农药（乳油、可湿性粉剂、颗粒剂等）与具有一定湿度的细土按比例混匀后施用，常用的药剂有敌克松粉、五氯硝基苯、乙磷铝等。

二、药液消毒法

将药剂用清水稀释成一定浓度的药液后，用喷雾器喷施于土壤表层，或直接浇灌到土壤中，使药液渗入到土壤深层，杀死土壤中的病菌。喷施法处理土壤适宜大田、育苗营养土等。浇灌法处理土壤适宜于瓜类、茄果类作物的灌溉和各种作物苗床消毒。常用药剂有多菌灵、百菌清、恶霉灵、绿亨 1 号、绿亨 2 号等。

三、熏蒸消毒法

将熏蒸药剂注入或拌入土壤中，然后在土壤表层盖上塑料薄膜，在密闭或半密闭的设施条件下，使有毒气体在土壤中扩散，杀死土壤中的病菌。土壤熏蒸消毒后，必须使药剂充分挥发后才能播种定植。否则，易产生药害，造成缺苗、弱苗及减产。常用土壤熏蒸消毒剂有甲醛、溴甲烷等。此法适于保护地栽培的瓜类、蔬菜、苗木等。

四、太阳能土壤消毒法

保护地蔬菜、花卉等拉秧后，施足腐熟的有机肥及饼肥，然后把地整平耙细，在 7 ~ 8 月高温季节，每亩用稻草 800 ~ 1 000 kg，铡成 4 ~ 6 cm 长，均匀撒在地面上，然后再均匀撒施 20 ~ 25 kg 生石灰、翻地、灌水、铺膜，然后密闭大棚温室 15 ~ 20 天。这样，地表温度可达 70℃ 以上，地下 10 cm 土层温度可达 50 ~ 60℃，能较好杀死土壤中的病菌及线虫。此法适合在连年种植草莓、西瓜、番茄等大棚温室里应用。

五、垄鑫土壤消毒技术

为从根本上解决盘锦地区设施蔬菜土传病害的为害，大洼县农业技术推广中心自2008年起，经过大量试验示范工作选定了以垄鑫为代表的土传病害防控适用药剂与技术。垄鑫对土传病菌、害虫、线虫和杂草种子等皆有杀灭效果，适用于常年连茬种植的土壤消毒。其操作步骤如下。

1. 清园：熏蒸土壤前，要将上茬作物的秸秆、根茬等清洁干净，同时施入下茬作物需要的腐熟农家肥。

2. 调节土壤湿度：使土壤含水量达到60%～70%（抓起一把土，攥成团，离地面1m高松开，土团落地散开），保持7天左右。如果上茬收获后土壤干燥，可在清园后立即灌水，灌水后3～5天，待机器进行田间作业时，翻松土壤，打碎土块，为气体扩散和渗透提供良好条件，保证防治效果。

3. 施药：按面积计算好用药量（25～40g/m²），均匀撒施在土壤表面，立即与20～30cm土壤混匀。

如对育苗床土或基质进行消毒（200～300g/m³），以2～3m³为一堆，平成20～30cm厚，撒施垄鑫并翻动均匀。

4. 翻地：将药剂与20～30cm的耕层土壤拌匀。

5. 浇水，药剂遇水后会迅速产生有毒气体。

6. 立即覆盖塑料密闭土壤四周用土压实，不得使气体逸出，密闭10～15天。

7. 通风揭膜：透气5～7天，通风期间松土1～2次，然后播种，或定植作物。

要注意的是：草害严重地块，清园后适当浇水，使杂草种子处于萌动状态，除草效果明显；进行该项操作，土壤温度至少要在6℃以上；覆盖的塑料膜不能有破洞，接头处一定要压平，老棚有立柱式结构的，立柱边要压严；定植作物前要进行安全性检测试验。

第五节　蔬菜嫁接育苗技术

一、嫁接育苗的意义

蔬菜嫁接育苗又称"嫁接换根"，即将切去根系的蔬菜幼苗接于另一种幼苗的适当部位，两者接口愈合后形成一株完整的新苗。无根的蔬菜幼苗称为接穗，提供根系的植株称为砧木。

蔬菜嫁接换根可有效防止多种土传病害，克服设施连作障碍，并能利用砧木强大的根系吸收更多的水分和养分，同时增强植株的抗逆性，起到促进生长，提高产量的作用。

二、砧木的选择和应用

目前，常用蔬菜嫁接砧木多为野生种、半野生种或杂交种。如黄瓜多以黑籽南瓜为砧木，西瓜多以葫芦和瓠瓜为砧木，甜瓜多以杂种南瓜为砧木，番茄、茄子均以其野生品种为砧木。

三、嫁接技术

（1）催芽播种：以黄瓜为接穗，以黑籽南瓜为砧木，可于定植前40天开始浸种催芽。一般接穗的播种量要比计划的苗数多20%～30%，而砧木的播种量又比接穗增加20%～30%。黄瓜可播于沙床上，黑籽南瓜则可直接播于营养钵中。

（2）嫁接方法

1. 靠接法：以黄瓜为例，采用靠接法，黄瓜比砧木提前5～6天播种，当砧木两片子叶展平，接穗第一片真叶半展开时为嫁接适期。嫁接前砧木的营养钵要浇透水。嫁接时首先去除南瓜生长点，并在离子叶节5～10mm处的胚轴上，按35°角自上而下斜切一刀，切口深度为茎粗的1/2；在接穗子叶节下12～15mm处，按35°角下而上斜切一刀，切口深度为茎粗的 3/5。然后将接穗舌形楔插入砧木的切口中，用嫁接夹固定，使黄瓜子叶压在南瓜子叶上面。嫁接后立即将接穗根系栽入砧木的营养钵。嫁接成活切断接穗茎基部。

靠接的优点是操作容易，成活率高；缺点是嫁接速度慢，后期还有断根等工作，较费工时，且接口低，定植时易接触土壤。

2. 插接法：采用插接法砧木应早播 1～3 天，当接穗和砧木的两片子叶展平时为嫁接适期。嫁接时先去除砧木生长点，然后用竹签在两片子叶间向下倾斜插入，注意插孔要躲过胚轴的中央空腔，不要插破表皮，竹签暂不拔出。取一株黄瓜苗，在子叶以下 8～10mm 处，将下胚轴切成楔形。此时排出砧木上的竹签，右手捏住接穗两片子叶，插入孔中，使接穗两片子叶与砧木两片子叶平行或呈十字花嵌合。

插接法的优点是接口较高，定植后不易接触土壤，省去了嫁接后去夹断根等工序。缺点是嫁接后对温湿度要求高。

3. 劈接法：采用劈接法砧木应早播 1～3 天，嫁接时去除砧木生长点，使其呈平台状。然后在茎轴一侧自上而下轻轻切开长约 1cm 的切口，将黄瓜下胚轴切成楔形，插入砧木切口内，立即用嫁接夹固定。

4. 贴接法：采用贴接法接穗早播 3～4 天，砧木下胚轴粗细接近时嫁接。用锋利刀片自上而下一刀削去砧木的生长点和一片子叶，椭圆形切口长 5～8mm。接穗在子叶下 8～10mm 处向下斜切一刀，切口与砧木切口贴合，用嫁接夹固定。

四、嫁接苗的管理

1. 嫁接后 1～3 天：嫁接完成后要立即将营养钵整齐地排放在铺有地热线，扣有小拱棚的苗床内保温保湿。此期是愈伤组织形成时期也是嫁接苗成活的关键时期，一定要保证小拱棚内相对湿度达 95% 以上，日温保持 25～27℃，夜温 14～20℃，苗床全面遮阴。

2. 嫁接后 4~6 天：此期是假导管形成期。棚内的相对湿度应降低至 90% 左右，日温保持在 25℃ 左右，夜温 16~18℃，可见弱光。因此，小拱棚顶部每天可通风 1~2 小时，早晚可揭开遮荫覆盖物，使苗床见光。如管理正常，接穗的下胚轴会明显伸长，第一片真叶开始生长。

3. 嫁接后 7~10 天：此期是真导管形成期。棚内湿度应降至 85% 左右，湿度过大，易造成接穗徒长和叶片感病。因此，小棚应整天开 3~10cm 的缝，进行通风排湿，一般不再遮荫。正常条件下，接穗真叶半展开，标志着砧穗已完成愈合，应及时将已成活的嫁接苗移出小拱棚。

4. 嫁接后 10~15 天：移出小棚后的嫁接苗，经 2~3 天的适应期后，同自根苗一样进行温差管理，以促进嫁接苗花芽分化。同时注意随时去除砧木萌蘖，靠接者还应及时给接穗断根。嫁接苗长出 3~4 片真叶时即可定植，定植时注意培土不可埋过接口处。

第六节　温室蔬菜节水灌溉技术

节水灌溉是在充分利用地下水的前提下，高效利用灌溉用水，最大限度满足作物用水，以获取农业生产的最佳经济效益、社会效益、生态环境效益。节水灌溉的根本目的是提高灌溉水的有效利用率和水分生产率，实现农业节水、高产、优质、高效。

目前，盘锦地区温室蔬菜生产中推广应用的节水灌溉技术有膜下暗灌、滴灌。另外，在土壤中增施有机肥，改良土壤结构，增强土壤的保水、蓄水能力，也是一项节水技术，还有就是在小行覆盖地膜，大行覆盖作物秸秆。大行覆盖秸秆以后，对土壤水分的蒸发起到一定的阻隔作用，同时防止由于农事操作对土壤踩踏而造成土壤板结，保持较好的土壤团粒结构，起到了保水、蓄水的作用，达到了节水的目的。

微灌的优点有以下几点。

1. 省水。微灌系统全部采用管道输水，输水损失很小；且微灌只湿润部分土体，作物行间保持干燥；微灌可以有效控制灌水量，不易造成深层渗漏和地表流失。因此用水省。据统计，使用微灌用水量仅为地面灌溉的1/3。

2. 省肥。微灌可将可溶性肥料随水施到作物根区，便于作物吸收，减少了肥料淋失，有利于发挥肥效。据试验，微灌省肥可达40%左右。

3. 减少病害的发生。微灌垄沟内基本没有水，空气湿度下降，有效抑制了病害发生。

4. 增产。微灌可以适时适量向作物根区供应水肥，使土壤水份状况经常保持在适宜的状态下；同时土壤团粒结构不受破坏，透气性、保温性良好，有利于根系的生长发育，可比常规灌溉增产20% ~30%。

5. 节水灌溉设备安装步骤：东西铺设0.5~0.7cm主管，南北铺设分支管，主管与分管用4Ø或6Ø开关连接，管长度根据棚长和垄（畦）长为标准，每一条垄（畦）铺设一根支管，4Ø硬支管滴水孔朝下（滴灌），6Ø软管滴水孔朝上（微灌），结合地膜覆盖。

第七节　其他常用技术

一、日光温室内张挂镀铝反光幕应用技术

日光温室冬春季蔬菜生产是在采光时间短、光照较弱的条件下进行，温室后部的叶菜往往生长细弱，果菜容易徒长，后部的产量都比前部低。因此，光照弱，地温、气温低成为提高日光温室蔬菜产量的主要限制因素。为增加室内光照强度，提高土壤、空气温度，采用在栽培畦北侧张挂农用反光幕的方法可以改善日光温室的温、光条件，提高秧苗素质和蔬菜产量，经济效益和社会效益十分

显著。这是我国北方冬季、早春温室蔬菜生产上一项投入少、见效快、方法简单，而且无污染、能大幅度提高蔬菜产量和温室效益的科研成果。

日光温室内张挂反光幕，平面照射在温室后墙上的太阳短波辐射被反射到温室弱光区，射到蔬菜植物体和地表上，使温室内弱光区的光照强度大大提高。反光幕的增光有效范围一般距反光幕 3m 以内，地面增光率在 9%～40%，60cm 空中增光率在 10%～50%。

日光温室内张挂反光幕，改善了室内光照条件，增加了光照强度，使室内地表吸收更多的太阳辐射能，其地温、气温均有明显变化，一般可提高 2℃左右。

在温室内张挂反光幕，调节了温室后部的光照条件，促进了光合作用。植株生长旺盛，节间紧凑，叶色浓绿，早熟丰产，大大提高温室效益。尤其对早期产量和产值的影响特别明显，一般可增产5%～30%。

张挂镀铝聚脂膜反光幕的方法：生产上多随温室走向，面朝南，东西延长，垂直悬挂。张挂时间一般在 11 月末到翌年的 3 月。叶菜类、青椒、番茄延至 4 月中旬。张挂步骤如下：按温室的东西延长剪下相应长度的镀铝聚脂膜二幅。将二个单幅的聚脂膜用透明胶布固定为一体，在温室中柱以北东西拉 16 号铁丝一根（固定反光幕用），将幕布上端折回，包合铁丝，然后用回形针或透明胶布等固定，形成自然下垂的幕布。在幕布下方也折回 3～9cm，用撕裂膜作衬绳，将反光幕固定在衬绳上，将绳的二端各绑一根木棍固定在地表。可随太阳照射角度水平北移，使反光幕与地面保持在75°～85°角为宜。

使用反光幕时应注意以下几点：一是在定植初期，靠近幕布处要注意灌水，水分一定要充足，免得光强温高造成烤苗。二是育苗时最好在反光幕前留 50cm 过道并按东西走向打成 2m 宽畦，使所育秧苗处在反光幕的有效范围内，从而达到苗齐、苗壮的目的。

反光幕不产生热量，也不蓄热，不能代替能源，必须在采光、保温性能较好的日光温室中应用，效果才能更好。

二、日光温室夏季遮阳网应用技术

（一）夏季高温和强光对作物的危害

水、气、温是作物生长的必要条件。进入夏季，高温对作物生长带来极大危害，当气温高达 38℃ 时，许多作物都会生长不良，表现为呼吸作用加快，光合作用减弱，养分运转受阻。当温度高于它的耐热程度时，就会趋向枯死，难于正常生长。在高温和强光下，作物会出现如下常见症状。

1. 植株脱水。若浇水不及时，就会造成植株叶片卷曲、脱落，蔬菜、花卉品质变劣、产量下降，甚至枯萎、干死。

2. 抗病性丧失。当气温或地温高于植株正常生长的温度范围，某些抗病品种的抗病性丧失，变为感病品种，加重病害发生。

3. 易发生生理病害。高温常与强光照相伴，当过强阳光较长时间照射作物，植株叶片上会出现坏死斑，叶绿素受破坏，叶色变褐、变黄等。对于茄果类、瓜类等蔬菜来说，果实的向阳面会被阳光灼伤，造成日灼病；高温干旱又可使茄果类、豆类等蔬菜的开花结果过程受到不利影响，造成落花落果；干旱缺水又易使大白菜得干烧心病、番茄得脐腐病等。

4. 诱发多种病虫害。高温干旱可使白粉病、螨害等加重。

（二）遮阳网的栽培应用效果

遮阳网可遮强光，降高温，减少蒸发，保墒防旱；避虫害，防病害。

1. 日光温室夏闲期遮阳网番茄栽培：利用日光温室夏闲期进行遮阳网覆盖栽培越夏番茄，6 月上旬定植，9 月上旬收获，亩产量可达 2 250kg 左右。

（1）遮光降温：选用遮光率 60% 的遮阳网，移栽期按南北棚长间隔 30～40cm 盖网，结果期间隔 80～100cm 盖网。

（2）遮阳网的管理：阴雨连绵天气，下雨时压紧遮阳网，防止损失植株，雨后卷起遮阳网防光照不足。番茄成熟期，遇高温天气，中午盖网防灼伤，早晚揭网增加光照促成熟。

2. 夏秋小白菜栽培技术要点。

（1）遮阳网全天候覆盖栽培。在高温干旱季节播种小白菜，宜利用大棚或小拱棚覆盖银灰色遮阳网，进行全天候覆盖，既可降温，又有防雨保湿，防止土壤板结，大大减轻劳动强度，减少病虫害的发生，并促进植株生长，在盛夏由原来的每天浇 2 次水变为每 2 天浇 1 次水。最短 20 天即可上市，且整个生长过程不需喷农药，无农药污染，品质更鲜嫩。能有效提高复种指数，利于缓解夏秋淡季。

（2）遮阳网的常规覆盖栽培。在夏秋白菜播种或定植后的生长前期，晴天和雨天覆盖遮阳网。晴盖阴揭，早盖晚揭，雨前盖雨后揭，有效提高成苗率和加速缓苗，促进生长，改善品质，提早上市。

（3）与夏秋黄瓜、豆角等套种。在定植夏秋黄瓜和豆角的同时，播种小白菜，优势互补，能有利保持土壤湿润，充分利用土壤能力，提高复种指数。前期有利于双方的生长，提高蔬菜总产量，并有利于缓解夏秋淡。

三、温室蔬菜生产防虫网应用技术

防虫网是形似窗纱的覆盖材料，将其覆盖在大小拱棚及温室以防止害虫入侵。如果选用及使用得当，防虫网的防虫效果能达到 90% 以上。由于防虫网的隔离从而防止害虫成虫进入，减少害虫传播机会，使之达到免施或少施农药的效果，这是发展绿色无公害蔬菜的一条重要措施。有利于降低由于过多过滥使用化学农药而带来的害虫抗药性增强所产生的防治难度；对改善生态环境污染、降低因蔬菜残留农药而引起的食物中毒发生率都有明显的效果。同时，采用防虫网覆盖可缓冲暴雨、冰雹对蔬菜的撞击，调节棚内温度、湿度，创造适宜作物生长的有利条件。同时，应用防虫网进行生产能提早开花，延长收获期，从而增产增收，提高作物品质。因此，无论从生态环境保护或人的生活需要来看，防虫网都是一项具有较好推广价值的技术。

（一）防虫网在温室蔬菜生产上的应用范围

1. 叶菜类：如小白菜、夏大白菜、夏秋甘蓝、菠菜、生菜、花菜、萝卜等。

2. 茄果类：如茄子、番茄等。

3. 瓜类：如甜瓜、南瓜、东瓜、西瓜、黄瓜、苦瓜等。

4. 豆类：如大豆、四季豆、豇豆等。

以上这些植物在生产过程中均适合安装防虫网作为防虫措施。

一般只在日光温室通风口设置防虫网，每亩只花费 50~60 元，明显低于喷施农药的费用。

防虫网的目数不同，价格差别较大，目数越小，价格越低，目数越大，价格越高。

（二）防虫效果及目数的确定

选取防虫网时，首先要确定防止害虫种类，若防止对象为斑潜蝇、温室白粉虱、蚜虫等体形较小的害虫，可选用 40~50 目的防虫网。

2. 若对象为棉铃虫、斜纹夜蛾、小菜蛾等体形较大的害虫，可选用 20~25 目的防虫网。

3. 蔬菜生产以选用 20~32 目的白色或银灰色网为宜。夏季小白菜栽培中以 25 目乃至更低（如 20 目）的白色防虫网大棚覆盖比较适宜。耐阴蔬菜，需要加强遮光效果的要选用黑色防虫网；

4. 喜光蔬菜则宜选用目数少、网眼大的白色防虫网；

5. 病虫害严重的蔬菜选用银灰色网避蚜虫防病效果突出。在能有效防止蔬菜上形体最小的主要害虫——蚜虫的前提下，目数应越小越好，以利通风。

四、黄板诱杀防治技术

黄板诱杀是利用蚜虫等害虫的趋黄性原理而采用的物理防治技术。实际上，绝大部分昆虫都是色盲，仅能识别黄绿色。如温室白粉虱对黄板就极为敏感，温室内的蔬菜如番茄等的叶背面就是它们的常驻居所，温室白粉虱以刺吸植物的汁液为生，世代交替混乱，躲避能力极强，因此常规打药的方法总是收效甚微。因此，黄板诱杀因其环保、高效等特点，便在温室防治技术中占有了一席之地。

据蔬菜生产基地试验，在生产番茄、黄瓜的日光温室内1.5~1.8m高处，每亩悬挂50cm×50cm或50cm×70cm的自制黄板20~25个，可使蚜虫的虫口密度降低20%~40%，每茬减少用药5~8次。

当然，任何技术都不是万能的。实际操作中，人们总是将黄板诱杀与修剪通风、合理施肥、喷洒药剂以及根施内吸性颗粒剂结合使用，给虫害以致命的打击。

例如在温室内悬挂一些黄色粘虫板诱杀害虫，把防虫网与黄板同时应用于设施蔬菜无公害生产，防虫网夏季全天候覆盖，冬春秋封闭通风口和门，全年应用黄板诱杀设施内漏网的害虫，起到了双管齐下的作用，大大减少了用药次数，且增收节支明显。

北方河蟹养殖篇

第一章 认识河蟹

河蟹，俗称螃蟹，学名中华绒螯蟹。江河、湖泊淡水中生长，海中繁殖。在我国分南北两个生态系，南方长江水系称为大闸蟹，北方辽河水系称辽蟹、河蟹、螃蟹。只是因温差环境不同，而分化成适应不同环境的生态系。

第一节 河蟹的形态与结构

一、外部形态（图1）

1. 头胸部：河蟹头部与胸部愈合在一起，是蟹体的主要部分。背面覆盖一层坚硬的背甲，也叫头胸甲，俗称蟹斗。背甲一般呈墨绿色，但有时也呈赭黄色，这是河蟹对生活环境颜色的一种适应性调节，也是一种自我保护。背甲的表面起伏不平，形成许多区，并与内脏位置相一致，分为胃区、肝区、心区以及鳃区等。背甲边缘可分为前缘、眼缘、前侧缘、后侧缘和后缘5个部分。前缘正中为额部，有4枚齿突和额齿，额齿之间有凹陷，以中央一个最深。左右前侧缘各有4个锐齿，也叫侧齿。背甲后侧缘斜向内侧，合缘与腹部交界，比较平直。头胸甲不但遮盖背面，其前端还折入头胸部之下，在三角形口前部的下方，有一条隆起线，称为口盖线。在眼眶之下有一条眼眶下线，其下方各有一条侧板线。头胸甲额部两侧，有一对有柄的复眼，着生于眼眶之中。复眼内侧，横列于额下有两对触角，内里一对较短小，为第一触角，也叫触角；其外一对为第二触角，也叫大触角。其第二节下端有关节膜与身体相连，活动自如。

河蟹——
中华绒螯蟹

图1　河蟹的外部形态

2. 腹部：河蟹的腹部俗称蟹脐，共分7节，弯向前方熨贴在头胸部腹面（图2）。

3. 胸足：胸足是胸部的附肢，包括1对螯足和4对步足，是运动器官。螯足强大，成钳状，掌部密生绒毛，雄性尤甚，具捕食掘穴和防御功能。第二至第五对胸足结构相同，亦称步足，但第一、四两对步足比较扁平，且前后缘有刚毛，有助于游泳。胸足的结构可分为7节，各节名称分别叫底节、基节、座节、长节、腕节、前节和指节。步足具爬行、游泳、掘穴等功能。

二、内部形态（图3）

1. 消化系统：河蟹的消化系统包括口、食道、胃、中肠、后肠和肛门。功能是消化食物，获取营养见下图（图4）。

2. 呼吸系统：鳃是河蟹的呼吸器官，俗称叫蟹胰子。鳃共

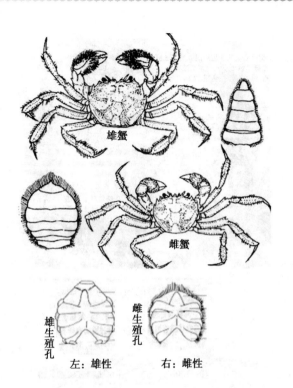

雄蟹

雌蟹

雄生殖孔   雌生殖孔

左：雄性   右：雌性

图 2 河蟹腹部图

有 6 对位于头胸部两侧的鳃腔内。鳃腔通过入水孔和出水孔与外界相通。入水孔位于大螯基部的下方，出水孔位于口器近旁第二触角基部的下方。功能是通过对水的交换，获取水中的氧气。

3. 循环系统：循环系统由心脏，血管和血窦三部组成，蟹的心脏呈五边形，位于头胸部的中央，背甲之下。它外包一层围心腔壁，并有系带与腔壁相连。从心脏发出的动脉共有 7 条，其中 5 条向前，两条向后。它们是：一条前大动脉，两条头侧动脉、两条肝动脉及一条胸动脉、一条后大动脉。血液由心脏发出的动脉流出，进入细胞间隙中，然后汇集到胸血窦，经过入鳃血管，进入鳃内进

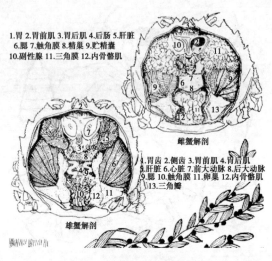

1.胃 2.胃前肌 3.胃后肌 4.后肠 5.肝脏
6.腮 7.触角膜 8.精集 9.贮精囊
10.副性腺 11.三角膜 12.内骨骼肌

雄蟹解剖

雄蟹解剖

1.胃齿 2.侧齿 3.胃前肌 4.胃后肌
5.肝脏 6.心脏 7.前大动脉 8.后大动脉
9.腮 10.触角膜 11.卵巢 12.内骨骼肌
13.三角瓣

图 3　螃蟹的内部形态

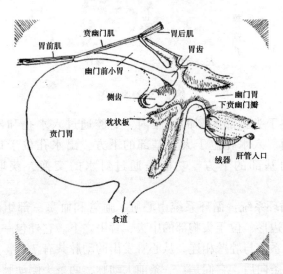

图 4　贲门胃内部结构模式

行气体交换，再由鳃静脉汇入围心腔，从心脏的三对心孔，回到心脏，如此往复循环，达到氧气，营养在体内的输送、分布和废物的排除。河蟹的血液无色，由许多吞噬细胞（即血球）和淋巴组成，有血青素溶解在淋巴内。

4. 神经系统：背面和腹面有两个中枢神经系统，背部有六角形神经节称为脑，再加胸神经，功能是指挥协调一切活动和感觉（图5）。

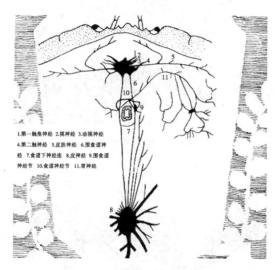

1.第一触角神经 2.视神经 3.动视神经 4.第二触角神经 5.皮肤神经 6.围食道神经 7.食道下神经连 8.皮神经 9.围食道神经节 10.食道神经节 11.胃神经

图5 神经系统模式图

5. 感觉器官：复眼1对，每个复眼由数百甚至千个以上的六角形的单眼镶嵌组成。刚毛具有感觉功能，触角和口器有味觉功能（图6）。

6. 生殖系统：河蟹的生殖系统比较特殊，雌性的生殖孔和雄性的阴茎都是两个。雌体生殖系统由卵巢和输卵管组成，在体内呈"H"形，输卵管很短各附有一个储精囊，开口于腹甲第5节，卵巢即所说的黄。

雄蟹由精巢、射精管、副性腺、输精管和阴茎构成，开口腹甲第7节，精巢即所说的膏（图7）。

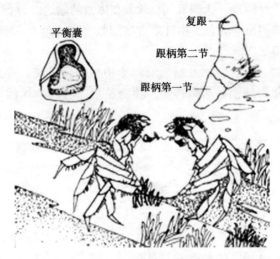

平衡囊

复跟

跟柄第二节

跟柄第一节

图6　河蟹的感觉器官

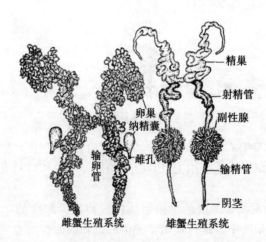

精巢

射精管

副性腺

卵巢

纳精囊

雌孔

输卵管

输精管

阴茎

雌蟹生殖系统　　雄蟹生殖系统

图7　螃蟹的生殖系统

第二节　河蟹的生态习性及生产上的应用

一、脱壳习性

河蟹是外骨骼，外骨骼决定其必须脱壳才能生长，必须脱去骨质外壳对身体的束缚，促进河蟹多脱壳是生产追求的目标。河蟹一生要脱壳28～35次。脱壳次数的多少与营养、环境等因素有关，脱壳由体内激素控制，北方地区成蟹脱壳一般在3～5次，每脱一次壳河蟹增重40%～80%，最多可达120%。增重的多少与脱壳前营养积累多少呈正比，脱壳对环境的要求如下。

1. 河蟹脱壳要求水深一般在20cm左右，水过深，因水压力大不利脱壳，因此，养殖时，尤其是池塘养殖要为河蟹创造部分浅水区域或浅水环境以利脱壳。

2. 河蟹脱壳后叫软壳蟹，脱壳是脱胎换骨，是河蟹生命力最弱最危险阶段，对外无抵抗能力，脱壳前河蟹一般要选择隐蔽场所，驱离其他危害种类。河蟹脱壳后硬化需24小时以上，硬化需水中含钙充足。软壳蟹放在纯净水中永远不硬。生产中此时要适时补充钙质，以利河蟹快速硬化。

3. 微流水刺激和环境较大变化有利促进河蟹脱壳。大雨过后或大换水后河蟹脱壳多，河蟹脱壳需积累足够的营养，因此生产上要加强投喂，可每隔半个多月大换水一次，创造微流水和环境大变化条件，促进河蟹多脱壳。

4. 脱壳需体内钙磷含量比例合理，50：1左右较为合适，这就要求投喂管理时营养搭配合理、均衡，动物性饵料比例要大些，满足对钙、磷的需求。

5. 脱壳在15～30℃适温范围内，温度高时硬化快；光照对硬化无影响。

二、打洞习性

河蟹喜居江、河、湖、泊大水面底栖，打洞是自我保护的一种方式，一般在水位下倾斜 20～30°打洞，深 20～80cm，平地和坡度 1：1.5 以上的一般不打洞。因此生产上一般的防逃坝埝宽要 80cm 以上，田间工程坡度要大，尽量不让河蟹打洞，洞内河蟹易行成懒蟹不利长成大蟹。

三、杂食习性

河蟹什么都吃，但喜食动物性饵料和水草，对腐臭动物敏感，也可吃带有腐殖质的泥度命。（主要是在洞内的懒蟹。）同时也残杀同类，河蟹有时一次摄食可达体重 10% 左右，也可 10 天半月不摄食而食腐殖质泥。因此养殖河蟹的生活水平要高，加强投喂驯化，投喂的营养要均衡。

四、自切及再生习性

自切是河蟹的一种自我保护反应，遇到强刺激或被捉时腿、螯、腿会自动断开逃跑，此后会再生出新腿，但再生的腿功能差，需脱两次壳后才正常。生产上要尽量少刺激河蟹，捉河蟹不要只捉一、两条腿，以免产生应激反应自切，形成残肢影响销售。

五、横行习性

河蟹俗称横行介士，这是其外骨骼特点决定的，步足关节只能向下弯曲，头胸部宽度大于长度，只能向前斜行，遇障碍易停、并由此积聚叠加造成外逃；具一定游泳能力。生产上要求设置的防逃墙内不要有障碍物，转弯处要大环形转弯不要有直角转弯。

六、回游性

河蟹在淡水中生长，要去海中繁殖，当营养积累够性成熟后，

8—9 月便顺水流向海中洄游去繁殖，如有防逃墙阻挡和没有水流，会自动上岸寻找去海的通道，即所说的河蟹巡边，也是河蟹七上八下产生的原因。生产上可利用河蟹的这种习性进行捕捉。

第二章 河蟹的养殖技术

第一节 河蟹的苗种养殖技术

一、稻田养殖河蟹苗种前期准备

在稻田养殖河蟹，可实现一地两养，一水两用，一地双收，既保证粮食安全，食品安全，又可增收增效。水稻为河蟹提供遮蔽，河蟹为水稻消灭杂草，提供松土，打破长期淹水形成的还原层，为根增氧，河蟹粪便为水稻肥料；它们互惠互利，形成有机生态系统。

因此，稻田养殖河蟹苗种最为适宜。

1. 养殖苗种用地选择：稻田养河蟹苗种（河蟹苗种也俗称扣蟹，其由来是苗种规格大小因像衣服扣）要选择水源充足，水质新鲜、排灌方便、保水力强、无污染较规则的稻地，原则上在种植常规品种地块养殖。

2. 防逃设置：养蟹稻田的田埂要加高加固夯实，宽50cm以上，高50cm以上。养蟹稻田需在四周田埂上构设防逃墙。进、排水口设置防逃网。

防逃墙材料采用60cm宽耐老化塑料专用薄膜，可将薄膜埋入泥中10cm左右，剩余部分高出地面50cm左右，其上端用尼龙绳作内衬筋，将薄膜裹缚其上，然后每隔50～100cm用竹竿作桩，东西向密些，南北向适当稀些，将整个尼龙薄膜拉直，支撑固定，形成一道尼龙薄膜防逃墙。

稻田的进排水口，应设在稻田相对两角处，采用PVC管道为好。在进出水口内端设防护网，防护网要长些，其上套一段塑料水带，进排水时放下，进排水后拉起，很方便，网目大小可根据所养河蟹大小更换。防逃墙设置四角严禁直角转弯，一定采取大慢弯，大角度转弯可防蟹叠加外逃。转弯处竹竿要增多，可设拉绳加固。

稻田的注水沟渠要采用两道防逃措施，一道可用细养貂镀锌网或纱网将闸口封死，如是水泥管可用兜网套紧捆死防水冲开，二道采用细养貂镀锌网或纱网在一道防逃的后侧立式封死，镀锌网上部用防逃塑料布围大圈与周边防逃墙围布相连接，严防蟹外逃。镀锌网要用木杆、竹竿支撑防水冲倒，网的基部及与沟渠坝埂相接处要用编织袋从两侧压严，防掏腮跑蟹。排水沟渠做法与之相同。上水及排水沟两头要下憋子网，如发现有外逃被憋的河蟹可及时放回稻田。

二、苗种放养

1. 放养前的准备工作：最好设置田间工程，在稻田的四周挖80cm宽，50cm深环沟，有利河蟹生存环境稳定。

稻田养蟹要求水稻栽培和河蟹养殖技术相配套。

稻田的整耙一般在移栽秧苗前15天进行。整田时，最好每亩用2kg漂白粉调成浆全田泼洒，以杀灭致病菌和野杂鱼。提前7天以上重施底肥，封闭灭草。

2. 蟹苗采购：最好采用光合蟹业公司以提纯复壮的品种"光和一号"。选择活力强，每500g8万尾左右的大眼幼体蟹苗。

3. 蟹苗运输：蟹苗运输需要用蟹苗箱。蟹苗装箱后，平稳放在运输车内。在运输途中，保持湿度可用湿毛巾或湿麻袋、湿稻草袋盖在苗箱上方和四周，要防止风吹、雨淋和暴晒。运输时间长，还要向遮盖物适量喷水。运输途中温度要保持在25℃以下。

4. 蟹苗的放养：北方地区大眼幼体蟹苗放养一般在6月上旬，水稻处于插秧后分蘖期，为提高河蟹和水稻的产量一般要进行蟹苗暂养，也可以根据实际情况直接进行放养。

暂养时暂养池设置一般占养殖面积10%～20%，暂养池不施肥用药，提前 10 天以上亩施发酵好有机肥 250kg 左右培育水生动物，每亩放大眼幼体苗 1～1.5kg。

暂养池内河蟹长到黄豆粒大小时，俗称豆蟹，要分流放开，方法是通过灌水，根据河蟹有逆流而上的习性，形成环流水，用网捕捞，再分田放开。如是同一地块，也可将坝埂互相通开，通过流水，使其分布均，但不好掌控。

近年多数养殖户采取不设暂养池直接放养方式效果也较好；方法是稻田最少施肥 6～7 天以后才能放苗，放苗前当天亩泼施应急微生态 500mL，水层尽量保持最大深度，亩放苗 100～200g。

放苗时蟹苗运达稻田后，要立即将蟹苗箱卸下，放在阴凉处，待蟹苗箱内温度与自然气温相近时再开箱放苗。放苗时要首先将蟹苗箱沉入稻田浅水处，让蟹苗从蟹苗箱内自行爬出，待蟹苗全部从箱内爬出后，再轻轻将蟹苗箱及残留物从稻田中取出。

三、饲养管理

1. 水质管理：稻田培育扣蟹用水要求符合 GB 11607 规定。

养蟹稻田要求不晒田，采取逐渐提高稻田水位、勤换水的水质管理办法。具体是指在秧苗移栽大田时，水位控制在 10cm 左右，以后随着水温的升高和秧苗的生长，应逐步提高水位至 20cm 左右；夏季高温季节将水位加至最高水位；每 15 天左右换水 1 次，换水一般在上午进行。

水中氨氮控制在每升水 4mg 以内，pH 值控制在 7～8。

2. 投饵管理

（1）动物性饵料有桡足类、枝角类、杂鱼、杂虾、熟猪血等；植物性饵料有浮萍、各种适口水草、土豆、薯类、各种蔬菜及豆饼；配合饵料可选用河蟹专用配合饵料；

（2）投喂。蟹苗入大田后 1 个月为促长阶段，可适当投喂，饵料要求动物性饵料比重在 40% 以上，或投喂配合饵料。日投喂量按仔蟹总重量的 20%～25% 计算，18：00 投喂。要细心观察，饵料投在蟹田四周水中，投喂不够时适量增加，有剩余时则减少投饵，河蟹脱壳时不摄食，减少投喂。

9月初以后为蟹种生长的催肥阶段，需增加动物性饲料、配合饵料及植物性饲料中豆饼等精饲料的投喂量，投喂量约占蟹种总重量的10%。此时稻田中已无绿色植物，河蟹极易缺乏维生素，注重提供绿色类植物型饵料，满足营养需求。

3. 水稻管理注意事项

（1）水稻用药注意事项：水稻防病虫害应选用用高效低残留农药或生物农药，如福戈、苦参碱等，确保对养蟹无害。

（2）施肥注意事项：施肥方法要采取少吃多餐方式，每次2.5~3.5kg。

4. 日常管理：稻田培育扣蟹的日常管理，主要是巡田检查，每天早、晚各一次。查看防逃墙和进出水口处有无损坏，如果发现破损，应立即修补。观察河蟹的活动觅食、蜕皮、变态等情况，若发现异常，应及时采取措施。注意稻田内是否有河蟹的敌害生物出现，如老鼠、青蛙、鳌虾和蛇类等，如有发现应时清除，如有存留残饵，也应及时清除，以防其腐烂变质而影响水质。

在下雨天，要特别注意及时排水，以防雨水漫埂跑蟹。

四、池塘养殖河蟹苗种

池塘养殖河蟹苗种与稻田养殖相似，关键是要引种水草，为河蟹提供遮蔽和维生素类饵料。

养殖水层保持1m左右即可。10~20cm深的浅水区占1/3。

第二节　成蟹养殖技术

成蟹，即大蟹的俗称，河蟹养殖效益在养大规格上，北方河蟹规模人工养殖已有二十多年的历史，产业发展经历单纯苗种生产和苗种及成蟹养殖并举两个阶段，目前的苗种生产随着生态孵化技术的突破，单位产量提高了 10 倍以上，单纯的苗种养殖效益与养殖成蟹基本相似；因此，河蟹产业的发展进入苗种和成蟹养殖并举阶段，但高效益的突破口在大规格成蟹养殖上。

成蟹销售市场随着产品的普及，合适的价格，空间巨大；而效益空间在不同规格，差异巨大，如当年市场每只 100g 雌蟹 1kg 在 120 元左右，75g 雌蟹 1kg 在 60～70 元，50g 左右的 1kg 为 20～30 元，同样的投喂，同样的付出，同样的产量，效益却相差几倍。因此，养大蟹经济效益更可观。

一、大蟹的标准

多大规格标准蟹为大蟹？依据辽河系中华绒螯蟹生态特点，结合我地区实际及参照南方经验，盘锦市提出了一公一母 300g 为大蟹，即雄蟹 175g，雌蟹 125g；一公一母 250g 为中蟹，即雄蟹 150g，雌蟹 100g；一公一母 200g 为小蟹，即雄蟹 125g，雌蟹 75g；余者皆为毛蟹。大、中蟹比率占 60% 以上即为养大蟹，目前此标准已被市技术监督局定为盘锦市河蟹养殖标准。

二、影响北方养大蟹的制约因素

目前北方成蟹养殖现状是：平均大蟹比率不超 5%，中蟹比率不超 15%，小蟹比率 25% 左右，余者都为毛蟹，严重的制约养蟹效益的提高。

影响北方养成大规格河蟹的因素主要有四方面。

1. 种质退化和使用苗种规格过小

（1）种质因素：孵化企业亲本选用的个头小，先天不足；种质因素是指我们的大部分小孵化企业为了私利，孵化蟹苗时不按规程操作，在苗种孵化时所用种蟹规格过小，大多在 70g 以下，造成河蟹种质严重退化，一代不如一代，先天就个小的蟹种，其后代也很难养成大规格河蟹。

（2）苗种规格过小：养殖的市场导向因素所致，以前我们养殖的蟹苗，主要销往南方，以迎合南方市场销售为主，商贩在北方按斤买，到南方按个卖，蟹苗以个头小比较适合销售商口味，利润高，这样逼迫养殖户要将蟹苗规格控制小，只好增加放苗密度和后期不喂。导致个头减小但越冬的营养积累不够，且营养的极度不协调，冬储时因饥饿乱爬磨爪，再加自身素质差，抗逆能力低下，放养后因营养不协调而脱壳不遂，不但成活率极低，先天营养不足和素质低下的种苗，重量基数小，同样次数的脱壳，极难养成大规格成蟹。

（3）大规格苗种成活率低：目前，北方养殖的河蟹苗种规格都是每500g 100只左右，但每亩也有几斤苗是40～50头的，原因是这些规格大的苗抢食寻食能力强，多脱了1～2次壳，而脱壳后正好是后期，需大量积累营养能量越冬，而此时我们养殖农户因怕蟹苗长大不好销售而不喂了，蟹苗因营养不良及饥饿，第二年脱壳不遂而死亡，是成活率低的主因。

2. 养蟹田间工程太小：有的没有工程，导致水环境变化过大。生态环境差，不利养成大蟹。

3. 营养水平太低：北方养殖河蟹的生活水平是温饱水平，吃的是玉米高粱，动物性饵料，后期维生素类饵料极度缺乏，营养积累不够。

4. 营养极不协调：严重缺乏动物性饵料。严重缺乏水草，缺乏维生素类饵料。有些配合料质量低，使河蟹摄取的营养不协调不均衡，影响代谢，影响河蟹长大。

5. 生育期过短：尤其是稻田养蟹，受插秧影响，有的户放苗过晚，再加暂养期间管理跟不上，使有效生育期缩短，影响长大。

三、稻田养殖成蟹技术

（一）养殖前的准备工作

1. 稻田的选择：稻田养殖河蟹应选择有水流充足、无污染的田间作为成蟹养殖，养蟹稻田的形状可随意，没有严格标准，但最好选择不渗不漏、保水性好的田块。水质无污染的情况下，确定为稻田成蟹养殖的盐度不超过 3‰。

2. 注排水口的设置与防逃：为进排水时有较好效果，进排水口不能相对，要错开位，并用大眼筛网将上下水口设置严密，既不挡水，又不跑蟹，保证进排水流畅通。严格做好防逃设施，用养蟹专用耐老化塑料布做防逃墙，高 50cm，利用竹竿铁线将塑料布支撑，塑料布和地面的结合部要埋土下 10cm，要夯实，不留空隙，转弯处不宜直角使之圆弧形。

规模家庭农场养殖也可按每条地围布防逃，也可围大圈，将整片地四周设置防逃，中间不再设防逃布，但要求进排水沟口要设两道防逃，即进排水管用网扎紧，其后再设一道立式防逃网与四周防逃围布相连，实现双保险。

3. 田间工程：稻田养殖成蟹应设有环沟，离埝埂 0.5m 处挖环沟，开口宽 1m 左右，深 0.5m 左右，沟底宽 60cm，取出的土培在埝埂，加高、加宽、加固埝埂，同时在田间应设井字沟或田字沟，田块大小不限，为便于管理，应选择 5 ~ 15 亩条田为宜。要把环沟建设好，不堆帮，不滑坡，保持水质好，让环沟起到插前暂养池作用。目前有的养殖户因嫌麻烦不设田间工程，虽也成功，但对养大蟹不利。

4. 插前的准备工作

（1）水稻种子应选抗倒伏的品种，插秧提倡采用大垄双行的栽插方式，有利于后期增加稻田溶氧，在插前 15 天左右时，可进水泡田。

（2）重施基肥，可亩施腐熟的农家肥 100 ~ 150kg。化肥施用量占全生育期的 40% ~ 60%。

（3）蟹田最好少施用化肥和除草剂。

（4）环沟是新开的可不必消毒，所要注意的是在耙地和插秧时，以投放蟹苗在环沟暂养的，不要把泥土都淤积到环沟里。要加强管理、看护和投喂。

5. 蟹种的选择:

选择规格均匀,肢体完整,体表光滑,无病态,无挂脏的浅黄色一令蟹种每 500g 40～80 只为宜。

6. 消毒处理:蟹种投放前消毒,用 10～20mg/kg 高锰酸钾浸泡 10～20 分钟后,立刻放在田里。

如无田间工程,可设置暂养池暂养,暂养池亩放苗不超过 5 000 只。有环沟田间工程的可直接放入沟内。

7. 投放时间:放苗时间越早越好,有水源条件的可在 4 月初至 5 月初进行放苗,在一个田块的蟹种要一次性放足。

8. 投放规格与密度:为养成大规格河蟹,可选规格为每 500g 40～80 只的健壮蟹种,要选投喂量足,营养均衡的养殖户培育的河蟹苗种,成活率高。投放密度为亩投 300～600 只为宜。

(二)稻田养殖成蟹的日常管理

1. 插秧后的田间管理

(1)施肥管理:要采取少吃多餐方式,每次稻田施化肥每亩不超 3.5kg。

(2)水质管理:气温高或河蟹脱壳时,水位适当深一些,10～

20cm，平时不可断水。

2. 投饵

河蟹在10℃以上即摄食，随着温度的提高，摄食量加大，要加强投喂。

（1）前期：放苗后到6月下旬，为保证河蟹前期成活率，多喂一些高蛋白的动物性饲料，如小杂鱼等，结合一些蛋白质含量高的颗粒饲料，投喂量掌握在蟹体重的3%～5%，搭配瓜菜、浮萍等青饲料。田螺是最好的饵料，营养丰富、均衡，全面；因是活体，即净化水体，河蟹又可随用随取，田螺又可繁殖增量。最好亩投田螺50kg以上。

（2）中期：7月初到8月上旬可多投喂一些青饲料，如瓜菜、水草、浮萍、小麦芽等，配合一些精饲料，以充分满足河蟹对维生素和钙的需求，促进脱壳，投喂量掌握在蟹体重的8%～10%。

（3）后期：8月上旬以后，以精饲料为主，适当配合一些高能粗饲料，以储存能量和催肥，促增重为主，投喂量掌握在蟹体重的10%左右。最好再亩投田螺50kg以上。

整个养殖期投饵量的多少，要细致观察，以河蟹吃饱、饵料略有剩余为准。

3. 水质管理与脱壳：换水量及换水次数，直接关系到养殖的效果，主要取决上下水的条件是否具备。尽可能保持多次换水。夏季高温，稻田注满水，保持水温稳定，整个养殖期尽量保证 10 ~ 15 天大换水 1 次，通过水质水温变化，以刺激河蟹群体脱壳，同时每隔 15 天左右用 20mg/kg 的生石灰环沟泼洒，以消毒和补充钙的缺乏及调节水质，秋季是河蟹摄食高峰，具体应视田间情况和水质情况确定换水时间，换水时间应控制在 3 个小时左右。换水时保持水温差不得超过 5℃。在人工饲料中应添加 1% 的脱壳素和氟苯尼考。最好在每次换水时对水质进行化验检测，或作试水，坚决不换超标水，进水后及时用二溴海因 0.2mg/kg 消毒灭菌，减少发病率，在第 3 天投些活性生态制剂，调节水中营养及控制水质，使 pH 值保持在 7.5 ~ 8.5，溶解氧要高于 6mg/L 以上。

4. 移植水草：稻田养殖河蟹最好能移植水草，要在养殖初期，提前移植水草，（如伊乐藻）或培植表层的漂浮植物（如绿萍、水葫芦等水生植物），稻田养殖成蟹的水草主要移栽在环沟里，水草、水葫芦、绿萍等的植物覆盖面积要达到环沟的一半以上。

5. 巡塘：巡塘是养蟹成功的一项主要工作，要坚持每天早、中、晚都巡塘，特别是有暴雨的天气，仔细检查防逃设施，或跑水漏水的埝埂。在雨过天晴时，蟹田的水质会有很大变化，要进行检测和化验，了解和掌握水中的各种理化指标。

四、苇田河蟹养殖技术

苇田因面积大，一是需灌水压草，二是淹水环境有利芦苇生长，因此苇田长年形成淹水水面，苇田水面底栖生物多，沉水植物多，饵料资源丰富，利用苇田水面养蟹，也是一地两用，一水两养，实现苇田增效的最佳途径，但连续养蟹，管理不当，效果不佳，苇田养蟹应以养成蟹为主。

1. 规划面积：苇田广阔，便于机械收割，但为了养蟹，规划面积时也要兼顾苇田收割，不宜过小，一般划区以 200 ~ 300 亩一方为宜。

2. 每区加大工程建设，在四周挖沟，宽 3～5m，深 0.5～0.8m，挖出的土修成围堤。

3. 要有蟹道。苇田中芦苇茂密，不利河蟹寻食摄食，因此在苇田中根据地形实际，每隔 100m 左右，纵横设置蟹道，即挖 1～2m 宽浅沟，原则是不影响芦苇收割，不影响芦苇生长，作为河蟹去苇田中间部分寻食通道。

4. 移栽伊乐藻水草或苦草，为河蟹提供遮蔽物和维生素类饵料。早期移栽的水草周围要用防护网保护，避免河蟹将草种源吃光，当草群体基数大时再放开。

5. 建好排灌系统，修好闸函，以利换水和控制水位。

6. 设置防逃，只在四周围堤上用耐老化专用蟹膜与稻田养蟹相似设置防逃，闸函也要采取设置两道防逃措施。因苇田排灌水流大，防逃网一定要坚固。

7. 蟹种放养

（1）放养时间：4 月中下旬至 5 月上旬。

（2）放养密度：苇田养蟹因面积大，易分布不均，放养密度不宜过大，应选择规格每 0.5kg 60～80 只苗种，亩放 100～300 只为宜。

8. 养殖管理

（1）饵料投喂：放苗少的地块或新养殖地块，天然饵料多，前期可不投喂或少投喂，后期需多投喂，放苗多的投喂应与稻田养蟹相似，最好亩投喂 40～50kg 田螺，可保证莘田河蟹的肥满度和品质。后期最好要再补投一次田螺每亩 25～50kg

（2）水质管理：莘田河蟹有时多在环沟内，水质易变酸，莘田大换水不易，要每半个月用生石灰每亩 10kg 消毒补钙，保持水质弱碱性，氨氮较高时不易用生石灰，应换水为主。

（3）巡塘及清除敌害：平时，尤其雨后或大换水后，及时巡塘观察，看有否跑蟹，同时清除青蛙，鼠，蛇敌害。

五、池塘及大水面河蟹养殖技术

池塘及大水面养蟹，不同于养鱼，要创造适应河蟹生态习性的池塘环境。

1. 水源：排灌畅通，水质清鲜，水源有保障。

2. 水位：保持水深 1m 左右即可，不宜过深，以利水生植物生长。

3. 面积：池塘以 10～20 亩一个为宜，大水面不限。

4. 池塘结构：中间为深水区，占面积 2/3 以上，四周为浅水区，水深 10～40cm，占 1/3 以内，为河蟹创造脱壳场所。

5. 放苗：

（1）池塘消毒，池塘保水深 10cm 左右，放苗前半月每亩用生石灰 75kg 融化全池泼洒，杀灭敌害生物及病菌。

（2）放苗时间，4 月上中旬为宜，宜尽早放苗，拉长生育期。

（3）放苗规格及密度：选生育健壮，肥满度高，无病害，无磨爪损伤一龄扣蟹；规格为每 500g 60～80 只，密度为每亩放苗 300～500 只，20mg/kg 高锰酸钾浸泡 10 分钟消毒后放入池塘，远路运来的蟹苗种要在水中侵泡 2～3 分钟捞出，10 分钟后在浸泡一次，再消毒放苗，避免直接放苗呛肺死亡。

6. 水质管理与调节

（1）溶解氧控制在每升五毫克以上，底泥过肥可采取微孔曝气增氧解决溶氧不足。

（2）pH 值控制在 7.5～8.5，可每半月用生石灰 20mg/kg 消毒及调控，河蟹喜在弱碱性水中生活。

（3）移栽水草：要移栽种植伊乐藻、轮叶黑藻，金鱼藻，苦草等水生植物，水生植物可净化水质，增氧，降低水温，为河蟹提供维生素饵料，茂密水生植物上部可为河蟹提供浅水的脱壳环境。水草移栽后要用网围起，有规模后再撤网放开。

7. 脱壳管理

（1）池塘水体大，环境变化小，不利刺激河蟹脱壳，可通过半个多月换一次大水方式刺激脱壳，观察，当河蟹摄食减少，表明河蟹将要脱壳，可马上刺激，促其脱壳整齐度高，减少互相残杀。

（2）发现水边有空壳后，及时泼洒生石灰补钙，促进快硬化。

8. 投喂

（1）以配合料，精饲料为主，投喂小杂鱼，观察投喂，投量以河蟹重量的 5% 左右。

（2）投放田螺。亩投田螺 250～300kg，分春、秋 2 季投喂，基本不用投料。

六、河蟹的病害防治

（一）河蟹病虫害预防

在河蟹病虫害防治上，无论扣蟹还是成蟹，重点在预防，防大于治。

1. 保持水质清新，不纳入受污染的水；

2. 在河蟹的生长期内，每半个月施一次生石灰，一般每亩用生石灰 5kg；或定期用二氧化氯制剂进行预防；

3. 有条件可定期使用生物制剂，使用时间在使用消毒剂 3 天以后。

（二）常见病治疗

1. 细菌性引起疾病：出现黑腮、烂肢、花盖等疾病时，可选用二氧化氯 150g/亩、二溴海因或碘类消毒剂 0.3mg/kg 进行全池消毒处理，具有一定疗效。

2. 原生动物疾病：

出现体表挂脏等是由由聚缩虫等引起的疾病，可选用一些国家允许使用的对症药物进行治疗，纤虫净每亩 1m 水深用药 25mL 对水全池泼洒，也可大换水，保持水体清新，降低水体中有机物含量。

3. 成蟹病害防治：成蟹养殖的疾病重在防治，坚持每半个月用 20mg/kg 生石灰环沟泼洒，增加钙质，调节水质。有利于河蟹脱壳，高温季节定期（20 天左右）使用 1~2 次 0.3mg/kg 的溴氯海因和 150g/亩的二氧化氯，化水后全池泼洒。一定程度上可预防细菌的发生，可以在河蟹第一次脱壳后进行一次外用药物，预防纤毛虫病，用纤虫净每亩一米水深用药 25mL 标准对水全池泼洒。

（1）花盖病：刚放入池内容易得此病。防治方法：10kg/亩生石灰对水泼洒，再用百毒净每亩一米水深 100mL 标准泼洒，3 天以后用生态制剂 15 ~ 20ml/m³ 泼洒。

（2）聚缩虫病：如水质过肥河蟹生有聚缩虫病，可用 0.1 ~ 0.25mg/kg 的硫酸铜全池泼洒，用 50mg/kg 的甲醛或 30mg/kg 的新洁尔灭全池泼洒。但在使用药物时必须观察，贮好水，如发现不适必须立即换水，如没有其他现象反应，最好在 18 ~ 24 小时后换水。

（3）水肿病：在换水量少，水质不佳，pH 值偏低时在河蟹的鳃部有许多绒毛状菌丝而感染为河蟹鳃水肿病。防治方法：如发现河蟹患有水肿病时，应连续换水 2 次，全池泼洒漂白粉 2mg/kg，生石灰 20 ~ 25mg/kg。

（4）脱壳不遂症：幼蟹脱壳与河蟹所必需的物质，钙质甲壳素，脱壳素等浓度有关。防治方法，在蟹池中经常加注新水，投入少量生石灰，在饲料中增加蛋壳粉，贝壳粉、骨粉、鱼粉等。

（5）着毛病：用青灰（草木灰）遮住 2/3 的池塘水面，或用青苔净每亩 100g 对水全池泼洒，使水绵死亡并捞出，用硫酸铜 0.7mg/kg 泼洒，而后再进行肥水。

七、河蟹的起捕

（一）河蟹苗种的起捕

1. 干法的起捕：特点是方便，起捕快，起捕率可达95%以上。方法是：9 月 25 日左右开始放水起捕，10 月初左右基本起捕完毕。在上下水沟及四周防逃墙内侧隔 30cm 处，每 100m 左右挖一立陡坑即陷阱，坑 80cm 左右宽，1 ~ 1.5m 长，深 50 ~ 70cm 左右，四周及底部内衬塑料布，沿防逃墙内侧 30cm 地面上横设障碍物，最好是玻璃，使河蟹巡边时遇障碍掉入坑中，集中后捕出。每晚起捕 3 ~ 5 次，注意坑内不能有积水，有水及时排出，有水时因河蟹多缺氧窒息死亡。起捕几天后有条件可再放水冲一下，效果更好。

2. 流水起捕：利用河蟹顶水的习性，采用流水法捕捞，即向稻田中灌水，边灌边排，在进水口装倒须网，在出水口设置袖网捕捞，效果较好；或是放水捕蟹，即将田水放干，使扣蟹集聚到蟹沟中，然后用抄网捕捞，再灌水，再放水，如此反复 2～3 次即可将绝大多数的扣蟹捕捞出来。采用多种捕捞方法相结合，扣蟹的起捕率可达到 95% 以上。

扣蟹起捕以后进行分选，二龄蟹要选出，将扣蟹按照市场收购规格分选好用网箱或坑塘暂养，等待好的销售时机出售。

（二）成蟹的起捕与销售

1. 捡拾起捕：成蟹的起捕主要靠在田边用手人工捕捉。秋季，当河蟹性成熟后，要向海中回游繁殖，即所谓"七上八下"，在晚间就会大量爬上岸，寻找去海通道，此时即可根据市场的需要有选择地捕捉出售或集中到网箱和池塘中暂养，这种收获方式一直延续到水稻收割，收割后每天捕捉田中和环沟中剩余河蟹，到捕净为止。

规模大时，也可像干法起捕扣蟹那样，挖坑干捕。

2. 地笼起捕：对池塘养蟹或大水面养蟹及需提早起捕河蟹的，可采取地笼起捕方式，选购专用长地笼，20m 以上的，利用河蟹晚间寻食习性，在地笼内放饵料或杂鱼、骨头等，将地笼与防逃墙垂直方向放入水中，地笼的一头要放到水边，以防河蟹从岸边绕过，晚间放饵料，早晨起捕地笼内河蟹，然后销售或暂养育肥。

3. 河蟹网箱暂养管理：为了调控市场和合理价格时销售，起捕的河蟹可进行短期的暂养后上市，方法如下。

（1）水面的选择：选择水深面宽，水质清新无污染，便于管理的河沟等水体大的或池塘水面。

（2）网箱的要求：一般用硬塑料网片制成的楼式网箱，规格为高、宽各 0.92m，长 1.25m 左右，体积为 1m³ 以上，箱内安装间距 0.2m 左右的 3～4 层竹网片，每层设置一个 25cm 见方上下错位的食台。

网箱上盖一边留有 0.3m 宽的门，网箱用竹、木桩或漂浮物将网箱支撑在水中，箱距 1m 左右，在气温 10℃ 以上时，箱体可露出水面 0.2m 左右，箱顶要覆盖水草等遮阳物，如气温在 10℃ 以下时，则把网箱沉到水面下 0.3～1m 的深水处，以防霜冻等恶劣气候的影响。严防密度过大、缺氧窒息死亡。除此之外，暂养网箱其他形状，规格质地不同的网箱，但要注意网箱的坚固性。

（3）暂养要求：每批暂养时间不宜过长，不宜超过半个月左右，暂养密度每 m³ 空间可放 10～15kg 河蟹。并要严防挤推叠压，要随时检查及时疏散以防造成局部缺氧而窒息死亡。

（4）投饵：每箱或 20kg 蟹放 1～2kg 饲料，如煮熟的黄豆、小麦，绞碎的螺蚌，动物内脏和小杂鱼小虾等。投喂的精饲料量不宜超过蟹体重的 10%，同时还要喂一些青饲料，如瓜菜等。

4. 销售：河蟹不同规格价格差异较大，起捕后的的河蟹要分雌、雄，按大、中、小和毛蟹不同规格分等级，包装销售，销售最好有注册品牌，确立自己的包装，保证质量，便于追溯。

畜禽养殖篇

第一章 畜禽的品种

第一节 猪品种

1. 长白猪

【产地与分布】原名兰德瑞斯猪，原产于丹麦，国外分布最广。1964 年以来大量引入我国，来自 6 个国家，其中以丹麦白猪表现最优。

【外貌特征】从 6 个国家引入，体形外貌，生产性能不尽一致。但因其体躯长，毛色全白的特点，在我国通称长白猪。

【生产性能】是世界著名的腌肉型猪种，具有生长快，饲料利用率高，瘦肉率高、产仔多、奶水足、断乳窝重较高等特点，但体质较弱，抗逆性较差，对饲养要求较高，多病。成年公猪体重、体长、胸围、体高分别为（246.2 ± 9.4）kg，（175.4 ± 2.1）cm，（151.5 ± 1.9）cm，（84.6 ± 1.5）cm；成年母猪相应为（218.7 ± 0.09）kg，（163.4 ± 1.12）cm，（139.9 ± 1.47）cm，（81.1 ± 1.35）cm。丹麦长白猪 3 岁公猪平均体重可达 400kg，母猪可达 250 ~ 300kg。经产母猪平均产仔数为 12 头，引入我国后经多年的驯化饲养，适应性有所提高，分布范围日益扩大。

2. 杜洛克猪

【产地与分布】原产于美国东北部的纽约和新泽西州。

【外貌特征】全身被毛呈金黄色或棕红色，或灰褐色，色泽深浅不一。两耳中等大小，略向前倾，耳尖稍下垂。头中等大小，嘴短直。成年猪后背呈弓形。胸部深，后躯肌肉丰满，四肢粗壮结实，蹄黑色，多直立。

【生产性能】是世界著名肉用型猪种。具有体质健壮、抗逆性强、生长速度快、饲料利用率高、胴体瘦肉率高等特点。成年公猪体重380kg，成年母猪体重300kg左右，经产母猪产仔数9~10头，胴体瘦肉率60%~62%。在杂交利用中用作父本。

3. 大约克夏猪

【产地与分布】又称大白猪。18世纪育成于英国。国内外分布较广。我国早在20世纪初就引入过该猪，50年代后又陆续引入，现分布于全国各地。

【外貌特征】体格大，体形匀称。耳立，鼻直，背腰多微弓，四肢较高，皮毛全白，少数额角皮上有小暗斑。

【生产性能】是世界著名的肉用型品种之一。具有生长快，饲料利用率高，瘦肉率高、产仔较多、配合力好等特点，但蹄质不坚实，多蹄腿病。6月龄猪体重可达100kg左右。成年公猪平均体重263kg，体长169cm，胸围154cm，体高92cm；成年母猪平均体重224kg，体长168cm，胸围151cm，体高87cm。经产母猪产仔数12头左右。瘦肉率达61%。

4. 汉普夏猪

【产地与分布】原产于美国肯塔基州的布奥尼地区。近年来有少量种猪引入我国。

【外貌特征】毛黑色，颈肩结合处和前腿为白色，前躯形成一条白带。头中等大，耳中等大小、直立，嘴较长且直，背宽大略呈弓形，体质健壮，体型紧凑。体躯较长，肌肉发达，胴体品质较好

【生产性能】具有生长快、饲料利用率高、胴体瘦肉率高、抗逆性较强等特点，但产仔数较少。成年公猪体重300~400kg，成年母猪体重250~350kg。母性强，经产母猪产仔数8~10头。在杂交利用中多作父本。

5. 克米洛夫猪

【产地与分布】原产于前苏联米洛夫州。

【外貌特征】体质结实，结构匀称。头中等大，颜面微凹，耳

直立或稍微前倾。胸宽深，背腰平直，后躯丰满。肢蹄强健。被毛为黑白花色，白毛呈片状或点状不规则分布。乳头 6~7 对，排列整齐。

【生产性能】成年公猪体重 283.88kg，体长 166.67cm，胸围 157.69cm；成年母猪体重 179.92kg，体长 147.70cm，胸围 137.63cm。后期生长速度不快，胴体瘦肉量少。

6．苏白猪

【产地与分布】苏联大白猪，简称苏白猪。

【外貌特征】体质结实。头较大，嘴长直，面微凹，两耳直立稍向前倾，颈肩结合良好。背腰长直、宽平、肋骨弓隆，腹部丰满不下垂，腿臀部较丰满。四肢粗壮。被毛全白。乳头多为 7 对。

【生产性能】为兼用型品种，瘦肉率不高。成年公猪平均体重 310.2kg，体长 168cm，胸围 165.3cm，体高 93.2cm；成年母猪平均体重 212.7kg，体长 152cm，胸围 142.54cm，体高 81.2cm。

7．民猪

【产地与分布】包括大民猪、二民猪、荷包猪，原称东北民猪，分布于黑龙江、吉林、辽宁、河北省。

【外貌特征】体躯扁平，背腰狭窄，臀部倾斜，四肢粗壮。头中等大，面直长，耳大下垂。全身被毛黑色，冬季密生绒毛，毛密而长，猪鬃发达，抗寒能力强，在 −28℃ 仍不发生颤抖，−15℃ 下能正常产仔哺育。乳头 7~8 对。

【生产性能】成年体重公猪 195kg，母猪 151kg，性成熟早，母猪 4 月龄初情，9 月龄排卵约 15 枚。初产仔数 11 头，三胎 11.9 头，四胎以上 13.5 头，育肥猪体重 18~92kg，平均日增重 450g，屠宰率 72.5%，瘦肉率 46.03%。成年猪体重与体尺见表。

表1 成年民猪的体重和体尺

性别	头数	体重 （kg）	体长 （cm）	胸围 （cm）	体高 （cm）
公	20	195.0	148.0	139.0	86.0
母	150	151.0	141.0	132.0	82.0

8. 金华猪

【产地与分布】原产于浙江省金华市东阳县。分布于义乌市等地。

【外貌特征】毛色以中间白、两头乌为特征，即头颈和臀尾部为黑皮、黑毛，中间均为白皮、白毛、交界处有"晕带"，因此又称"金华两头乌"猪。体型中等偏小，颈粗短，背微凹，腹大微下垂，臀部倾斜，四肢细短，蹄坚实呈玉色。耳中等大，下垂不超过嘴。皮薄、毛疏、骨细，蹄坚实。乳头数平均为16个，乳房发育良好，群众惯称为"丁香奶"。按头型分寿字头、中老鼠头和中间型。

【生产性能】成年公猪平均体重112kg，体长128cm，胸围113cm，体高74cm；成年母猪平均体重97kg，体长123cm，胸围106cm，体高61cm。初产母猪产仔数10～11头，三胎及三胎以上产仔13～14头。育肥猪饲养至70～75kg体重需10个月左右，50～60kg体重猪屠宰率71.7%，瘦肉率43.4%。

9. 辽宁黑猪

【产地与分布】辽宁黑猪是由东北民猪与巴克夏猪杂交后经40余年风土驯化而成的地方品种。该品种具有适应性强、繁殖力高、肉质好等优良特征。辽宁黑猪分为丹东黑猪、复县黑猪、昌图黑猪和南台黑猪4个类群，其中丹东黑猪类群最多，约占整个辽宁黑猪一半以上。

【外貌特征】辽宁黑猪四个类群的体型外貌相似，其特点是：体质结实，结构匀称，头大小适中，耳前倾稍下垂，嘴稍长，颜面直或略凹；身腰长，肩中等宽，背腰平直，尻部略倾斜，腹部微垂；四肢高，肢蹄坚实，毛色纯黑，乳头 7 对以上，排列整齐；成年公猪平均体长 163.7cm，胸围 146.4cm，体重 210.8kg；成年母猪平均体长 155.8cm，胸围 146.4cm，体重 203.9kg。

【生产性能】辽宁黑猪最大特点就是繁殖性能好。一般生后 4~5 月体重 50~60kg 性成熟，7~8 个月开始配种；发情周期平均为 19.8 天，发情持续期 85~98 小时，妊娠期 115.14 天；初产母猪平均产仔数 12.8 头，初生窝重 12kg，50 天断奶窝重 126kg，窝成活 10.94 头；经产母猪平均产仔数 14.98 头，初生窝重 12.6kg，50 天断奶窝重 139kg，窝成活 11.46 头。辽宁黑猪存在生长慢（580~680g），瘦肉率低（胴体瘦肉率50%左右）的缺点，但表现出极好的杂种优势。辽宁黑母猪与大约克夏、长白、杜洛克杂交生产的"约黑"、"长黑"、"杜黑"二元杂交母猪，具有母性强、产仔多、生长快、效益好等优良特征。平均产仔数 14.5 头，50 天断奶重 168kg，三元杂交后代日增重 798g，料肉比 3.1：1，瘦肉率 63%以上。

10. 野猪

【产地与分布】野猪分布范围极广，涵盖欧亚大陆，包括东亚、东南亚（中南半岛、大巽他群岛、小巽他群岛）、日本列岛、西伯利亚南部、中亚、南亚、中东、非洲北部及地中海沿岸、欧洲的斯堪的纳维亚南部、中东欧、西欧、伊比利亚和不列颠群岛，并传入新几内亚岛、所罗门群岛、新西兰和北美洲。世界各地除澳大利亚、南美洲和南极洲外均有分布。承德围场县经常有野猪出没。

中国的野猪分布主要在东北三省、云贵、福建、广东等地区。20 世纪 80 年代开始引进人工养殖野猪的技术，主要分布在福建、广东、江西等省份，其中，全国最大的天然养殖基地位于福建省招宝生态农庄，其山里放养法，已经推广到全国多个省份。

【外貌特征】毛色为灰黑色或褐（棕红色）。体躯健壮，四肢粗短，头较长，耳小并直立，吻部突出似圆锥体，其顶端为裸露的软骨垫（也就是拱鼻）；每脚有 4 趾，且硬蹄，仅中间 2 趾着地；尾巴细短；犬齿发达，雄性上犬齿外露，并向上翻转，呈獠牙状；野猪耳披有刚硬而稀疏针毛，背脊鬃毛较长而硬；整个体色棕褐或灰黑色，因地区而略有差异。

皮肤灰色，且被粗糙的暗褐色或者黑色鬃毛所覆盖，在激动时竖立在脖子上形成一绺鬃毛，这些鬃毛可能发展成 17cm 长。雄性比雌性大。猪崽带有条状花纹，毛粗而稀，鬃毛几乎从颈部直至臀部，耳尖而小，嘴尖而长，头和腹部较小，脚高而细，蹄黑色。背直不凹，尾比家猪短，雄性野猪具有尖锐发达牙齿。纯种野猪和特种野猪主要表现在耳、嘴、背、脚、腹的尺寸大小程度上。

【生产性能】主食青草、玉米秸秆、红薯等青绿饲料，成本极低，仅为家猪的三分之一，而且肉质特别鲜嫩香醇、瘦肉率高达 85%，是真正的放心肉和绿色滋补食品，在市场极为畅销。一只野猪年产仔约 20 头，可获利 0.5 万～0.9 万元，效益是家猪的十几倍。另外由于它长期生存于自然界，其抗病力、成活率都比家猪强，野猪一般年可产仔 2～2.5 胎，每胎 8～16 头，配种时间以6～7 月龄，体重 60～70kg 为宜。

11. 当地花猪

【产地与分布】属于当地杂交猪。

【外貌特征】被毛黑白色，花片不规则，体躯中等大小，背腰平直，前胸宽而深，臀腿丰满，宽脊膨肋，公猪体质健壮，性欲旺盛，睾丸发育良好，花杂猪骨架较好，骨肉一齐长。

【生产性能】饲料利用率较高，在精饲料供应充足的地方，饲养 8～10 个月，体重可达 100～150kg。

第二节　牛品种

1. 荷斯坦牛

【产地与分布】荷斯坦牛原产于荷兰北部的北荷兰省和西弗

里生省，故称荷斯坦—弗里生牛，因其毛色为黑白花，又称黑白花牛，荷斯坦牛是世界上分布范围最广泛的牛品种，经过各国的长期培育，在许多国家形成了自己的品种，冠以本国名称。例如美国荷斯坦牛、加拿大荷斯坦牛、澳洲荷斯坦牛、中国荷斯坦牛等。由于各国对荷斯坦牛选育方向不同，分别育成了乳用型和乳肉兼用型两大类。

【外貌特征】乳用型荷斯坦牛体格高大，结构匀称，皮薄骨细，皮下脂肪少，乳房庞大，乳静脉明显，后躯较前躯发达，侧望呈楔形，具有典型的乳用型外貌。被毛细短，毛色呈黑白花斑，界线分明，额部有白星，腹下、四肢下部（腕、跗关节以下）及尾帚为白色。兼用型荷斯坦牛体格略小，体躯低矮宽深，皮肤柔软而稍厚，尻部方正，四肢短而开张，肢势端正侧望略呈偏矩形，乳房发育匀称，前伸后展，附着良好；毛色与乳用型相同，花片更整齐。成年公牛体重 900~1 200kg，母牛体重 550~750kg。

【生产性能】乳用型年平均产奶量 5 000~8 000kg，乳脂率 3.6%~3.8%，产奶量高，饲料报酬高；乳肉兼用型平均产奶量 4 000~6 000kg，乳脂率可达 4.2% 以上。经育肥的荷斯坦牛屠宰率可达 55%~62.8%，且产肉量多，增重速度快，肉质好。

2. 西门塔尔牛

【产地与分布】原产瑞士西部的阿尔卑斯山区，在法国、德国、奥地利等邻国也有分布，为肉、乳役兼用品种。

【外貌特征】被毛多为黄白、红白花，头、尾和四肢为白色。

【生产性能】具有适应性强，耐粗饲，胴体瘦肉多，脂肪少，肉质好，性情温驯，使役性能好等特点。为大型牛品种，乳房发育中等，泌乳力强。成年公牛体重 1 000~1 300 kg，母牛 650~800kg，屠宰率 55%~60%。标准泌乳期 270~305 天，平均产奶量 4 070kg，乳脂率 3.93%，平均日增重可达 1 000kg 以上，现已是我国改良地方牛的当家品种之一。

3. 夏洛来牛

【产地与分布】夏洛来牛原产于法国夏洛来省和周边地区，被世界上许多国家作为肉牛生产的种牛引进，我国于1964年和1974年曾大批引入。

【外貌特征】体大力强，被毛白色或乳白色，头短宽，角圆长，颈精短，胸宽深，肋骨弓圆，背宽肉厚，体躯圆筒形，荐部宽长而丰满，大腿肌肉向后突出，常见"双肌臀"。成牛公牛体重1 100 ~ 1 200kg，母牛700 ~ 800kg。

【生产性能】生长速度快，饲料转化率高，育肥期日增重可达1 880g，12月龄体重可达500kg。犊牛生长发育快，瘦肉产量高。平均日增重1 432g，日耗饲料9.62kg。该牛产肉性能好，屠宰率60% ~ 70%，平均日胴体瘦肉率80% ~ 85%。适应性与杂交效果好，耐寒耐粗，对我国各地适应好，改良本地黄牛效果好，杂一代毛色乳白或浅黄，初生犊牛体重较本地黄牛提高30%，周岁体重提高50%，屠宰率提高5%，但繁殖性能稍差，难产率高，不宜作小型黄牛的第一父本，在经济杂交中宜作"终端"父本公牛。

4. 利木赞牛

【产地与分布】原产法国，是中型肉用品种。

【外貌特征】毛色为黄色，口、鼻、眼圈周围、四肢内侧及尾帚毛色较浅，角为白色，蹄为红褐色。头短小，额宽，胸部宽深，体躯较长，后躯肌肉丰满，四肢精短。

【生产性能】初生犊牛体重36kg，成年公牛体重1 100kg，母牛体重600kg。该品种牛肉性能高，胴体质量好，出肉率高。在集约化饲养条件下，犊牛断奶后生长很快，10月龄体重达408kg，周岁时体重可达480kg，哺乳期平均日增重为860 ~ 1 000g。屠宰率63% ~ 71%，8月龄就可生产出具有大理石纹、结构均匀的牛肉，是生产高档牛肉的理想品种。

5. 辽育白牛

【产地与分布】辽育白牛是以夏洛莱牛为父本，以辽宁本地黄牛为母本级进杂交后，在第 4 代的杂交群中选择优秀个体辽育白牛进行横交和有计划选育，采用开放式育种体系，坚持档案组群，形成了含夏洛莱牛血统 93.75%、本地黄牛血统 6.25% 遗传组成的稳定群体，该群体抗逆性强，适应当地饲养条件，是经国家畜禽遗传资源委员会审定通过的肉牛新品种。

【外貌特征】辽育白牛全身被毛呈白色或草白色，鼻镜肉色，蹄角多为腊色；体型大，体质结实，肌肉丰满，体躯呈长方形；头宽且稍短，额阔唇宽，耳中等偏大，大多有角，少数无角；颈粗短，母牛平直，公牛颈部隆起，无肩峰，母牛颈部和胸部多有垂皮，公牛垂皮发达；胸深宽，肋圆，背腰宽厚、平直，尻部宽长，臀端宽齐，后腿部肌肉丰满；四肢粗壮，长短适中，蹄质结实；尾中等长度；母牛乳房发育良好。

【生产性能】辽育白牛成年公牛体重 910.5kg，肉用指数 6.3；母牛体重 451.2kg，肉用指数 3.6；初生重公牛 41.6kg，母牛 38.3kg；6 月龄体重公牛 221.4kg，母牛 190.5kg；12 月龄体重公牛 366.8kg，母牛 280.6kg；24 月龄体重公牛 624.5kg，母牛 386.3kg。辽育白牛 6 月龄断奶后持续育肥至 18 月龄，宰前重、屠宰率和净肉率分别为 561.8kg、58.6% 和 49.5%；持续育肥至 22 月龄，宰前重、屠宰率和净肉率分别为 664.8kg、59.6% 和 50.9%。11～12 月龄体重 350kg 以上发育正常的辽育白牛，短期育肥 6 个月，体重达到 556kg。

辽育白牛母牛初配年龄为 14～18 月龄，产后发情时间为 45～60 天；公牛适宜初采年龄为 16～18 月龄；人工授精情期受胎率为 70%，适繁母牛的繁殖成活率达 84.1% 以上。

辽育白牛毛色一致，体质健壮，性情温顺，好管理，宜使役；适应性广，耐粗饲，抗逆性强，抗寒能力尤其突出，可抵抗 –30℃ 左右的低温环境，易饲养；采用舍饲、半舍饲半放牧和放牧方式饲养均可；增重快，6 月龄断奶后，持续育肥的平均日增重可达 1 300g，300kg 以上的架子牛育肥的平均日增重可达 1 500g，宜肥育；肉质较细嫩，肌间脂肪含量适中，优质肉和高档肉切块率高；

早熟性和繁殖力良好，可以为广大饲养户带来可观的经济效益，推广应用前景广阔。

第三节　羊品种

1. 夏洛莱羊

【产地与分布】原产于法国，1974 年正式命名。为肉用品种，具有成熟早，繁殖力强，泌乳多，羔羊生长发育迅速，胴体品质好，瘦肉多，脂肪少，屠宰率高，适应性强等特点。是生产肥羔的理想肉羊品种。

【外貌特征】公、母羊均无角，耳修长，向斜前方直立。头和面部无覆盖毛。皮肤精练或灰色，有的个体唇端或耳缘有黑斑。颈短粗，肩宽平，体长而圆，胸宽深，背腰宽平，全身肌肉丰满，后躯发育良好，两后肢间距宽，呈倒挂"U"字形，四肢健壮，肢势端正，肉用体型好。全身白色，被毛同质。

【生产性能】成年公羊体重 100～140kg，成年母羊体重75～79kg。4 月龄羔羊胴体重 20～22kg。屠宰率55% 以上，性成熟早，6～7 月龄母羔可配种，公羊 9～12 月龄可采精。产羔率初产母羊135%，经产母羊182%。被毛平均长度 7.0cm，细度 50～58 支，年产毛量 3.0～4.0kg。

20 世纪80 年代以来，内蒙古、河北、河南等省（区）先后引入夏洛莱羊，表现出良好的适应性和生产性能。根据饲养观察，夏洛莱羊采食力强，不挑食，易于适应变化的饲养条件。除进行纯种繁育外，也用来杂交改良当地绵羊品种。杂交改良效果显著，杂种后代产肉性能得到大幅度提高。

2. 波尔山羊

【产地与分布】原产于南非的干旱亚热带地区。目前，它是世界上最受欢迎的肉用山羊品种，引进到许多国家和地区。

【外貌特征】毛色为白色，头颈为红褐色，在颈部存有一条红斑。耳宽下垂，被毛短而稀。四肢强健，后躯丰满，肌肉多。

【生产性能】成年公羊体重 90kg，成年母羊体重 65～75kg。100 日龄的公羔体重 22.1～36.5kg。母羔 19～29kg。9 月龄公羊体重 50～70kg，母羊 50～60kg。羊肉脂肪含量适中，胴体品质好，体重平均 41kg 的羊，屠宰率 52.4%（未去势的公羊可以达 56.2%）羔羊胴体重 15.6kg。四季发情，母羊产羔率 150%～190%，优良个体产羔率达 225%。

性成熟早，多胎率较高。体质强壮，四肢发达，善于长距离采食。

1995 年以来，我国先后从德国、澳大利亚和南非引入波尔山羊，饲养在山东、江苏、陕西、北京等地，适应性较好。该品种的生产性能在我国表现为初生重，生长快，繁殖力高，群聚性及恋仔性强，性情温和，易管理，与我国一些地方山羊品种杂交，效果较好。

3. 新疆细毛羊

【产地与分布】新疆细毛羊是我国育成的第一个细毛羊品种，从 1934 年于新疆维吾尔自治区巩乃斯种羊场开始新疆细毛羊的育种工作。当时，从前苏联引进一批高加索羊和伯力考斯细毛羊作为父本，用当地哈萨克羊和蒙古羊为母本，经过杂交而成。1954 年国家正式命名为新疆毛肉兼用细毛羊，简称新疆细毛羊。50 多年来，新疆细毛羊推广到全国各地，用于杂交改良粗毛羊，适应性和生产性能表现良好，在我国绵羊改良育种中起到重要作用。

【外貌特征】公羊大多数有螺旋形角，母羊无角；公羊鼻梁微隆起，母羊鼻梁平直；公羊颈部有 1～2 个横皱褶，母羊有一个横皱褶或发达的纵皱褶。体格大，体质结实，结构匀称，颈短而圆，胸宽深，背腰平直，腹线平直，体躯长深，后躯丰满，四肢端正有力，个别个体眼圈、耳、唇皮肤有小色斑。

全身被毛白色，闭合性良好，毛密度中等以上，毛丛弯曲正常，毛细度 60~64 支，毛的长度和细度均匀。油汗含量适中，分布均匀，呈白色或浅黄色。净毛率 42% 以上。细毛着生部位头部至两眼连线，前肢至腕关节，后肢至飞节或飞节以下，腹毛着生良好，呈毛丛结构，无环状弯曲。

【生产性能】剪毛后体重成年公羊 88.01kg；成年母羊 48.61kg。成年公羊剪毛量 12.42kg，净毛率 50.88%；成年母羊剪毛量 5.46kg，净毛率 52.28%。毛长成年公羊 11.2cm，成年母羊 8.74cm。屠宰率 48.61%，净肉率 31.58%，经产母羊产羔率 130% 左右。

4. 蒙古羊

【产地与分布】为我国三大粗毛羊品种之一。原产于蒙古高原，是我国分布最广的一个绵羊品种。除主要分布在内蒙古自治区之外，还广泛分布于华北、东北、华中和西北等地，是我国数量最多的绵羊品种。内蒙古细毛羊、敖汗细毛羊和东北细毛羊的育成，都是用蒙古羊作为基础母本的。

【外貌特征】由于蒙古羊分布地域广，各地自然、经济条件的差异，蒙古羊的体格大小和体形外貌也有所差异。但其基本特点是：体质结实，骨骼健壮，头中等大小，鼻梁稍隆起。公羊有螺旋形角，母羊无角或有小角。耳稍大，半下垂。脂尾较大，呈椭圆形，尾中有纵沟，尾尖细小呈"S"状弯曲。胸深，背腰平直，四肢健壮有力，善于游牧。体躯被毛白色，头、颈、四肢部黑、褐色的个体居多。被毛异质，有髓毛多。

【生产性能】耐粗放，抗逆性强，适合常年放牧饲养，抓膘能力强，饲养成本低。蒙古羊体重因地而异，饲养在内蒙古呼伦贝尔草原和锡林郭勒草原的蒙古羊体尺、体重较其他地区的大，体重成年公羊 69.7kg，成年母羊 54.2kg；甘肃河西地区的成年公羊体重 47.4kg，母羊 35.5kg，羯羊屠宰率 50% 以上，母羊产羔率 103%。

5. 小尾寒羊

【产地与分布】我国地方优良品种之一，属于肉脂兼用型短脂尾羊，主要分布在气候温和、雨量较多、饲料丰富的黄河中下游农业区，河北省南部的沧州、邢台，山东省西部的菏泽、济宁以及河南省新乡、开封等地分布较多。

【外貌特征】鼻梁隆起，耳大下垂。公羊有螺旋形角，母羊有小角或无角。公羊前胸较深，鬐甲高，背腰平直，体格高大，四肢较高、健壮。母羊体躯略呈扁形，乳房较大。被毛为白色，少数个体头、四肢部有黑、褐色斑。被毛异质，主要由绒毛、两型毛组成，死毛少。尾呈椭圆形，下端有纵沟，尾长至飞节以上。

【生产性能】生长发育快，肉用性能好，早熟、多胎，繁殖率高。小尾寒羊生产性能因不同产区而异。山东省西地区小尾寒羊品质好，平均体重周岁公羊60.8kg，周岁母羊41.3kg；成年体重公羊94.1kg，母羊48.7kg；3月龄断奶体重公羔20.8kg，母羔17.2kg。性成熟早，5～6月龄开始发情，母羊常年发情，可以两年三产，一胎多羔。经产母羊产羔率270%。剪毛量成年公羊3.5kg，成年母羊2kg，毛长11～13cm，净毛率63%。20世纪80年代以来，小尾寒羊被推广到许多省（自治区），用于肉羊品种培育。

6. 辽宁绒山羊

【产地与分布】原产于辽宁省辽东半岛，分布于盖州、岫岩、复县、庄河、凤城、宽甸及辽阳等地。

【外貌特征】颌下有髯，公、母羊均有角。颈宽厚，颈肩结合良好，背平直，后躯发达，四肢较高而粗壮，尾短、瘦小。毛被全白色，外层为粗毛，具有丝光光泽，无弯曲，毛长，内层为纤细柔软的绒毛组成。

【生产性能】成年体重公羊53.5kg，母羊44.0kg，每年清明节前后抓绒一次。平均产绒量成年公羊540g，最高记录1 375g；成年母羊470g，最高1 025g。山羊绒自然长度5.5cm，伸直长度8～9cm，细度16.5μm，净绒率70%以上；屠宰率50%左右；产羔率148%。辽宁绒山羊产绒量高，绒毛品质好，遗传力强，不仅是我国的珍贵山羊品种，而且在世界绒用山羊中亦是高产的白色绒用品种。今后在加强选育的基础上，应改善绒毛的细度，提高绒毛产量及品质。

第四节　鸡品种

1. 白来航鸡

【产地与分布】原产于意大利，世界分布甚广的著名蛋用型品种。1913 年，我国无锡首次引进意大利白来航鸡。1935 年，无锡省立教育学院农场又有引入。1937 年，无锡惠康农场引进白来航鸡 1 000 多只。新中国成立后，也先后多次引进。

【外貌特征】全身白羽，冠大鲜红，体型小而清秀，喙、胫、趾和皮肤呈黄色，耳叶白色。

【生产性能】性成熟早，无就巢性。产蛋量高而耗料少，母鸡年平均产蛋量 200 ~ 240 个，蛋重 54 ~ 60g，蛋壳白色。成年鸡平均体重公鸡 2.5kg，母鸡 1.75kg。

2. 白洛克鸡

【产地与分布】原产于美国的著名肉蛋兼用型品种。20 世纪 60 年代，许多省外贸部门引进白洛克鸡投放各地饲养繁殖，生产出口冻（肉）鸡。1972 年，江苏省家禽研究所又从澳大利来引进白洛克鸡饲养、纯繁。

【外貌特征】白洛克鸡全身羽毛白色，喙、胫、趾均呈深黄色，皮肤浅黄色。

【生产性能】母鸡平均年产蛋量 150 ~ 160 个，蛋重约 60g，蛋壳褐色。成年公鸡体重 4 ~ 4.5kg，母鸡 3 ~ 3.5kg。屠体美观，尤其胸、腿肌肉发达，肉质优良。近代肉鸡配套系中一般均有白洛克鸡的血缘。

3. 海兰褐

【产地与分布】美国海兰公司经多年选育而成的四系配套的褐壳蛋系杂交鸡。红褐羽，可根据羽色自别雌雄。生长速度快，性成熟早，产蛋性能优良，饲料转化率高，抗病能力强，是进行规模化、工厂化蛋鸡生产和农村专业户养殖首选品种之一。

【外貌特征】海兰褐的商品代初生雏，母雏全红色，公雏全身白色，可以自别雌雄。但由于母本的全成系，商品代中经工绒毛母雏中有省数个体在背部带有深褐色条纹，白色绒毛公雏中有部分在背部带有浅褐色条纹。商品代母鸡在尾部上端大都带有省许白色。该鸡的头部较为紧凑，单冠，耳叶红色，也有带部分白色的，皮肤、喙和胫黄色。体躯结实，基本呈元宝形。

【生产性能】主要商品代蛋鸡，全群达 50% 产蛋日龄 156 天，开产体重 1 550～1 650g，入舍母鸡 72 周龄产蛋 283 枚，蛋 63.3g，料蛋比（2.2～2.4）：1。

4. 罗曼褐

【产地与分布】由德国罗曼公司育成的四系配套的褐壳鸡系杂交鸡。

【外貌特征】父本两系均为褐色，母本两系均为白色。商品代雏鸡可用羽色自别雌雄，公雏白羽，母雏褐羽。

【生产性能】生长发育快，性成熟早，产蛋性能优良，饲料报酬高，适应性强，适合各地集约化、工厂化蛋鸡生产和农户养殖。全群达 50% 产蛋日龄 152～158 天，开产体重 1 550g 左右，入舍母鸡 72 周龄产蛋 280～295 枚，蛋重 63.5～64.5g，料蛋比（2.3～2.4）：1。

5. 伊沙褐

【产地与分布】又名伊莎黄蛋鸡、伊莎红蛋鸡，由法国伊莎公司育成的四系配套的杂交鸡。目前国际上最优秀的高产褐壳蛋鸡之一。

【外貌特征】属褐壳蛋鸡系鸡种，红褐羽，可根据羽色自别雌雄，以高产和较好的整齐度及良好的适应性而著称。伊莎褐壳蛋鸡父本为红褐色，母本为白色。商品代雏鸡可用羽色自别雌雄，公雏白色，母雏褐色。

【生产性能】商品代鸡：0~20周龄育成率97%~98%；20周龄体重1.6kg；21周龄达50%产蛋率，23周龄达50%产蛋率，25周龄母鸡进入产蛋高峰期，高峰期产蛋为93%，76周龄入舍鸡平均产蛋量为292枚，饲养日产量302枚，平均蛋重62.5g，总蛋重18.2kg，每kg蛋耗料2.4~2.5kg。产蛋期末母鸡体重2.25kg，存活率93%。

6. 艾维茵肉鸡

【产地与分布】艾维茵肉鸡为美国维茵公司生产，我国从1987年开始引入，目前在全国大部分省建有祖代和父母代种鸡场，是白羽肉鸡中饲养较多的品种。

【外貌特征】艾维茵肉鸡为显性白羽肉鸡，体型饱满、胸宽、腿短、黄皮肤。

【生产性能】生长速度快，饲料消耗少，出栏时间短，抗病力强，羽毛整齐，胸部、腿部肌肉发达，屠体美观，适合肉用仔鸡规模化、工厂化生产和农村专业户养殖。7周龄出栏，平均体重2 287g，饲料转化比（1.85~2）：1。成活率97%以上。艾维茵肉鸡可在全国绝大部分地区饲养，适宜集约化养鸡场、规模鸡场、专业户和农户饲养。

7. 庄河大骨鸡

【产地与分布】"庄河大骨鸡"又名"庄河鸡"，是我国著名的肉蛋兼用型地方良种，主产于大连庄河市境内。早在200多年前，清朝乾隆年间，随着山东移民大量迁入庄河，带来了山东寿光鸡和九斤黄鸡与当地土鸡杂交，又经过老百姓多年选育而成庄河大骨鸡。东至栗子房镇碰腰村火石岭屯，西至明阳镇永胜村沙包屯，南至王家镇前庙村隈子屯，北至塔岭镇隈子村隈子屯。其包括的乡镇为：青堆镇、徐岭镇、太平岭乡、蓉花山镇、步云山乡、大营镇、仙人洞镇、塔岭镇、吴炉镇、鞍子山乡、栗子房镇、大郑镇、明阳镇、光明山镇、城山镇、长岭镇、桂云花乡、荷花山镇、黑岛镇、兰店乡、石城乡、王家镇。

【外貌特征】具有体大、蛋大、毛色艳丽、肉味鲜美的特点。

【生产性能】成年公鸡羽毛火红色，尾羽黑而亮丽，体躯高大，雄壮有力，体重最大可达 6.5kg；成年母鸡羽毛麻黄或草黄色，体重最大可达 4.5kg，年产蛋最多可达 240 枚，蛋重 65～75g，最大达 110～120g。庄河大骨鸡适合放牧饲养，以觅食昆虫、草籽为主，抗病力强，耐粗饲，是辽宁省畜牧业"四大名旦"之一。庄河大骨鸡跟普通的肉鸡不一样，不能圈养，只能散养，因为大骨鸡好斗好动，圈养养不活。普通肉鸡几十天就可以出栏了，大骨鸡需 8～12 个月。而且大骨鸡不吃饲料，只吃野草、野菜、草籽、昆虫、五谷杂粮。大骨鸡的饲养周期长，成本比较高，风险比较大，企业和养殖户不愿染指。但大骨鸡肉质鲜美，几近野味，非常受消费者欢迎。

8. 火鸡

【产地与分布】分布于加拿大、墨西哥、美国。火鸡亦称吐绶鸡，墨西哥瓦哈卡地区首先驯化成家禽，时间大约相当于欧洲的新石器时代（欧洲新石器时代约公元前五千年）。火鸡于 15 世纪末输入到欧洲，引入中国的时间更晚。火鸡现在北美洲的南部还有野生的。和其他鸡形目鸟类相似，雌鸟较雄鸟小，毛色较黯淡。火鸡翼展可达 1.5～1.8m，是当地开放林地最大的鸟类，很难与其他种类搞混。火鸡共有 6 个亚种。

【外貌特征】火鸡体型比家鸡大 3～4 倍，体长 110～115cm。翼展 125～144cm，体重 2.5～10.8kg。嘴强大稍曲。头颈几乎裸出，仅有稀疏羽毛，并着生红色肉瘤，喉下垂有红色肉瓣。背稍隆起。体羽呈金属褐色或绿色，散布黑色横斑；两翅有白斑；尾羽褐或灰，具斑驳，末端稍圆。脚、趾强大。体羽从乳白色至棕灰色至黑色褐黑色，闪耀多种颜色的金属光泽。头、颈上部裸露，有红珊瑚状皮瘤，喉下有肉垂，颜色由红到紫，可变化。雄火鸡尾羽可展开呈扇形，胸前一束毛球。

颈、足像鹤，嘴尖冠红且软，毛色如青羊，脚有两指，爪甲锋利，能伤人至死。墨西哥的普通火鸡亚种与美国东南和西南部的普通火鸡在羽毛斑点和腰部颜色上稍有差别，但羽衣基本上均为黑色，并带有虹彩光泽的青铜色和绿色。成年雄体头部裸露，有皮瘤，一般情况下呈鲜红色，兴奋时变成白色，带亮蓝色。普通火鸡的其他明显特征是从额至喙有一个长形红色肉质饰物；喉部有肉垂，胸部具有一个黑色、质地较粗、似被毛的羽簇，称为髯，有脚距突起。雌鸟的重量一般只有雄鸟的一半，头部的皮瘤及肉垂也较小。

【生产性能】作种用雄火鸡应选择健壮无病、体型高大、雄性较强、活泼、羽毛发亮、腿粗而直的；种用雌火鸡选择健康无病、性情温顺、背平尾直、胸宽体大、羽毛和肉髯颜色鲜艳的。种鸡用一段时期要更换，提纯复壮，及时淘汰劣种，选留良种。种用母火鸡利用年限为 2 年，雄火鸡则可利用 3～4 年。雌火鸡从 34 周龄开始进入第一个产蛋周期，产蛋期在每年的 3—9 月，每产 10～15 枚即自行孵化。每年产蛋 4～6 个周期，每个周期产蛋 14～20 枚，最多 28 枚。火鸡多为自然交配，应防近亲交配，种火鸡在自然交配时，由于雌雄在体重上差别大，常使雌火鸡受到损伤，因而导致雌火鸡的繁殖率低，降低经济效益。因此，可采用人工授精方法来解决这一矛盾，同时种公鸡的饲养比例，可由自然交配的 1：（4～5）提高到 1：30，而且可使饲养费用大幅度降低。

9. 雉鸡

【产地与分布】雉鸡又名环颈雉、野鸡，共有 31 个亚种。体形较家鸡略小，但尾巴却长得多。雄鸟羽色华丽，分布在中国东部的几个亚种，颈部都有白色颈圈，与金属绿色的颈部，形成显著对比；尾羽长而有横斑。雌鸟的羽色暗淡，大都为褐和棕黄色，而杂以黑斑；尾羽也较短。栖息于低山丘陵、农田、地边、沼泽草地，以及林缘灌丛和公路两边的灌丛与草地中，杂食性。其食物随地区和季节而不同。分布于欧洲东南部、小亚细亚、中亚、中国、蒙古、朝鲜、俄罗斯西伯利亚东南部以及越南北部和缅甸东北部。

【外貌特征】雄鸟前额和上嘴基部黑色，富有蓝绿色光泽。头顶棕褐色，眉纹白色，眼先和眼周裸出皮肤绯红色。在眼后裸皮上方，白色眉纹下还有一小块蓝黑色短羽，相对应的眼下亦有一块更大些的蓝黑色短羽。耳羽丛亦为蓝黑色。颈部有一黑色横带，一直延伸到颈侧与喉部的黑色相连，且具绿色金属光泽。在此黑环下有一比黑环更窄些的白色环带，一直延伸到前颈，形成一完整的白色颈环，其中前颈比后颈白带更为宽阔。上背羽毛基部紫褐色，具白色羽干纹，端部羽干纹黑色，两侧为金黄色。背和肩栗红色。下背和腰两侧蓝灰色，中部灰绿色，且具黄黑相间排列的波浪形横斑；尾上覆羽黄绿色，部分末梢沾有土红色。小覆羽、中覆羽灰色，大覆羽灰褐色，具栗色羽缘。飞羽褐色，初级飞羽具锯齿形白色横斑，次级飞羽外翈具白色虫蠹斑和横斑。三级飞羽棕褐色，具波浪形白色横斑，外翈羽缘栗色，内翈羽缘棕红色。尾羽黄灰色，除最外侧两对外，均具一系列交错排列的黑色横斑；黑色横斑两端又连结栗色横斑。颏、喉黑色，具蓝绿色金属光泽。胸部呈带紫的铜红色，亦具金属光泽，羽端具有倒置的锚状黑斑或羽干纹。两胁淡黄色，近腹部栗红色，羽端具一大形黑斑。腹黑色。尾下腹羽棕栗色。

雌鸟较雄鸟为小，羽色亦不如雄鸟艳丽，头顶和后颈棕白色，具黑色横斑。肩和背栗色，杂有粗著的黑纹和宽的淡红白色羽缘；下背、腰和尾上覆羽羽色逐渐变淡，呈棕红色和淡棕色，且具黑色中央纹和窄的灰白色羽缘，尾亦较雄鸟为短，呈灰棕褐色。颏、喉棕白色，下体余部沙黄色，胸和两胁具黑色沾棕的斑纹。

虹膜栗红色（♂）或淡红褐色（♀），嘴暗白色，基部灰色（♂）或端部绿黄色，基部灰褐色（♂），跗蹠黄绿色，其上有短距（♂），跗蹠红绿色，无距（♀）。

【生产性能】繁殖期3—7月，中国南方较北方早些。繁殖期间雄鸟常发出'咯—咯咯咯'的鸣叫，特别是清晨最为频繁。叫声清脆响亮，500m 外即可能听见。每次鸣叫后，多要扇动几下翅膀。发情期间雄鸟各占据一定领域，并不时在自己领域内鸣叫。如有别的雄雉侵入，则发生激烈的殴斗，直到赶走为止。

一雄多雌制，发情时雄鸟环在雌鸟旁，边走边叫，有时猛跑几步，当接近雌鸟头侧时，则将靠近雌鸟一侧的翅下垂，另一侧向上伸，尾羽竖直，头部冠羽竖起，为典型的侧面型炫耀。

营巢于草丛、芦苇丛或灌丛中地上，也在隐蔽的树根旁或麦地里营巢。巢呈碗状或盘状，较为简陋，多系亲鸟在地面刨弄一浅坑，内再垫以枯草、树叶和羽毛即成。巢的大小约为 23cm×21cm，深 6～10cm。产卵期在中国东北最早为 4 月末，而在贵阳 4 月末即见有雏鸟。

1 年繁殖 1 窝，南方可 2 窝。每窝产卵 6～22 枚，南方窝卵数较少，多为 4～8 枚。卵橄榄黄色、土黄色、黄褐色、青灰色、灰白色等不同类型。卵的大小在南北不同地方亦有较大变化。

第五节　鸭品种

1. 北京鸭

【产地与分布】原产于北京本郊玉泉山一带，世界著名的肉用鸭品种，分布于我国北方许多省份，现在几乎遍布全世界。

【外貌特征】具有体型大，生长发育快、肥育性能好、肉味鲜美以及适应性强等特点。性情温驯，好安静，爱清洁，喜合群，适宜于集约饲养，不适于稻田放牧。

【生产性能】北京鸭性成熟早，150～180 日龄开产，自开产日起算，365 天产蛋量 150～200 只，无就巢性。雏鸭 50 日龄体重可达 1.75～2kg，经填肥，56 日龄体重可达 2.5～2.75kg，65 日龄可达 3～3.25kg。

2. 樱桃谷鸭

【产地与分布】 英国林肯郡樱桃谷公司经多年培育而成的优良品种，又名快大鸭、超级鸭。迄今已远销 61 个国家和地区。1984年荣获英国女王颁发的"出口成就奖"。

【外貌特征】 樱桃谷鸭的外貌颇似北京鸭，全身羽毛洁白，头大，额宽，鼻脊较高，喙橙黄色，稍凹，略短于北京鸭；颈平而粗短，翅膀强健，紧贴躯干；背部宽而长，从肩向尾稍斜，胸宽肉厚；腿粗而短，呈橘红色，位于躯干后部。樱桃谷鸭分蛋用、肉用型。肉用型樱桃谷鸭具有体型大，生长快、瘦肉多、肉质好，饲料报酬高和适应性强等优点。

【生产性能】 樱桃谷商品代肉鸭 49 日龄活重 3.3kg，全净膛屠宰率 72.55%，半净膛屠宰率 85%。全净膛连头脚 79%，去头腿为71%。料肉比 2.6 : 1。

3. 当地麻鸭

【产地与分布】 主要是清顺治御边移民从现在山东省、河北省、河南省带入东北，经多年训化、调适，正反多次杂交培育形成今日之当地蛋用型优良品种鸭——当地麻鸭。

【外貌特征】 该鸭体型中等大，放牧性较强，公鸭，头为黑绿色，头和颈上部为墨绿色有光泽，腹部羽毛灰白色，前胸羽毛赤褐色，性羽为黑绿色上翘一小弯曲，母鸭以浅麻雀色为最多，在颈下部有一白色颈环，该鸭的喙为桔黄色或豆黑色，胫、蹼桔黄色，腿粗短，健壮、觅食性强，多走善跑。活泼好动，喜水中嬉戏。

【生产性能】 性成熟早，母鸭开产时间（120±10）天，公母比例为 1 :（20±5），受精率 90%±5%，孵化率 85%±6%，雏鸭出壳重（35±5）g，年产蛋 250 枚±20 枚，蛋个重（70±5）g。蛋壳以白居多，少数为青绿色，成年公鸭（1.5±0.3）kg。母鸭体重 1.2±0.3kg，此种鸭活泼好动，善于钻进密植的稻田中觅食，因此可节省大量饲料，注意水稻出穗鼓粒时不能让其钻入，以免糟蹋粮食。

第六节　鹅品种

1. 中国鹅

【产地与分布】我国著名优良小型鹅品种。江苏、浙江两省饲养最多，上海市郊县和安徽地区也有饲养。

【外貌特征】体型较长。全身羽毛紧贴，分白色与灰色两种，而以白色居多。嘴基部上方的肉瘤大而圆滑，无肉垂，颈细似弓形，胸部发达，腿较高。白鹅的嘴、脚和肉瘤均为橘黄色，我国北方饲养较多；灰鹅背部羽毛有暗色条纹，嘴和肉瘤均为黑色，脚为灰黄色，我国南方饲养较多。

【生产性能】成年体重公鹅 5~6kg，母鹅 4.5~5kg。母鹅成熟较早，年产蛋 60~70 枚，蛋重 150~160g，以产蛋量较高而闻名。凡水草丰盛的地方均可饲养，能大量利用青绿饲料，耐粗饲。行动灵活，觅食能力强。有就巢性。

2. 昌图豁鹅

【产地与分布】昌图豁鹅原产于辽宁省昌图县，当地称"疤痢眼鹅"，历史悠久，为中国白鹅的一个变种，属小型鹅，是中国著名的地方优良品种，因其上眼睑有一凹陷，形成一个豁口，故名"豁鹅"，具有产蛋多、生长快、肉质好、耐粗饲等特点，其产蛋量居全世界鹅中之最，有"鹅中来航"之称。昌图豁鹅属中国白鹅的变种，由于历史上曾有大批的山东移民移居东北，其中莱阳的移民将疤癞眼鹅与辽宁省昌图地区白鹅杂交，加之多年的群选群育、特殊地理环境的因素、典型寒冷干燥大陆性气候的锻炼，才造就出了这一优秀的鹅品种。

【外貌特征】昌图豁鹅体形较一般鹅略小，体斜长 30cm 左右，体躯呈椭圆形，全身羽毛洁白如雪，姿态优美。头较小，头顶部肉瘤明显，呈桔黄色，公鹅比母鹅大。眼大小中等，因有豁口呈三角形，眼睛不太灵活，虹膜为蓝灰色，在眼睑后上方有自然豁口，故名豁鹅。喙扁平，长7cm，宽2.8cm左右，桔黄色。颈细长，向前呈弓形，颈长27cm，颈围10cm左右。胸突出，胸深10cm左右，胸宽11cm左右，龙骨长17cm左右，体躯似长方形。背宽广平直，挺拔健壮。骨盆宽、长各11cm左右。两腿短粗健壮有力，跖蹼均为桔黄色，跖长8cm左右。公鹅体形略大，有好斗性，叫声高而宏亮，体重4kg～5kg；母鹅体形略小，体重3.5kg～4kg，性情温驯，叫声低而清脆，腹部有少量不太明显的皱褶，俗称"蛋包"。

【生产性能】昌图豁鹅性成熟期为180天，初生重70g左右，21日龄为300g左右，30日龄为800g左右，60日龄为2700g左右，70日龄为3500g左右，以后增重迅速减慢，5月龄达体重最高点，有的由于饲养管理条件的变化，体重还会有所下降。

昌图豁鹅成熟较早，出壳后6～7月龄开始产蛋。辽宁省昌图县粗放饲养条件下一般多在2—3月开始产蛋，5—6月达产蛋高峰，如果舍饲冬季也可产蛋。种蛋利用70枚左右，种蛋受精率85%左右，受精蛋孵化率85%左右，一只母鹅可提供50只雏鹅。种鹅在第2年和第3年产蛋最多，可有效利用3～4年。公母鹅配种比例为1：4至1：5，母鹅无就巢性，28日龄雏鹅存活率为92%。

无就巢性，产蛋高峰在第2年或第3年，第4年产蛋率下降。种鹅利用年限为4年。

3. 朗德鹅

【产地与分布】朗德鹅又称西南灰鹅，原产于法国西南部靠比斯开湾的朗德省，是世界著名的肥肝专用品种，专家推崇的肥肝型用鹅。我国近几年有部分引进。

【外貌特征】毛色灰褐，颈部、背部接近黑色，胸部毛色较浅，呈银灰色，腹下部则呈白色，也有部份白羽个体或灰白色个体。通常情况下，灰羽毛较松，白羽毛较紧贴，喙橘黄色，胫、蹼肉色，灰羽在喙尖部有一深色部份。

【生产性能】产蛋。一般在11月至翌年5月为产蛋期。平均产蛋 30～40 枚/年，蛋重 160～200g。成年公鹅体重 7～8kg，成年母鹅 6～7kg。8 周龄仔鹅体重 4.5kg 左右，肉用仔鹅经填肥后重达 10～11kg。肥肝均重 700～800g。羽绒每个在拔两次毛的情况下，达 350～450g。性成熟期 180 天。一般 210 天开产，种蛋受精率在 80% 左右，母鹅有较强的就巢性，雏鹅成活率在 90% 以上。

4. 非洲雁

【产地与分布】原产于南美洲和中美洲热带地区，引入非洲后又名非洲雁，生活于非洲水浅沼泽地带。近年来不少地方和国家进行人工试养，国际上非洲雁生产有迅速发展的趋势，欧美许多国家，如法国、德国、荷兰、丹麦、意大利、美国和加拿大等，都非常重视发展非洲雁的生产。法国养雁总数的 50% 以上是非洲雁。我国的辽宁省、黑龙江省等省市进行了人工试养，并取得了很好的效益。雁肉为紫红色、丝状，肉质特鲜美，可与山里雄鸡、山鸡、树鸡等野禽肉相媲美，其营养价值比鸡、鸭、鹅高出多少倍，辽宁省农业科学院曾做过全面化验分析，雁蛋可用来助治疗心脏病。雁蛋通过加工成咸蛋，蛋黄红色、淌油，吃到嘴里满香味，其咸蛋比鸭蛋口感更高一筹。

【外貌特征】红脸、白羽、黑背、黑尾，长成后有飞翔能力，抗性强，没有群体疫情。食性杂，好管理，生长速度快，3 个月平均体重 10kg。饲养方法与家鸭相似。

【生产性能】在人工驯养条件下，生后 56 天体重达到 3kg，公雁体重 5～6kg，母雁体重 3～3.5kg，公母比例 1:4 为宜。母雁生后 150～180 天开产，年产蛋量 120～150 枚，蛋重 80～100g。

第七节　兔品种

獭兔

【产地与分布】又名力克斯兔。原产于法国，由普通家兔基因突变发展而成的。由于这种家兔绒毛短而整齐，枪毛不露出绒面，颜色漂亮，故命名为"Rexrabbit"即"兔中之王"的意思。1942年，獭兔首次在法国巴黎家兔博览会上展出，得到了养兔人士的高度评价，成为当进最受欢迎的新品种。目前，英国、美国、德国、日本等国家都已培育出了其他色型的獭兔，我国于1936年和1950年前后两次从日本和原苏联引进獭兔，1980—1988年又数次从美国引进獭兔。目前全国各地均有饲养。

【外貌特征】獭兔体型中等，毛色类型很多，但每种毛色都纯正，色泽光润，柔软而富有弹性，外观绚丽多彩，毛纤维长短一致，整齐均匀，表面看十分平整。

【生产性能】成年兔体重3.5～4.0kg，繁殖力较强，年产4～5胎，每胎产仔6～8只。商品獭兔5月龄左右、体重2.75～3.0kg时宰杀取皮，毛皮品质最好，产肉率也较高。獭兔毛皮的特点是短、细、密、平、美。

第八节 毛皮动物

一、貂的品种

1. 水貂

【产地与分布】野外分布于美国、加拿大等地。中国水貂在地理分布上可能有2个亚种，即北方亚种和青藏亚种。我国自1956年从前苏联引种，分别饲养在东北三省、山东、北京等地。目前全国各省均有饲养。

【外貌特征】水貂体形细长，雄性体长38～42cm，尾长20cm，体重1.6～2.2kg，雌性较小。体毛黄褐色，颌部有白斑，头小，眼圆，耳呈半圆形，稍高出头部并倾向前方，不能摆动。颈部粗短。四肢粗壮，前肢比后肢略短，指、趾间具蹼，后趾间的蹼较明显，足底有肉垫。尾细长，毛蓬松。

【生产性能】水貂为季节性繁殖动物，每年在2～3月发情、交配，4月末或5月初产仔，一般每胎平均产仔5~6只。仔兽10~11个月龄达到性成熟，6.5~7.5个月龄毛皮成熟。在野生条件下，大部分水貂的寿命只有1.5~2.5年，个别可达6年以上。家养水貂寿命可达12~15年，有8~10年的生殖能力，种用水貂一般可利用年限为3~5年。

2. 水獭

【产地与分布】欧洲、亚洲、非洲。黑、吉、辽、内蒙、宁、陕、甘、青、新、豫、苏、浙、皖、鄂、湘、黔、川、滇南、藏、台、闽、粤、桂、琼。

【外貌特征】水獭体长55~82cm，尾长30~55cm，体重5~14kg，雌性较小。体表被有又粗又密的针毛，背部为暗褐色，腹部呈淡棕色，喉、颈、胸部近白色，迎着太阳时反射油亮的光泽，里面是咖啡色的绒毛，水不能透进反而会被弹开。身体细长，呈圆筒状，头部宽扁，吻部短而不突出，鼻子小而呈圆形，裸露的小鼻垫上缘呈"w"形，鼻镜上缘的正中凹陷。上唇为白色，嘴角生有发达的触须，上颌裂齿的内侧具大型的突起。眼小，耳也较小，呈圆形。四肢粗短，趾爪长而稍锐利，爪较大而明显，伸出趾端，后足趾间具蹼。尾长而扁平，基部粗，至尾端渐渐变细，长度几乎超过体长的一半。

【生产性能】仔獭生下后40~50天即可断奶，但断奶后要捉到另一个塘里养，每塘饲养密度8~9只。仔獭生长较快，1年后可达成年体重。在人工饲养的条件下，水獭的饲料以新鲜的淡水杂鱼为主，每日每只供饲0.8~1.2kg，并配合少量的动物肉渣、内脏和谷物、蔬菜等。在天气寒冷时，饲料标准需要增加25%。到了夏季气温高时，可喂一些小鱼、泥鳅、青蛙和青绿饲料。幼獭日喂4次，成獭日喂3次，冬季可喂2次。非繁殖期雌雄水獭应分开饲养，待繁殖期，把雄水獭捉到雌水獭塘里让其交配。水獭一般在春夏季繁殖，产在南方的水獭一年可繁殖2次。发情的公母水獭大声嘶叫追逐，互相咬被毛，情绪十分不安，食欲下降。母獭阴门红肿，发情的持续期一般为半个月至 1 个月。交配的地点是在水中，交配的时间多在夜间或清晨进行。交配 1 次 5～10 分钟，交配时公獭咬着母獭的头部，在水里游动或翻滚。每只雄水獭可与 9 只雌水獭交配，交配时不让人接近，以免影响其繁殖。母水獭受孕后雌雄分开饲养，怀孕初期食欲有所下降，怀孕 1 个月以后食量增加，腹部膨大，运动量应逐渐减少。母獭受孕后的妊娠期一般为 55～57 天。母水獭临产前性情凶猛，常伏在窝里不出来。这时要备好产仔箱，箱里放上一些柔软的干草，以备母獭絮窝需要。母獭产仔期根据地区的不同而有差异，如我国北方的母獭受孕后一般春夏季产仔，每胎产仔 2～4 只，生下的仔獭哺乳 3 个月后便能独立生活。

二、狐品种

1. 银狐

【产地与分布】原产于北美大陆的北部和西伯利亚的东部地区，为赤狐在野生自然条件下的毛色突变种。因此，它的体形外貌与赤狐相同，只是毛色有极大的差异。银黑狐的吻部、双耳的背面、腹部和四肢毛色均为黑色，人工养殖较多，已成为世界各国养殖的产要品种。产区分布于吉林、辽宁、黑龙江等各省。

【外貌特征】银黑狐体型与赤狐基本相同，全身被毛基本为黑色，有银色毛均匀地分布全身、臀部银色重，往前颈部、头部逐渐淡，黑色比较浓，针毛为三个色段，基部为黑色，毛尖为黑色，中间一段为白色，绒毛为灰褐色，针毛的银白色毛段比较粗而长，衬托在灰褐色绒和黑色的毛尖之间，形成了银雾状。银黑狐的吻部、双耳的背面、腹部和四肢毛色均为黑色（有白爪子的应淘汰）。嘴角、眼睛周围有银色毛，脸上有一圈银色毛构成银环，尾部绒毛灰褐色，针毛和背部一样，尾尖纯白色。银黑狐腿高，腰细，尾巴粗而长，善奔跑，反映敏捷。吻尖而长，幼狐眼睛凹陷，成狐时两眼大而亮，两耳直立精神，视觉、听觉和嗅觉比较灵敏。一般在良好的饲养条件下，公狐体重 6～8kg，体长为 62～75cm；母狐体重 5.2～7.2kg，体长为 62～70cm。公、母狐体高 40～50cm，尾长 40～50cm，呈粗圆柱形，末端毛纯白色，长 10～15cm，嘴尖耳长，脸上有白色银毛构成的银环（即面罩）。

【生产性能】笼养为主要饲养方式。每年 1—3 月为银黑狐的发情配种期，怀孕期 52 天（49～57 天），胎产仔 3～8 只。寿命 10～15 年。种用年限一般为 5～6 年。

2. 蓝狐

【产地与分布】蓝狐是白狐的一种变异，皮毛呈浅蓝色，主要分布于欧亚大陆和北美洲北部的高纬度地区，北冰洋与西伯利亚南部均有分布。1956 年后，中国从前苏联引进蓝狐，分别在黑龙江、辽宁、吉林、内蒙古、北京、甘肃、青海、陕西等地饲养。

【外貌特征】雄狐体重 5.4～7.0kg，体长 58～70cm，尾长 25～30cm；雌狐 4.4～6.0kg，体长 59～62cm。外形如狗，体型较小，四肢较短，前腿比后腿短。吻部短，体圆而粗，被毛丰厚，耳宽而圆，尾长而蓬松。行走时，呈一条直线形的足迹。体色常呈浅蓝色，且常年保持这种颜色，但毛色变异较大，从浅黄至深褐。

【生产性能】蓝狐多集中在 4 月下旬至 5 月上旬产仔，一般孕期平均为 53 天（49～56 天），所以根据初配记录一般在怀孕 45 天开始为孕狐准备产仔箱，中国北方地区还应在产箱内准备好柔软较长的垫草，以防仔狐产后受冻而死。

三、貉的品种

【产地与分布】貉的别名称狸，在动物学分类上属哺乳纲、食肉目、犬科、貉属。它是东亚特有动物，主产中国、苏联、朝鲜、日本、蒙古等国，分许多亚种。我国貉主要分布在东北和西南，其中东北地区分布密度最大。在我国有南貉、北貉之分。这是人们习惯上以长江为界，将长江以南产的貉称南貉，长江以北的貉称北貉。北貉体型大，毛绒丰厚，毛皮质量明显优于南貉。南貉体型小，针毛短，绒毛空疏。所以 2000 年之后人工养殖的貉，绝大多数来源于北貉，并以黑龙江省的乌苏里貉为最多。

【外貌特征】形状像狐狸，头锐而鼻尖，斑色。它的毛深厚光滑，可作成裘服。白天伏睡，夜晚出来，捕吃虫物，獾随行。它生性好睡觉，貉略小于狐，被毛长而蓬松，外形粗短，肥胖，嘴尖细，四肢细短。前足 5 趾，第一趾短，行走时短趾悬空，四趾触地。后肢狭长，后足具 4 趾。尾蓬松。以乌苏里貉为例，成年体重 6~7kg，体长 45~65cm，尾长 17~18cm。个别貉体重可达 10~11kg，体长 82cm，尾长 29cm。不同季节，貉的新陈代谢程度不同，体重也随之变化。

【生产性能】貉的寿命 8~16 年，繁殖年龄 7~10 年，繁殖最佳年龄 3~5 年。貉是季节性繁殖动物，春季发情配种，个别貉可在 1 月和 4 月发情配种，怀孕期 60 天左右，胎平均 6~10 头，哺乳期 50~55 天。北方貉在冬季有蛰眠习性，但与真正的冬眠不同，呈昏睡状态，代谢活动并不停止。天敌有狼和猞猁等。每年 3 月间交配，一雄配多雌，5—6 月产仔，每胎 4~8 只，多者达 10 多只，幼兽生长很快，当年秋天即可独立生活。貉为较贵重的毛皮兽，毛长绒厚，板质轻韧，拔去针毛的绒皮为上好制裘原料。

第二章 畜牧产业管理基础知识

第一节 畜牧产业相关概念

畜禽，是指依照《畜牧法》规定公布的猪、牛、羊、马、驴、驼、兔、犬、鸡、鸭、鹅、鸽、鹌鹑、蜂等14个品种。

大牲畜，指牛、马、驴（骡）、骆驼，其中，牛又分为黄牛、奶牛、水牛、牦牛。

禁养区，是指按照法律、法规、规章规定，禁止从事畜禽养殖的区域。

标准化规模养殖场（小区），是指具有独立生产场所，符合《中华人民共和国畜牧法》等法律法规规定条件，建设在村屯居住区以外的畜禽标准化规模养殖单位。

饲养量，是指本地区所有饲养过的畜禽总量。全年饲养量即全年已经出栏（屠宰和自食）的畜禽、死亡畜禽和年末存栏的畜禽数量之和。

存栏量，是指统计调查时实际存在的畜禽头（只）数，不分大小、公母、品种、用途，一律包括在内。

出栏量，是指进行入屠宰环节和自食的畜禽数量（含淘汰的和因伤亡的大牲畜），不包括出售和继续饲养的雏禽和幼畜。

出栏率，是某种畜禽当年出栏量占年初存栏量的百分率。

农民专业合作社，是在农村家庭承包经营基础上，同类农产品的生产经营者或同类农业生产经营服务的提供者、利用者，自愿联合、民主管理的互助性经济组织。

行业协会，指安照自愿互助原则自下而上建立起来的，具有法人资格的为会员提供咨询、协调等服务的自律性非营利性社会团体。

第二节 标准化规模养殖

一、规模养殖场（小区）

国家支持农村集体经济组织、农民、畜牧业合作经济组织兴建规模化、标准化养殖场（小区）。

标准化规模养殖场（小区）应采用繁育良种化、养殖设施化、生产规范化、防疫制度化、产品安全化、环境整洁化"六化"先进生产和管理措施，实现安全、高效、生态、均衡生产。

1. 选址，畜禽规模养殖场（小区）要依《畜牧法》规定选址。须远离交通要道；禁止在生活饮用水的水源保护区、风景名胜区以及自然保护区的核心区和缓冲区、城镇居民区、文化教育科学研究区等人口集中区域，以及法律、法规有具体规定的区域建设规模养殖场（小区）。

2. 设施条件，有与其饲养规模相适应的生产场所和配套的生产设施；有为其服务的畜牧兽医技术人员；具备法律、行政法规和国务院畜牧兽医行政主管部门规定的防疫条件；有对畜禽粪便、废水和其他固体废弃物进行综合利用的沼气池等设施或其他无害化处理设施；具备法律、行政法规规定的其他条件。

3. 备案，规模养殖场（小区）的名称、养殖地址、畜禽品种和养殖规模需在所在地县级人民政府畜牧兽医行政主管部门备案，取得畜禽标识代码。

辽宁省规定需备案的规模养殖场（小区）畜禽最低存栏量：生猪500头、牛50头、鸡10 000只、鸭鹅1 000只、羊200只、兔等经济动物1 000只。

盘锦市生产规模：猪、奶牛、肉牛、羊、蛋鸡、肉鸡、鹅、鸭、毛皮动物等畜禽存栏数和标准舍建筑面积分别达到：①1 000头和1 500m² 以上、②100 头和500m² 以上、③200 头和960m² 以上、④500 只和1 000m² 以上、⑤5 万只和3 250m² 以上、⑥5 万只和5 000m² 以上、⑦5 000只和1 600m² 以上、⑧1 万只和1 600m² 以上、⑨1 万只和3 000m² 以上。

4. 畜禽标识，由畜禽种类代码、县级行政区域代码、标识顺序号共15 位数字及专用条码或二维码组成。例如猪、牛、羊的畜禽种类代码分别为1、2、3。标识在畜禽指定部位加施，如猪、牛、羊在左耳中部加施，需要再次加施则在右耳中部施加。

5. 档案，养殖档案应当载明畜禽品种、数量、繁殖记录、标识情况、来源和进出场日期；饲料、饲料添加剂、兽药等投入品的来源、名称、使用对象、时间和用量；检疫、免疫、消毒情况；畜禽发病、死亡和无害化处理情况；国务院畜牧兽医行政主管部门规定的其他内容。

二、规模养殖场（小区）用地

按《中华人民共和国土地法》和国土部、农业部有关文件规定，各级人民政府要合理安排畜牧业生产用地。县、乡（镇）国土部门应提供规模化畜禽养殖用地保障；土地利用规划修编时，将规模化畜禽养殖用地纳入规划，满足用地需求。农村集体经济组织、农民、畜牧业合作经济组织按乡（镇）土地利用总体规划兴建的规模化养殖场（小区）的畜禽舍（含场内通道）、畜禽有机物处置等生产设施及绿化隔离带为非农用地，不需要办理农用地转用审批手续；管理和生活用房等用地为非农用地，需依法办理转用审批手续。

养殖场（小区）用地使用权期限届满，需要恢复为原用途的，由有畜禽养殖场（小区）土地使用权的人负责恢复。

第三节 畜牧业清洁生产

一、基本思路

解决畜禽养殖粪便污染的基本思路是：环评前置保预防，依法监管保治理，还田利用保出口。

1. 预防。新（改、扩）建的规模养殖场（小区）选址不得在禁养区内，必须依法履行环境影响评价和"三同时"制度，确保粪污有效治理和达标排放。

2. 治理。依法加大畜禽粪污治理监管力度，使生产者由被动治理养殖粪污变成法定义务，推动现有畜禽养殖场（村）粪污治理。

3. 出口。通过实行严格的规模养殖场（小区）自主消纳畜禽粪便的农田数量与所饲养的畜禽数量相匹配、畜禽粪便处理设施与养殖数量相配套制度，实行"以地定畜、种养结合、还田利用"。

二、主体任务

1. 饲养业主是治理的主体。养殖场（小区）应当建设防渗漏、防雨淋、防外溢的堆积发酵、沼气生产、有机肥加工等畜禽粪便、废水及其他固体废弃物综合利用或者无害化处理设施，确保正常运转，保证污染物达标排发。畜禽养殖场（小区）违法排放畜禽粪便、废水等，造成环境污染危害的，应当排除危害，依法赔偿损失。

2. 环保部门是监管的主体。对未经处理直接或处理后不达标排放畜禽粪污的违法行为依法予以处罚。

3. 畜牧部门是技术指导和服务主体。主要技术措施：养殖场（小区）及对专业村的有计划改造，都要采用改水冲清粪为干式清粪、改无限用水为控制用水、改明沟排污为暗道排污、改渗漏地面为防渗地面的四改两分再利用"清洁化生产"技术；粪便主要采取堆积发酵、生产沼气、加工有机肥等无害化处理方式，处理后还田资源化利用；采取密封堆积发酵技术的，要有充分的发酵时间，一般20℃以上要超过42天。

第四节　有关常识简介

一、"第一、第二、第三产业"

第一产业为农业、林业、畜牧业、渔业生产及农、林、牧、渔服务业；第二产业是采矿业、制造业、建筑业、电力、燃气及水等的生产和供应业；第三产业是指除第一、第二产业以外的其他行业。按分类，养殖业及从事家畜配种属牧业服务业，为第一产业；农产品（畜产品）加工业属制造业中的农副食品加工业，为第二产业。

二、"全进全出"饲养方式

是指一个养殖场（小区），至少场（小区）内同一栋畜禽舍要饲养同一个批次畜禽，并同时全部出栏的饲养方式。由于这种方式饲养的畜禽日龄相同，既便于管理，又能保证出场后统一彻底打扫、清洗、消毒畜禽舍，有利于避免病原循环感染，规模养殖场（小区）必须采取这种饲养方式。

三、青贮饲料

青贮是指在厌氧条件下，依靠原料上已有的乳酸菌的大量繁殖发酵，使全株玉米、牧草等原料有机酸浓度迅速提高到 pH 值 4.2以下且保持平衡时，抑制有害菌生长繁殖，是长期保存营养成分的方法。

青贮饲料只能饲喂牛、羊等草食家畜，特别是在奶牛生产中不可或缺。但由于青贮饲料乳酸等含量高，酸度大，若大量饲喂可能引起酸中毒，加之水分比例高，育肥牛、羊喂饲量要适宜。

四、净道与污道

净、污道分离是畜禽养殖场（小区）布局合理的基本要求，是保障防疫安全的重要措施。净道只能用于运送进场的饲料和仔畜禽等，污道只能用于运送出场的畜禽、粪便、病死畜禽等。

五、运动场

为了保证正常的繁殖等生产性能，牛、羊等家畜饲养过程中要保持一定的运动量，舍外要设置运动场。一般情况下运动场面积要大于舍面积，如羊运动场面积应为舍面积的 2～2.5 倍。

六、人工控制光照

在养鸡生产中普遍采取人工控制光照技术。光照刺激可以调节母鸡性激素分泌，可以增加或抑制排卵和产蛋。延长光照时间可增加产蛋量，缩短光照时间减少产蛋量。考虑到产蛋期母鸡自身生理特点，产蛋期每天光照时间逐渐增加并保持恒定到 16～17 小时。

第五节　常用人工授精方法

一、猪的人工授精技术

1. 徒手采精法：又称手握式采精法，是模仿母猪子宫对公猪螺旋阴茎龟头约束力而引起射精的，手握法采精掌握适当压力十分重要。该方法具有设备简单、操作方便，能采集富精子部分的精液等优点。手握式采精时应遵守下列三项原则：一是阴茎螺旋龟头应固定；二是尽可避免污染精液；三是防止精子受到低温打击。

此法不用假阴道，采精员只需带好消毒塑料手套，蹲在假台猪左侧，等公猪爬跨台猪后，用0.1%高猛酸钾溶液将公猪包皮附近洗净消毒，并用生理盐水冲洗；然后将手握成空拳，于公猪阴茎伸出的同时，导入空拳拳内，让其抽送转动片刻；用手指由轻到紧带弹性节奏握紧螺旋阴茎龟头不让其转动，随阴茎充分勃起时顺势牵向前，千万不要强牵，同时手指有弹性而有节奏地调节压力，公猪即行射精。另一手持带有过滤纱布和保温的采精瓶收集富精子部分的精液。公猪射精停止，可按上法再次施加压力，即可第2或第3、4次射精，直至完全射完为止。

2. 母猪输精方法：由于母猪阴道与子宫颈接合处无明显界限，所以输精时不必用开膣器扩张阴道。可先将输精导管涂少许稀释液使之润滑，一手把阴唇分开，将输精导管插入阴道即可。开始插入时稍斜向上方，以免损伤尿道口，以后即以水平方向前进，边旋转输精边插入，经抽送2~3次，直至不能前进为止。根据抵抗力与触觉，可判断导管已进入子宫内，然后向外拉出一点。借压力或推力缓慢注入精液，如注入精液有阻力或发生倒流现象，应再抽送精管，左右旋转后再压入。一般输精时间为3~5分钟，输精完毕，缓慢抽出输精管，并用手捏压母猪臀股部，防止精液倒流。

二、牛的人工授精技术

1. 手握假阴道法：牛临床常用采精方法主要是手握假阴道法。手握假阴道法是用相当于母畜发情时的阴道环境条件的人工阴道，诱导公畜在其中射精而取得精液的方法。使假阴道具有模拟阴道引起射精的条件有三个，即适当温度、适当压力、适当润滑度。

公牛采用手握假阴道采精时，采精员应站在台牛右后侧，右手横握已装好的假阴道，活塞向下，使假阴道和地面呈45°的角度，当公牛爬跨台牛时，将假阴道与公牛阴茎伸出方向成一直线，紧靠并固定于台牛尻部右侧，用手心托住公牛包皮，迅速将阴茎移入假阴道内，切勿用手抓握阴茎。牛交配时间极短，只有2~3秒，当公牛后肢离地向前一冲时，即行射精。射精时将假阴道集精杯一端向下倾斜，以便精液流入集精杯内。当公牛跳下时，将假阴道随着阴茎后移，放掉假阴道内空气，阴茎自软缩出后，即取下假阴道。

操作时应注意采精器械要严密消毒。另外，采精前要对公牛和公羊的阴茎、包皮及台牛和台羊的后躯用0.1%高锰酸钾溶液冲洗消毒，然后用生理盐水冲洗并擦干。

2. 母牛直肠把握子宫颈深部输精法：输精前首先要严密消毒，给保定好的发情母牛的外阴部用0.1%高锰酸钾溶液冲洗消毒，再用温开水冲洗干净，用棉球擦干。采精员要戴消毒好的塑料手套，将一手伸入直肠内，排出宿粪，寻找并握住子宫颈外端，压开阴门裂；另一只手持输精导管插入阴门，先向上倾斜避开尿道口，再转入水平直向子宫颈口，借助进入直肠内的一只手固定和协同动作，将输精管插入子宫颈螺旋皱襞，将精液输入子宫或子宫颈5~6cm深处。此法优点：一是用具简单，操作安全，不易感染；二是母牛无痛感刺激，处女牛也可使用；三是可防止误给孕牛输精而引起流产；四是输精部位深，受胎率较开腔器输精法可提高10%~20%。因此，各地广泛使用。牛适宜的输精时间是在发现发情后20小时左右。

细管冷冻精液的输精必须使用细管输精器。细管冻精以38℃±2℃解冻效果最好，解冻后的细管冻精活力不能低于0.3。使用时将解冻的精液细管棉塞端插入输精器推杆深约0.5cm，剪掉细管封口部，拧紧螺丝，外面套上塑料保护套，拧紧固定圈，使护套固定在输精器上；套管中间用于固定累管的游子，应连同细管轻轻推至塑料套管的顶端。经试验检查，由管内流出精液，即可准备输精。

注意输精时要做到"适深、慢插、轻注、缓出"。

三、羊的人工授精技术

1. 手握假阴道法：羊临床常用采精方法同牛，主要采取手握假阴道法。同牛的采精一样，采精时采精人员蹲在母羊右侧后方，右手横握已装好的假阴道，活塞向下，使假阴道和地面呈 45° 的角度，当公羊爬跨母羊伸出阴茎时，采精人员应以敏捷的动作，右手平称将假阴道推向母羊臀部与公羊阴茎平行，左手轻轻托住阴茎包皮，细心而迅速地将阴茎导入假阴道内，当公羊用力耸动向前时已完成射精，从母羊身上滑下时，采精人员顺着公羊的动作，将假阴道慢慢向后移动，轻轻取下，立即倒转竖立，使集液瓶的一端向下，找开活塞，放出空气，谨慎地取下集精瓶，送精液处理检查。

2. 开膣器输精法：其操作与母牛输精相同，只是输精用具有其自己一套。将发情母羊的外阴部冲洗消毒后，输精人员把消毒好的、用生理盐水湿润过的开阴器闭合，按母羊阴门的形状慢慢地插入之后，轻轻转动 90°，打开开阴器。如果在暗处输精，要依靠头灯或手电的光源寻找子宫颈口，子宫颈口的位置不一定正对阴道。子宫颈口在阴道内呈一小凸起，发情时充血，比阴道壁膜的颜色深，很好找。如找不到可活动开阴器的位置，变化母羊后腿的位置，找到子宫颈口后，把输精器慢慢插入子宫颈口内 0.5～1cm，把所需要的精液注入子宫颈口内。输精量应保持有效精子数 7 500 万以上。即需要原精量 0.05～0.1mL。有些处女羊阴道狭窄，开阴器无法打开，找不到子宫颈口，这时可采用阴道输精。但精液量要增加 1 倍。羊输精的最佳时机应在发情后 12～16 小时，受胎率较高。输精时，要严格遵守操作规程，要对准子宫颈口，精液量要足够。输精后的母羊要做好登记，按输精先后组群，加强饲养管理，为增膘保胎创造条件。另外，羊只体格小，输精员需蹲下进行操作，或在输精架后控一个凹坑以方便输精操作。采用转盘式或输精台输精，可提高效率。

四、鸡的人工授精技术

1. 鸡的采精方法：鸡采精的方法有多种，当前生产中普遍采用的是按摩法，该方法安全、可靠、简便，采出的精液干净。其操作要领如下。

保定：保定员双手各握住公鸡一只腿，自然分开，大拇指扣住翅膀，使公鸡头向后，尾部朝向采精员，呈自然交配姿势。通常2~3人操作。

按摩：采精员左手手心向下，拇指及其余四指分开，紧贴公鸡，沿腰背向尾部轻轻地按摩2~3次，引起公鸡性反射。

采精：当公鸡出现性反射时，采精员右手拇指与食指分开，中指与无名间夹住集精杯，轻轻按摩公鸡趾骨下缘两侧，并触摸抖动。当泄殖腔翻开时，或手将尾羽拨向背部，拇指与食指分开，轻轻挤压泄殖腔，公鸡即可射精。随后右手迅速将集精杯口置于泄殖腔下方接精液。

采集的精液应立即置于30~35℃的保温瓶内保存，精液最好在采精后30分钟内使用，否则活力会大大下降，影响蛋的受精率。

2. 鸡的输精方法：鸡输精一般由两个操作完成。助手左手握住母鸡腿部，右手按压腹部，施加一定压力，将泄殖腔翻开露出输卵管口，注意输卵管口在泄殖腔或侧上方，右侧为直肠开口，立即将母鸡泄殖腔朝向输精员，当输卵管口翻出后，输精员即可立即输精。当输精器插入一瞬间，便稍往后拉，输精管插入输卵管口1~2cm即可。注入精液后，助手即可解除母腹部的压力，这样就使精液有效地输到母鸡输卵管口内。

最好每输一只母鸡换一输精器头，以免疾病相互感染。输精应选择在母鸡产蛋之后进行。如果提前输精，输卵管内有未产出的蛋，阻碍精子运行，会降低受精率。所以，每天下午3时以后输精为宜。母鸡在产蛋期，每周输精一次，就可以获得较高受精率，一般以4~5天输一次为好。输精后48小时即可收集种蛋。正常种公鸡每mL精液中含有40亿精子，每次输入0.02mL，有效精子数可达1亿，受精率95%以上。新鲜未经稀释的精液，每次人工授精可用0.025~0.05mL。

第三章 畜禽养殖

第一节 生猪养殖技术

一、猪舍的准备

小型养殖的猪舍不要过于投入，达到防寒保暖通风即可。夏秋季节凉爽，冬春季保暖。大型猪场应选地势高、背风、向阳的地方。目的是减少维持消耗，降低饲养成本。进猪前1周，要检查维修圈舍设备，并清扫圈舍，然后用2%火碱水溶液或其他消毒药消毒。

二、饲养规模和密度

每圈 10~20 头，冬季 1 头占地面积 $0.8m^2$，夏季 1 头占地面积 $1m^2$。高密度养成猪，不仅省舍，便管理，费用低，也适合群居性，争抢吃食，活动场地小，吃饱就睡，爱长肉，增重快，饲养料利用率高。

三、饲养与管理

首先选择优质瘦肉型杂交猪，搞好驱虫，做好料型的过渡。

二是控制适宜温度和湿度（20℃，50%）。

三是注意通风换气，保持舍内卫生。

四是注意光照不宜过强，强光会降低日增重，胴体较瘦，弱光则促进脂肪沉积，胴体较肥。

五是出栏时间可以市场价肉价比来决定（一般肥猪体重达90~100kg时出栏）。

第二节　蛋鸡养殖技术

一、前期准备

鸡场要选择在地势较高、平坦、开阔、干燥的地方。周围应符合动物防疫条件的要求。舍内小环境控制主要包括通风、光照、饲料、饮水、温度、湿度、密度、药物、疫苗、选鸡和拣蛋等。周转资金和人员以及市场行情。

二、饲养管理

（一）0~8周龄育雏阶段的饲养管理要点

1. 育雏前各项准备：进雏前做好育雏舍的清扫、冲刷、熏蒸消毒、供温保暖，备好饲料及常用药品、器具等。

2. 控制温湿度：舍内小环境温度是育雏成败的关键。进雏前几天温舍，一般要求1周龄内舍温昼夜保持在34~36℃，以后每周下降2℃，直到22~24℃维持恒定。舍内相对湿度以2周龄内保持在65%~70%，3周龄起逐渐降为55%~60%为宜。

3. 饮水与开料：雏鸡进舍后先给水，间隔2~3小时后再给料。1周龄内饮水中添加5%葡萄糖+电解多维或速补、开食补盐等，其功能主要是保健、抗应激并有利于胎粪排泄。应保证不断水和水质的清洁卫生，过夜水应及时更换。开食第一周应少量勤添，以免引起消化不良和造成饲料浪费。

4. 光照时间和强度：前3天23~24小时光照，第4~7天减至18小时，从第2周龄到育雏结束为12小时。光照强度先强后弱，1周龄为每20㎡用1只60W灯泡，1周后更换为40W，灯泡距离鸡床（或地面）2.0~2.2m。

5. 断喙：一般在 7~9 日龄进行。在断喙前 3 天和当日饮水或饲料中添加倍量的维生素 K、维生素 C。

（二）9~20 周龄育成期的饲养管理要点

1. 育成前期（9~12 周龄）

①适时分群，保持适当的饲养密度：育成前期 12~15 只/m²，育成后期 8~10 只/m²。

②育成前期饲料营养要求：育成前期要求日粮粗蛋白在 15.5%~16.0%，代谢能不低于 11.5MJ/kg，管理好与坏，直接影响产蛋生产性能。

③光照控制：在 10 小时左右，采自然光，但避免强光摄入。

2. 育成后期（13~18 周龄）

①严控光照时间：后备母鸡进入 13 周龄后无论是体型外貌或生殖生理都在发生明显变化，主要表现为性腺开始活动、卵巢机能明显发育、骨骼生长发育速度加快，是后备蛋鸡培育的又一关键时期。为避免因性早熟而影响产蛋性能，必须严格控制光照时间在 10 小时以内。

②控制体重，调整日粮营养水平：正常情况下此时应以防止体重超标为主，一般采取限制饲养，使日粮粗蛋白水平不超过 14%。保证登笼体重在正常值范围。

③驱虫：一般在登笼前（17 周龄内），进行一次体内驱虫，可选用左旋咪唑，根据后备蛋鸡的数量及平均每只体重来确定用药量。将药片碾碎后逐级拌入后备鸡一天的料量中任其自由采食。喂前将料清干净，并停料数小时，但不断水，使鸡处于饥饿状态，效果更佳。

3. 产前过渡期（19~20 周龄）：此期可供给产蛋期日粮，将育成阶段 0.9% 左右的低钙水平提高到 2.0%~2.5%。经过两周的过渡准备为产蛋期贮备足够的营养物质，使后备蛋鸡快速、整齐地进入产蛋高峰。

过渡期后备蛋鸡面临着鸡舍环境、日粮构成、饲养人员、饲养方式以及生理等诸多因素变化的应激，在管理上必须注意保持鸡舍环境的安静和卫生，工作人员动作要轻，尽量减少各种外界刺激，饮水中加入维生素 C、电解多维等抗应激类药物的添加量。

18 周龄以前光照时间只能缩短，不可延长，进入产前过渡期后可逐渐增加光照时间，但不能过快，过渡期每天延长 15 分钟即可。

（三）蛋鸡生产期的饲养管理要点

产蛋前期，即从开产到产蛋高峰（40 周龄），产蛋率大于 80% 以上，如育成期饲养良好，一般在 20 周龄左右开产，26 ~ 28 周龄达产蛋高峰，至 40 周龄仍在 80% 以上，这一时期日粮中蛋白质、钙等营养含量应随鸡群产蛋率的增长而增加，保证日进食蛋白质 18.9g（比料中含量指标更重要）。

产蛋中期，即产蛋高峰过后的一段时期，产蛋率在 70% ~ 80%（40 ~ 60 周龄）这一时期日粮中蛋白质、钙等营养含量应随鸡群产蛋率而变化，保证日进食蛋白质 17.2g。

产蛋后期，产蛋率小于 70%（60 周龄后）。这一时期日粮中蛋白质、钙等营养含量应随鸡群产蛋率的增减而变化，保证日进食蛋白质 14.9g。

第三节　肉鸡养殖技术

一、前期准备

场址应选在地势高燥、背风向阳的地方，鸡舍南向或南偏东向，以利夏季通风或冬季保温。周围应符合动物防疫条件的要求。地面最好有一定的坡度，便于排放污水和雨水。简易鸡舍跨度可在 7m 左右，房檐高 1.8 ~ 2m，顶高 3.8m 左右，长度以每 1 000 只鸡 15m 计。雏鸡进舍前 3 天，将育雏用的饮水器、料桶等用具摆放好，对鸡舍进行熏蒸消毒。方法是每立方米空间用福尔马林 20mL，高锰酸钾 10g，或将福尔马林装在铁盆中用火炉加热。熏蒸时要紧闭门窗，将门窗的缝隙用纸条封住，熏蒸 24 小时（湿度是 65% ~ 70%，温度是 20 ~ 25℃），之后打开门窗通风 2 天。舍温控制，饲料、药物、疫苗等。

二、饲养管理

1. 选好雏。选择优质高产的肉种鸡品种。雏鸡羽毛良好，清洁而有光泽。脐部愈合良好，无感染，肛门周围羽毛干爽。行动机敏、活泼，握在手中挣扎有力，鸡爪光亮如蜡。

2. 温度管理。肉鸡适宜温度的范围：1 ~ 2 日龄 34 ~ 35℃，3 ~ 7 日龄 32 ~ 34℃，8 ~ 14 日龄 30 ~ 32℃，15 ~ 21 日龄 27 ~ 30℃，22 ~ 28 日龄 24 ~ 27℃，29 ~ 35 日龄 21 ~ 24℃，35 日龄至出栏维持在 21℃左右。应注意，上述列出的温度是指鸡背高度处的温度。温度是否合适，除观察温度计外，还可以通过观察鸡群的活动来判断。当温度合适时，肉鸡表现活泼，分布均匀，食欲良好，饮水适当，睡眠时不挤堆，安静，听不到尖叫声。温度过高时，鸡不好动，远离热源，张口喘气，采食量减少，饮水量增加，往往出现拉稀现象，长期偏高则生长发育缓慢，羽毛缺乏光泽；温度过低，肉鸡主动靠近热源，发出尖叫，夜间睡眠时不安静，易挤堆甚至出现压死或憋死现象，应视不同情况灵活进行调整。

3. 湿度管理。肉用仔鸡适宜的相对湿度是 50% ~ 70%。一般 10 日龄前要求湿度大一些，可达 70%，这对促进雏鸡腹内卵黄的吸收和防止雏鸡脱水有利。10 日龄后相对湿度要少一些，可保持在 65% 左右，这样有利于棚内保持干燥，防止因垫料潮湿而引发球虫病。

4. 饮水与开料管理：雏鸡进舍后先给水，间隔 2 ~ 3 小时后再给料。1 周龄内饮水中添加 5% 葡萄糖 + 电解多维或速补、开食补盐等，其功能主要是保健、抗应激并有利于胎粪排泄。应保证不断水和水质的清洁卫生，过夜水应及时更换。开食第一周应少量勤添，以免引起消化不良和造成饲料浪费。

5. 光照管理。光照的目的是延长肉鸡的采食时间，促进生长。目前一般采用光照方案：1~2 日龄 24 小时光照；3~42 日龄 16 小时光照，8 小时黑暗；43 日龄后 23 小时光照，1 小时黑暗，这种光照方案既不影响肉鸡生长又可提高成活率。光照强度的原则要求是由强变弱，1~7 日龄应达到 3.8W/m²，8~42 日龄为 3.2W/m²，42 日龄以后为 1.6W/m²。前期光照强一些，有利于帮助雏鸡熟悉环境，充分采食和饮水。后期强光照对肉鸡有害，阻碍生长，弱光可使鸡群安静，有利于生长发育。另外，为了使光照强度分布均匀，不要使用 60 瓦以上的灯泡，灯高 2m，灯距 2~3m 为宜。

6. 密度管理。肉鸡的饲养密度要根据不同的日龄、季节、气温、通风条件即舍内小环境来决定。以下饲养密度（每 m²）可供参考：1~7 日龄 40 只，8~14 日龄 30 只，5~21 日龄 27 只，22~28 日龄 21 只，29~35 日龄 18 只，36~42 日龄 14 只，43~49 日龄 10~11 只，50~56 日龄 9~10 只。

第四节　肉鸭养殖技术

一、前期准备

用于规模养鸭的大棚选址应建在背风向阳、排水良好、交通方便、靠近水源、地势较高且干燥的地方，为有利于充分利用太阳能，其朝向最好沿东西方向。棚呈拱形，高度应在 2m 以上，长宽视养殖规模而定。舍养的应对育雏室（包括墙壁、地面、工具等）进行严格彻底消毒，鸭舍空间按每立方米用 30mL 福尔马林加入到 15g 高锰酸钾中，密闭熏蒸 24 小时后打开门窗排出气体；检查供暖保温、通风换气设备，保证能够正常运转；进雏前一天应将育雏室加温，同时检查是否能达到育雏要求的温度条件。

二、饲养管理

1. 选好雏。肉用商品雏鸭必须来源于优良的健康母鸭群，应询问供雏方，种母鸭是否在产蛋前已经免疫接种过鸭瘟、禽霍乱、病毒性肝炎、禽流感等疫苗，以保证雏鸭在育雏期不发病。所选购的雏鸭大小基本一致，活泼，无大肚脐，歪头拐脚等，毛色为蜡黄色，太深或太淡均淘汰。

2. 温度和光照的控制。1～3 日龄 30～32℃，4～6 日龄 26～28℃，7～10 日龄 23～25℃，11～13 日龄 20～22℃。温度逐渐降低，每天温度变化不超过 2℃。逐渐脱温，使雏鸭均匀分布，温湿度保持稳定。1～3 日龄时可采用昼夜光照，4 日龄后只需早晚开灯。设有运动场、水池的，还应对雏鸭训练调教。

3. 饮水和开食：雏鸭要掌握"早饮水、早开食、先饮水、后开食"的原则。雏鸭出壳 14～24 小时饮用 0.02% 的高锰酸钾水或 5% 的葡萄糖水在饮水中加适量维生素 C，能促进肠胃蠕动清理肠胃，促进新陈代谢，加速吸收剩余卵黄，增进食欲，增强体质。饮水后 1 小时左右就可以喂食，第一次喂食一般可用碎玉米、碎黑豆、碎糙米等，将上述饲料煮成半熟后放到清水中浸一下再捞起。初次喂食的饲料要求做到不生、不硬、不烫、不烂、不黏。撒在油布或塑料布上，要撒得均匀，边撒边吆喝，调教采食。第二次就可以转为小鸭全价颗粒饲料饲喂。

4. 饲喂方法：一般 1 周龄内每天昼夜喂料 6 次，每次喂料时盘内应没有剩料，做到次次喂新鲜料；2 周龄后，昼夜喂料 5 次，以每次喂料前 1 小时盘内无剩料为宜，以尽量减少饲料的浪费。

5. 密度与分群：网上育雏时较合理的密度是：1 周龄 25～30 只/m²，2 周龄 15～25 只/m²，3 周龄 10～15 只/m²，4 周龄 8～10 只/m²。地面育雏密度应降低一倍。同时注意冬季密度大些，夏季密度可小些。分群：按每群 200～300 只进行分群饲养，同时对小鸭、弱鸭、病鸭挑出来单独精心管理。

6. 日常管理。应经常观察鸭群活动情况，及时调节温度、湿度、通风、光照，保证充足清洁的饮水，并按要求饲喂优质饲料，保持鸭舍及环境清洁卫生，同时做到垫料松软、不潮湿、饲料不结块，还应做到防疫工作到位。对病死鸭要进行深埋等无害化处理，严防疫病传播。

第五节 肉鹅养殖技术

一、前期准备

鹅舍应选择坐北朝南为好。鹅舍的建筑设计，总的要求是：冬暖夏凉，阳光充足，空气流通，干燥防潮，经济耐用，有充足的采光面积和运动场。肉鹅饲养方式主要有圈养方式、舍饲与放牧相结合的方式两种。其中圈养方式是以种草养鹅模式为代表。种草养鹅不仅可节约劳力，节省饲料，降低成本，而且草质优良，草嫩干净，安全经济，投资少，效益高。育雏之前，对育雏室进行彻底的清扫，消毒。育雏室可以用新新洁尔灭进行喷雾消毒，墙壁地面可以用10%~20%的生石灰喷洒消毒，消毒后关闭门窗1小时以上，然后打开门窗，使空气流通。育雏用具可以用新洁尔灭或者是2%的 NaOH 洗涤，然后用清水冲洗干净。准备好保温设备，在进雏1~2天进行试温，做到温度稳定。

二、饲养管理

1. 饮水。雏鹅到场后，放入围栏内，每个围栏平均放养40只。每个围栏内放置两个料盘和一个饮水器。雏鹅开食前要先饮水，称为潮口。雏鹅出壳24小时后既可用0.02%的高锰酸钾溶液潮口，对个别不会饮水的雏鹅可将其头部按进饮水器中沁一下。以后要让其饮用含有5%多维葡萄糖（电解多维更好）和环丙沙星的温开水，以消除疲劳，恢复体力，防治肠道疾病。

2. 开食。潮口后即可开食。开食料可以用肉鹅专用料或商品肉鸡料。1～5 日龄料草比为 1：1，6～10 日龄为 1：2 至 1：3，11～25 日龄为 1：4 至 1：8，26～30 日龄为 1：9 至 1：12。1～3 日龄可日喂 5～6 次，4～10 日龄日喂 7～8 次，11～30 日龄日喂 5～6 次，包括 15 日龄前每天喂 2 次夜食，15 日龄后每天喂 1 次夜食，每次喂量以雏鹅八成饱为宜。

3. 湿度：鹅特有的生活习性决定了育雏室内往往出现湿度过高，而过高的湿度大大增加了雏鹅对温度的敏感性。在育雏室温度偏高时，潮湿的空气抑制鹅体温的散失，致使鹅食欲下降，精神不振。另外，湿热的环境容易引起病原菌的大量繁殖，引起发病。而在育雏室温度偏低时，湿度过高会增加雏鹅体热的散失，极易诱发鹅感冒，下痢，扎堆。所以应及时清理鹅舍，使其尽可能的保持一个干燥清爽的环境。

4. 通风：适当的通风是保证鹅舍空气质量的必要条件，但通风和保温往往成为互相矛盾的两个方面，所以要细心观察，既要保证必要的通风以保证育雏室空气质量，又要避免影响育雏室温度，造成育雏室内温度的不稳定，忽冷忽热。通风一般掌握在人进入鹅舍内不觉得憋闷，没有刺眼、刺鼻的臭味为宜。

5. 光照：光照对雏鹅的健康影响较大，在天气许可的情况下，在雏鹅 5～10 天龄时，可逐渐增加室外活动时间，以便接受光照，增强雏鹅的体质。

6. 饲养密度：雏鹅生长迅速，体形变化较大，所以要及时调节饲养密度，密度过大，雏鹅生长发育受阻，甚至出现啄羽的恶癖，密度过小则降低育雏室的利用率。适宜的饲养密度一般在一周龄时 15 个/m² 左右，二周龄时 10 个/m² 左右，三周龄时 8 个/m² 左右，四周龄时 5 个/m² 左右。

第六节 毛皮动物养殖技术

貂、狐狸、貉等毛皮动物建场的选址原则是以自然景观、环境条件适合于毛皮动物生物学特性要求为宗旨，以符合毛皮动物生产规模和发展前景要求为条件，并具备稳定而充足的饲料来源，全面综合考量，科学选址。场内布局应符合动物卫生防疫条件要求，生活区、毛皮加工区、饲料车间等设施要在上风区，且与饲养区分开，兽医室等要在饲养场下风区。棚舍一般可采用挡风、遮雨雪和防止日晒的简易建筑。笼箱选择适宜规格。

一、狐狸的饲养管理

（一）饲料选择

狐狸经过长期人工驯化饲养，食性很广泛，主要有谷物性饲料，例如玉米、麦麸、碎米、细米糠、高粱、大麦、大豆、花生饼、豆饼等。动物性饲料，例如小杂鱼、畜禽内脏、肉产品下脚料渣、血粉、蚕蛹、蚯蚓等。果蔬类饲料，例如胡萝卜、大白菜、油菜、茄子、番茄、黄瓜等，及添加饲料。

（二）狐狸繁育

狐狸性成熟一般需要 10~12 个月，狐狸产崽在每年春季 3—4月。因此，雌狐要在每年 5 月 20 日之前出生的才可作为产崽母狐，12 个月龄已完全性成熟的狐狸是产崽母狐的最佳选择。狐狸繁殖最重要的是狐狸产房的修建，产房应满足通风透气、保温抗寒等要求，砖板混搭式产房可使仔狐的成活率大于 90%，甚至高达 98%。哺乳期一般是 4—7 月，从全群来看，可持续 2~3 个月。狐狸幼崽出生后 1~2 小时开始吃初乳，要让每只幼崽及时、充足的吃到初乳，初乳中含有许多幼崽所必需的免疫球蛋白，把好开口关，是提高幼崽成活率的关键。幼崽生长发育决，随着日龄的增加，毛色逐渐的加深、长长，爪子逐渐变硬，待到 14~16 天时睁眼，并陆续长出牙齿和犬齿。幼崽一股在产后 15～20 天开始吃母兽叼入窝内的饲料，以后逐渐开始出窝觅食，此时可单独给幼崽配制些易消化的优质粥状饲料给予补饲。45～60 日龄以后，大部分幼崽能够独立采食和生活时要及时断奶分窝。

（三）哺乳期

母狐产仔初期食欲较差，最好是少喂勤添，3 天后日喂 3 次，定时定量。仔狐长到 25 日龄就应进行补饲，一般每日补饲 2 次，一是可以减轻母狐的哺乳负担，二是可以满足仔狐生长发育的需要。补饲时可将新鲜的鱼、肝、蛋、乳等调成糊状，让仔狐采食，补饲后放回原窝。

（四）育成期

子狐 45～50 日龄时即可断乳，将全部子狐从原笼内移至幼狐笼，生产中可根据仔狐的生长发育情况灵活掌握，身体强壮的、有独立生活能力的应早分窝；身体较弱的应推迟分窝时间。仔狐分窝后进入育成期，2～4 月龄的幼狐生长速度最快，后期毛绒生长迅速，此期要满足其营养需要，不控制给食量。9—10 月，狐的食欲旺盛，以保障狐的性器官发育，换毛及幼狐生长的需要，饲料中应补充适量鲜血和增加脂肪供给量，以提高狐的毛绒质量，种狐的日粮中还应补加 AD3 粉、维生素 E，以促进性器官的发育。

二、貂的饲养管理

（一）饲料选择

根据母貂发情、配种、怀孕、产仔、哺育及仔貂生长的不同时期，新鲜小杂鱼和新鲜猪、畜、禽瘦肉或下脚料、毛鸡等动物性饲料占 50%～70%，玉米面、麦麸、花生饼或大豆等植物性饲料占 30%～50%（玉米面占 75%、麦麸占 7%、饼类 10%、蔬菜 8%），加喂维生素 5%～10%。要注意做好怀孕母貂的饲料搭配，母貂配种后饲料质量直接关系仔貂的体质，要坚决杜绝喂变质的饲料。分窝的仔貂，由于个体小，要选择营养全价、适口性强、易消化的饲料。要以新鲜的海鱼为主，适当搭配畜瘦肉和植物性饲料，同时添加复合维生素B、维生素A、维生素D、维生素E等，以提高仔貂繁殖成活率。

（二）配种繁育

貂配种随貂场所处的纬度的降低有逐渐提早的趋势，但一般都在2月末至3月下旬，历时20～25天，配种旺期大多集中在3月下旬。配种方式根据母貂周期性发情特点，水貂配种方式分为周期复配和异期复配两种。

初配阶段：东北地区为3月5～12日。

复配阶段：东北地区为3月12～18日。

查空补配阶段：3月18日以后，对尚未初配的母貂和配种结束日期早、交配时间短、公貂的精液品质差的母貂，选择配种能力强的公貂适时补配，要连续配2次。

（三）哺乳期

受自然光照的影响，貂产仔期在"五一"前后，不论黑貂彩貂大致相同。貂的泌乳量很多质量也很高，一只母貂产后日平均泌乳量28.8g，最高泌乳量32.2g，一只仔貂每日需要消耗量是4.1g，一般情况下，一只母貂能哺乳6～7只仔貂。仔貂随日龄的增长需要消耗的乳量增多，母貂的泌乳量随之增多，对饲料要求数量增多、质量增高。所以，在饲料搭配上要增加脂肪的需要量，同时考虑多样化，适当增加蛋、肝、肠、乳或奶粉、碎肉及鱼骨等。

（四）育成期

仔貂出生后，一般在40～45天体重达到280～350g时即可断奶。根据性别、体质的不同，每两只放在一个笼内饲养，过5～7天后再分笼单养。刚断奶的仔貂，要多给些奶类饲料，以后逐渐减少到正常量。6—9月仔貂食量显著增加，应该吃多少给多少、不限量。这时因食量大，易得肠炎，在饲料中要加些抗生素预防。

三、貉的饲养管理

(一) 饲料选择

鲜骨要占貉动物性饲料 10%～15%，喂法是将鲜碎骨及肋骨、兔骨架同残肉一起粉碎饲喂。大的骨架可经高温蒸煮软化后饲喂，也可将骨烧成骨粉再用。饲喂鱼类饲料应注意几个问题：①鱼类不同，其营养价值也不同。繁殖期应喂质量较好的鱼，秋冬换毛季节应喂些脂肪含量较高的带鱼，其他时期可喂些廉价的杂鱼。②质量好的鱼类可采用生熟交替饲喂。生喂比熟喂营养价值高，但是有些海鱼和淡水鱼，都含有硫胺素酶，能破坏维生素 B_{12}，要熟制后再喂。③鱼类饲料与肉类饲料及下脚料混合饲喂为宜。④喂鱼类饲料时，一定要注意质量，不喂脂肪酸败的鱼类。蛋类饲料包括家禽野禽的鲜蛋、无精蛋、毛蛋等。蛋中氨基酸的组成比例合适，其利用率极高，是最优质的蛋白质饲料。貉对蛋的消化率极高，喂时要注意不宜长时间生喂，在繁殖期作为精料补给。用新鲜的无精蛋和毛蛋来喂貉，必须蒸煮消毒，腐败变质的蛋不能用。其他动物性饲料包括蚕蛹、蚯蚓等。蚕蛹为缫丝工业的副产品，是喂貉的好饲料。由于蚕蛹价格较低，加工处理简单，可常年作为貉的动物性饲料的来源。植物饲料是貉的碳水化合物和热能的重要来源，是貉日粮的重要组成部分。在日粮中的比率是 70%～80%。植物性饲料有谷物、油料作物等，谷物油料类饲料有玉米面、小麦粉、小米面、高粱面、豆面、豆饼、花生饼、向日葵饼、亚麻油饼等。水果、蔬菜类饲料，是维生素 E、维生素 K、维生素 C 和矿物质的重要来源，还能助消化，增加饲料的适口性，因含大量水分和属碱性饲料，能调节饲料容积和平衡酸碱度，对母貉的怀孕、产子、泌乳都有促进作用。

(二) 配种繁育

(1) 试情：大体从 1 月 28 日开始进行观察试情，公母貉发情表现是晚上闹笼并且有叫声，母貉水门肿大并且尿湿笼门砖。每天早上 5：00~7：00，16：00 后，把发情表现好的用夹子撒入公貉笼中试情，如果咬架立刻拉出，这样每 2 天试 1 次就可以。（这样做可以促使公、母貉发情快，但不要频繁、强行，避免公母貉的择偶性），直到母貉自然接受配种。若体重轻的母貉发情迟缓，可喂 50% 葡萄糖少许或用熟鸡蛋拌葱伺喂，可促其发情。

（2）配种方法：配种一般从自然接受配种开始第 1 天配 1 次，第 2 天配 2 次（早晚各 1 次），第 3 天配 1 次，就可结束。要注意配过一次的母貉就用其他公貉轮配，避免空怀。可能出现择偶，也不要紧，哪个要就让哪个配。

（三）哺乳期

产仔哺乳期一般在 5—6 月，全群可维持 2~3 个月。此期的中心任务是确保仔貉成活和迅速地生长发育，以达到丰产丰收的目的。

（1）环境安静。种貉产仔后，养殖区应保持安静，如出现较强的噪音，貉听到后即刻便会炸窝，继而咬死或咬伤仔貉。同时，应严禁生人进入养殖区并观看母貉或仔貉，以免刺激母貉，对仔貉不利。

（2）喂食合理。随着仔貉的生长，哺乳中、后期（分娩后 1~3 周），可适量增加母貉食量及添加少许辅品，每天可喂食 3~4 次，每次投喂鸡蛋 1 个。出生 3 周后，仔貉基本开食，母貉即可减食。

（3）正确通风。养殖户应根据天气情况及时掀帘、被通风，以保持窝舍内空气清新。通风时须将前面的帘或被掀至一半，露出下半部窝舍，时间为 11：00~15：00 时。切不可将后面帘、被掀开，需等仔貉长到月龄时才可逐步掀起后帘、被。

（4）适时分窝。成功的养殖户一般都等到仔貉出生 45 天后才可逐步分窝。分窝时，体态健壮、个头较大的先分出去，首批应为 2~3 个，半月内分完。最后剩下的体弱或个头较小的仔貉，应再与母貉生活一段时间，何时分窝视仔貉生长情况而定。

（四）育成期

幼貉育成期正值炎热的夏季，此时生长发育特别迅速，日粮量随月龄的增长而增加，一般以吃饱为原则，同时要注意矿物质的供给。刚分窝时，因消化系统机能不健全，最好在日粮中添加助消化的药物。如胃蛋白酶和酵母片等。饲料质量要好，绞制要细，饲料浓度调制宜稀些。要注意防暑和预防疾病。食具每日清洗，小室中粪便和残食及时清理，以防腐败。注意笼舍的遮阴和通风，保证充足饮水，预防中暑。9月以后，幼貉已长至接近成貉体型，应进行选种工作，以淘汰不能作种用的貉和扩大种貉群体。选种后，种用貉和皮用貉分群饲养。种用幼貉的管理同准备配种期的成貉。皮用貉的管理应注意在小室铺垫草，以利梳毛。固定好食盐，及时清理粪便。

第四章 新型猪舍介绍

第一节 阳光猪舍

一、阳光猪舍养猪的原理

阳光猪舍的概念，就是充分利用阳光（太阳能）的猪舍。其基本原理是：冬季，白天充分吸收阳光（太阳能），使猪舍内部增温，夜里加盖保暖被，减少热量的流失，使猪舍内部保温，并在阴天少阳光时以电地热等设施辅助增温，由于舍温较高而减少了猪的维持消耗，能提高饲料的转化率；夏季，铺设遮阴网（保温被）等，避免阳光的直射，并开风窗或风机，达到降温的目的。阳光猪舍养猪是一种高效、低碳节能的新型养猪技术。

二、阳光猪舍养猪的应用效果

1. 利用阳光杀菌，少消毒、少用药：阳光的紫外线能杀灭猪舍内的病菌，同时干爽的地面能够有效的抑制病菌的生长繁殖（图8、图9）。阳光充足的猪舍和干爽的地面即减少了养猪过程中消毒药的使用，又减少了猪对消毒药物或消毒过程的应激。阳光猪舍能够给猪营造适宜的生存环境，降低猪的发病率，进而减少了治疗药物的使用。

2. 冬季提高猪的抗病力：在冬季，白天充分吸收阳光（太阳能），使舍内增温的同时还能使地面干爽，夜晚加盖保温被，减小舍内的早晚温差。使用电地热加温，即减少了冬季地面冰冷给猪造成的冷应激，又避免了猪因着凉造成的腹泻（图10、图11）。阳

图8　阳光育肥猪舍

图9　普通育肥猪舍

光猪舍通过调节保温被和通风系统，能给猪营造良好的环境，有效的降低了患病率，大大的提高了猪抗病力。

3. 提高了养猪经济效益：阳光猪舍能够有效的利用阳光控制舍内温度，减少猪的维持消耗，节省饲料；阳光猪舍养猪降低猪的患病率，少用药；阳光猪舍冬季的温度较高，节省煤

图10 有电地热保育舍

电。根据辽宁省畜牧业经济管理站提供的材料（表2），阳光猪舍养猪比普通猪舍养猪在生产过程中每头育肥猪料重比降低约0.13，节省饲料费用30.5元、节省药费约25元，则可知在整个生产过程中可降低养猪成本约55.5元。阳光猪舍提高了养猪的经济效益。

表2 阳光猪舍与普通猪舍饲养育肥猪对比效果表

	时间段	品种	饲养阶段	头数	成活率	料重比	每头药费
普通猪舍	2011.9.20~2012.2.20	杜长大	10~100kg	30	70%	3.2:1	35
阳光猪舍	2011.10.15~2012.2.28	杜长大	9~105kg	39	94.8%	3.07:1	10

图 11　无电地热保育舍

三、阳光猪舍的建造标准

（一）新建棚舍式阳光猪舍

阳光猪舍要求坐北朝南，利于阳光的采集，分为单列式和双列式：单列式阳光猪舍用于养育肥猪舍，一般跨度为 7.5m，长度依具体情况而定，后墙顶距猪舍地面高度 2.2m，棚顶距猪舍地面 3.5m，后坡长 3m，后坡棚面用保温和防雨材料建造。在猪舍南端设宽为 1.4m 的人工通道（包括 0.2m 尿沟），猪舍前墙（也可拱状）高 0.2~0.3m。前坡设棚架子，坡度按照阳光射入最多、过道处以人能通行为准，前、后坡棚架交接处的棚脊与地面间可设立柱支撑，上铺塑料薄膜等透光膜（透光板），棚顶铺设保温被和卷帘机（图 12、图 13）。

棚舍内分成若干个小圈舍，小圈舍宽 3m、长 5.6m 左右。每个圈舍在靠北墙 1.5m 的范围内安装电地热（图 14）。每个圈舍后

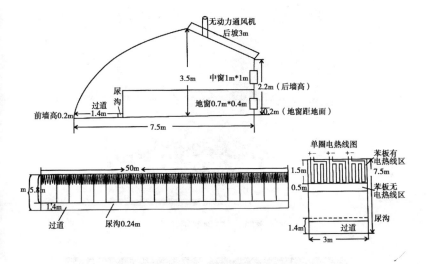

图12 单列阳光猪舍剖面示意图

图13 棚舍式阳光猪舍外部、内部图

墙必设一个宽 0.7m、高 0.4m 的地窗，地窗底沿距猪舍地面 0.2m（图15），两个圈舍可设一个宽、高各 1m 的中窗。猪舍内加装采食、饮水、照明等设备。

双列式棚舍可做母猪妊娠舍、母猪产房和保育猪舍等，猪舍跨

图14 电地热铺设中

图15 地窗图

度9m，猪舍长度酌情而定，后墙距地面2.2m，棚顶距地面3.6m，后坡长3.4m。猪舍的中间设一条宽为1.2m的人工通道，通道两侧为尿沟，产房须在猪舍南、北两侧加设通道，便于母猪产仔时的人工操作。前坡设棚架子，坡度按阳光的摄入量最多、南侧过道处人能通行为准，棚面上铺塑料薄膜等透光膜（透光板），棚顶铺设保温被和卷帘机。后墙地窗尺寸宽 0.7m、高 0.4m，地窗底沿距猪舍地面 0.2m，两个圈舍可设一个宽、高各 1m 的中窗，图 16。妊娠母猪舍设小圈为宜，圈舍长 3.6m、宽 2m，躺卧区铺电地热或苯板（图 17）。保育舍可以是小圈（地面）式，也可是保育床式。若为小圈（地面）式，在小猪的躺卧区设置电地热，宽度约为 1m（图 18）。产房可使用高床产栏，并在母猪限位区和仔猪休息区设电热板，保证母猪与仔猪适宜的生存环境（图 19）。

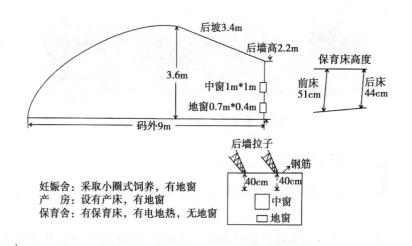

图 16 双列式阳光猪舍剖面示意图

（二）旧舍改造

旧猪舍的改造要遵循建造新猪舍的设计原则。旧猪舍一般举架较低，为使其更好地吸收阳光和通风，要尽可能加高棚顶，棚顶前坡使用透光膜或透光板，后坡铺设保温材料。降低前墙，并开设前窗，尺寸尽可能大，利于阳光的进入。参照新建棚式阳光猪舍，增设后墙地窗、电地热、天窗、中窗、进风口等设施，猪舍之间以栏杆隔断，整个猪舍的墙体最好加保温层（图 20、图 21）。

图17　阳光猪舍双列式母猪妊娠舍

四、阳光猪舍养猪注意事项

1. 温度调节：阳光猪舍的主要作用是有效的调节温度，所以在日常的养猪生产中，要注意舍内的温度变化。猪生长的最适温度为22～24℃，当夏季温度过高时，应该加盖遮阴网（保温被），打开窗户或使用通风设备，加大通风量，降低猪的体表温度。当冬季温度较低时，白天加大阳光的摄入量，夜晚加盖保温被，并使用电地热等辅助设备，提高舍内温度。须注意保温的同时，要兼顾通风换气，保障舍内空气质量。

2. 夏季遮阴：常用的遮阴设施主要为遮阴网和保温被，遮阴网的优点是空气流通效果较好，缺点是遮阴效果较差；保温被的优点是遮阴效果好，缺点是空气流通效果差。所以，当采用保温被做遮阴设施时，保温被不能遮严，应在前坡通长开一个通风带，加大空气流通量。

图18　阳光猪舍双列式保育舍

3. 卫生与防疫：虽然阳光中的紫外线可以杀死部分有害菌，但是仍然要建立良好的卫生条件和免疫程序，务必按程序接种各类疫苗，及时做好常见的非病毒类疾病的防治。

第二节　微生物发酵床养猪技术

一、微生物发酵床养猪技术的原理

微生物发酵床养猪技术的原理是利用微生物发酵床进行自然生物发酵，利用发酵剂，按一定比例混合稻壳、锯末、秸秆等进行微生物发酵繁殖，并以此作为猪圈的垫料。再利用生猪的拱翻习性，辅以人力的翻动作为机器加工，使猪粪尿和垫料充分混合，通过发酵床的分解发酵，使猪粪尿中的有机物质得到充分的分解和转化，微生物以尚未消化的猪粪为食饵，繁殖滋生。随着猪粪尿的处理，

图19　阳光猪舍双列式产房

图20　改造前与改造后的阳光猪舍外部图

臭味得以消除。而同时繁殖生长的大量微生物又提供了无机物营养和菌体蛋白被猪食用，从而将猪舍垫料发酵床演变成微生态饲料加工厂，达到无臭、无味、无害化的目的，是一种低污染、低排放、无臭气的新型环保生态养猪技术。

图21　蔬菜大棚改造的猪舍内部图

二、微生物发酵床养猪技术的应用效果和效益分析

（一）微生物发酵床养猪技术的应用效果

1. 解决了粪尿污染问题：在发酵床内，猪排泄的粪尿通过微生物降解、消化，水分被蒸发，不再需要对猪粪尿进行清扫排放，从源头上解决了猪粪尿污染问题。同时，将氨、吲哚、硫化氢等臭气转化成无毒无臭的物质，再加上锯末辅助除臭，猪舍不再臭气熏天，减轻了对环境的污染。

2. 提高了猪的抗病力和猪肉品质：发酵床内有益微生物大量繁殖，有效抑制来自外界病原菌的侵袭，同时，垫料发酵过程中产生的热量（65~70℃），杀死了大部分病原菌，减少了疫病的发生。另外，发酵床养猪满足了猪拱掘的生物习性，饲料密度降低，活动空间变大，运动量增加，提高了猪的抗病力，发病率明显降低，大大减少了抗生素和消毒剂等药物的使用，避免了药残的存在和耐药性菌株的产生，提高了猪肉品质。

3. 提高了冬季猪的生长速度和饲料利用率：一是垫料在发酵过程中产生的热量可提高猪舍和发酵床表面温度，改善了猪只体感温度，降低了冬季水泥地面冷应激，提高了冬季猪的生长速度。二是发酵床养猪改善了猪体内有益微生物菌群，其代谢产生的有机酸、多种酶类等，可帮助对营养物质的消化和吸收。另外，由于发

酵床内温度适宜，减少了猪的维持消耗，从而提高了饲料转化率。

4. 提高了养猪经济效益：由于微生物发酵床养猪可节省饲料、水、电、兽药、煤等费用，降低了养猪成本，提高了养猪经济效益。

5. 为农业提供优质生物有机肥：发酵床内有益微生物在降解、消化猪粪尿的同时，也在降解有机垫料，2~4年后，转化成优质生物有机肥，可直接用于农田。

（二）微生物发酵床养猪技术增加的效益分析

1. 发酵床投入：以 $20m^2$ 为例，垫料为30%稻壳+70%锯末，使用沈阳应用生态研究所生产的菌种，$1m^2$ 约合计110元，发酵床的使用年限为3年，这样每年发酵床的投入约为：$20 \times 110/3 \approx 773$ 元。

2. 直接经济效益：应用发酵床养猪技术饲养三元杂交商品瘦肉猪，按 $1.5m^2$/头、一年饲养两批猪算，$20m^2$ 饲养量为26头，每头猪比传统水泥地面饲养增加经济效益81.9元，可增加收入约2129.4元。

3. 节省污水处理效益：按每万头猪一年产生污水5万t，每吨污水处理成本3元计算，一年节省污水费用为 $0.0026 \times 5 \times 3 = 0.039$ 万元。

4. 生产有机肥效益：微生物发酵床的垫料使用3年后，可转化为生物有机肥，按 $1m^2$ 垫料折合有机肥0.5t，1t优质有机肥售价400元计算，3年可创经济效益 $400 \times 0.5 \times 20 = 4000$ 元，每年可创经济效益1 333元。

这样计算，最终每年多得的效益约为：2 129.4 + 390 + 1 333 − 773 = 3 119.4元。

三、新猪舍的建设与传统猪舍的改造

（一）新猪舍的建造要求

发酵床养猪的猪舍建设是发酵床养猪的重要环节，一般要求猪舍建造在地下水位低、充分采光、通风良好处，多采用单列式，东西走向、坐北朝南，跨度为8m左右。屋檐距发酵床面（即饲喂平台与操作通道地面）高2.2～2.6m。南北窗高1.5～1.8m、宽1.6～2.0m，南窗台高约0.5m、北窗台高约为0.8m（图22、图23）。

图22　猪舍北立面照片

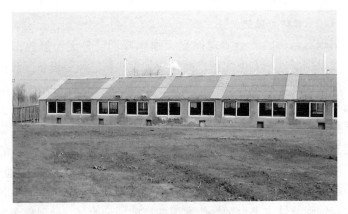

图23　猪舍南立面照

由于盘锦地区地势低，推广使用地上垫料池。在猪舍北端设置高度0.8～1m、宽1.2～1.5m并向北倾斜2%～3%的水泥饲喂与饮水平台，以及等高、宽为1.0～1.2m的水泥操作通道。垫料池在整栋猪舍中相互贯通、不打横隔，床上部分使用钢筋栅栏隔开（根据要使用的发酵床面积，隔4～5m使用一个钢筋栅栏隔断）。垫料池四周有三面利用猪舍外墙，另一面（饲喂与饮水平台）一般使用12cm或24cm厚的砖墙，水泥挂面。垫料池下面直接使用原有土地面，不用硬化处理（图24）。

图24　垫料池猪舍

（二）旧猪舍改造

对现有猪舍的改造要遵循夏天通风降温、冬天保温除湿的原则，可根据条件拓宽南北窗户面积或加设机械通风等设备。我国农村的旧猪舍都是用水泥地坪，墙体不高于2m，这样对做标准的发酵床有一定的影响。盘锦地区地势低，因而在建造垫料池时，无需向下挖垫料池，在原有的地面上进行如下改动即可：靠猪舍北端向上建造高0.8～1.0m、宽1.2～1.5m并向北倾斜2%～3%的水泥饲喂与饮水平台，以及等高、宽1.0～1.2m的水泥操作通道，用钢筋栅栏将饲喂与饮水平台同操作通道隔开；四周墙壁和屋顶的高度与饲喂与饮水平台和操作通道的高度同步抬高，使屋檐距发酵床表面（即饲喂与饮水平台和操作通道地面）高2.2～2.6m，便于日常饲养管理的操作；在半露天式的猪舍上方建造防雨的屋顶，避免雨水落在发酵床上引起死床现象。

四、微生物发酵床的建立

（一）微生物发酵床制作的基本要求

1. 选择适宜、高效的发酵菌种：微生物发酵床养猪发酵分解粪尿的过程是微生物作用的结果。微生物在垫料中的发酵活动产生高温杀死很多有害病菌和虫卵等。所以选择适宜、高效菌种才能提高粪便分解和垫料发酵的效率，是发酵床养猪的重要因素。要选择有正式批准文号、安全、应用效果好、性价比高的菌种，并且要注意菌种的生产日期，以免菌种过期影响发酵效果。

2. 垫料原料的选择：垫料的选择比较宽泛，例如锯末、稻壳、树枝、玉米等植物类的秸秆等。需要注意的是选择微生物发酵床养猪发酵垫料时，腐烂、霉变或使用过化学防腐物质的原料不能使用。

（二）微生物发酵床的发酵制作

垫料制作的过程其实就是物料配合和启动发酵的过程，其目的一方面在垫料里增殖相当数量的有益优势菌群，为猪只入舍做好准备；另一方面通过发酵过程产生的热量杀死有害菌。

1. 计算材料用量：根据各种材料比例、猪舍面积大小，垫料厚度按体积计算出所需要的稻壳、锯末、秸秆的使用量。目前垫料理想的、可供选择的组合有：

①锯末30% + 稻壳70%（以20m² 为例，一般育肥猪的发酵床厚度约1m，那么需要锯末6m³、稻壳14m³），这种配比的垫料优点是使用年限长，缺点是成本略高（适当多预留出一部分，以备日后添加）。

②锯末35% + 稻壳35% + 玉米秸秆30%（以20m² 为例，一般育肥猪的发酵床厚度约1m，那么需要锯末7m³、稻壳7m³、玉米秸秆6m³），这种配比的垫料优点是成本低廉，缺点是使用年限

上略短，需要多次补充垫料。

垫料配好后，根据菌种的使用说明添加菌种，含量高的少放、含量少的适量多放。

2. 垫料的制作模式。发酵垫料的制作主要分为分层垫料制作、均匀垫料制作两种模式。

（1）分层垫料制作模式：就是将不同垫料按照先后顺序铺设，每一层均匀撒一定量的菌种。养猪后通过猪的翻拱，不断混合垫料。该模式操作简单，所需劳动力少，但易出现发酵效率不稳定、菌种需求量大等现象。此模式的垫料由下部（约3/5的垫料池深度）蓬松层（一般是粗木断、整株玉米秸秆等）和上部（2/5垫料池深度）发酵层（一般是锯末、稻壳等）组成。

（2）均匀垫料制作模式：就是将各种垫料、菌种和辅料按比例投入，混合均匀。该种模式发酵效率均匀，但由于需要全面翻动，花费劳力大。

均匀垫料制作模式又包括直接制作法和集中统一制作法。

①直接制作法：指将制作垫料的各种原材料按比例直接导入垫料坑中，用器械混合均匀即可，这在中小规模专业场户比较适用。②集中统一制作法：是在舍外场地由混合器械统一搅拌、发酵制作垫料再填入垫料池，该法可用较大的机械操作，灵活且效率高，适用于规模较大的猪场。

3. 发酵：填入垫料池中的混合垫料，需要经过发酵成熟处理（即酵熟）后方可放入猪只进行饲养。酵熟技术处理的目的一是增殖优势菌种，二是杀死大部分垫料原料中不利于养猪生产的微生物（包括绝大多数病原微生物和霉菌）。

正常酵熟过程一般在发酵第2天垫料温度即可上升到40~50℃，4~7天垫料最高温度可达70℃以上，以后逐渐降温到45℃左右的平衡温度，此时即表明垫料发酵成熟，一般夏天需7~10天，冬天10~15天。

酵熟过程的两个关键检查时期为发酵的第 2 天和发酵平衡温度时间（夏天在第 10 天左右，冬天在第 15 天左右），检查垫料温度是否符合垫料酵熟温度，否则应尽快查明原因。发酵成熟的垫料，握一把在手中散开，其气味清爽，无恶臭、无霉变气味，如有恶臭等异味，说明发酵不成熟，尚需进一步发酵。

　　发酵成熟的垫料，在垫料表面铺设 10cm 左右的未经发酵混合后的垫料，经过 24 小时后即可进猪。

五、微生物发酵床的日常维护

　　发酵床维护的目的主要是两方面，一是保持发酵床正常微生态平衡，使有益微生物菌群始终处于优势地位，抑制病原微生物的繁殖和病害的发生，为猪的生长发育提供健康的生长环境；二是确保发酵床对猪粪尿的消化分解能力始终维持在较高水平，同时为生猪的生长提供一个舒适的环境。发酵床维护主要涉及到垫料的疏粪管理、通透性管理、水分调节和垫料补充、垫料更新等多个环节。

　　（一）疏粪管理

　　由于生猪具有集中定点排泄粪尿的特性，所以发酵床上会出现粪尿分布不匀现象，粪尿集中的地方湿度大，消化分解速度慢，只有将粪尿分散在垫料上，并与垫料混合均匀，才能保持发酵床水分的均匀一致，并能在较短的时间内将粪尿消化分解干净，通常保育猪可 2~3 天进行一次疏粪管理，大中猪应每 1~2 天进行一次疏粪管理。

　　（二）垫料通透性管理

　　长期保持垫料适当的通透性，即垫料中的含氧量始终保持在正常水平，是发酵床保持较高粪尿分解能力的关键因素之一，同时也是抑制病原微生物繁殖，减少疾病发生的重要手段。通常比较简便的方式就是将垫料经常翻动，翻动深度保育猪 15~25cm，育肥猪 30~50cm，通常可以结合疏粪或补水将垫料翻匀，另外每隔50~60天时间要彻底的将垫料翻动一次，并且将垫料层上下混合均匀。

（三）温度测量

微生物发酵床的温度，主要来源于微生物生长繁殖所产生的生物热。因此，通过检测发酵床的运行温度，可了解微生物的生长情况和发酵床的发酵情况。

菌的生长温度为10~60℃，最佳生长温度为37~45℃，10℃以下将生长缓慢，低于4℃将会有生命危险。因此，微生物发酵床中心正常温度应当在45~50℃，夏天可达50℃。

（四）pH值调节

菌生长的pH值范围在6.5~8.5，最佳生长pH值是7.2~8.0。检测pH值通常使用pH试纸进行测定，简便易行。

如果发现微生物发酵床的pH值低于7时，可用0.5%的小苏打溶剂进行调剂。

（五）水分调节

水分是微生物的重要营养，水分过高过低都将影响其生长。因此，调节发酵床适宜的水分，是微生物发酵床维护的重要内容。

发酵床的水分低于20%，菌将停止生长；中层水分过高影响尿液水分的蒸发；上层水分太高，垫料易长霉菌。特别是冬季，盘锦地区寒冷，养殖户多采用关闭门窗的方式保温，这样水蒸气聚集在猪舍内，微生物发酵床内的水分也会越来越多，微生物发酵床将不堪重负，影响其功能和健康。太干又会造成猪只异物性肺炎。微生物发酵床养猪技术发酵床上层、中层和下层的正常水分含量（表3）。

表3 微生物发酵床正常水分含量 （%）

上层（15~20cm）	水分50~65
中层（25~40cm）	水分45~50
下层（45~80cm）	水分45~50

调节微生物发酵床水分的方法有：当水分达不到正常值时，垫料表层和上层可用水管喷灌、中层可用桶灌或滴灌；当水分超过正常值时，可添加适量的干稻壳，混合后将垫料堆积发酵。

（六）垫料补充与更新

（1）垫料补充：发酵床在消化分解粪尿的同时，垫料也会逐步损耗，及时补充垫料是保持发酵床性能稳定的重要措施。通常垫料减少量达到10%后就要及时补充，补充的新料要与发酵床上的垫料混合均匀，并调节好水分。

（2）垫料更新：发酵床垫料的使用寿命是有一定期限的，日常养护措施到位，使用寿命相对较长，反之则会缩短。当垫料达到使用期限后，必须将其从垫料槽中彻底清出，并重新放入新的垫料，清出的垫料送堆肥场或出售。垫料是否需要更新，可按以下方法进行判断：①高温段上移。通常发酵床垫料的最高温度段应该位于床体的中部偏下段，保育猪发酵床为向下20～30cm处、育肥猪发酵床为向下40～60cm处，如果日常按操作规程养护，高温段还是向发酵床表面位移，就说明需要更新发酵床垫料。②发酵床持水能力减弱，垫料从上往下水分含量逐步增加。当垫料达到使用寿命，供碳能力减弱，粪尿分解速度减慢，水分不能通过发酵产生的高热挥发，会向下渗透，并且速度逐渐加快，该批猪出栏后应及时更新垫料。③猪舍出现臭味，并逐渐加重，垫料就要更新。

（七）菌种的补充

菌种一般在以下良种情况下需要补充：（1）补充垫料时可适量的补充菌种；（2）随着生猪的日龄增大，排出的粪尿量也随之增加，这样就可能出现发酵床发内的粪尿分解不完全的现象。这时就应该适量的补充一些菌种来加大发酵床的发酵力。

六、微生物发酵床养猪对猪舍日常消毒的要求

微生物发酵床养猪并不排斥消毒措施，要求正常管理条件下，

猪舍内，特别是垫料范围不能直接用消毒药进行消毒，也不提倡对猪群进行带猪消毒，以保证舍内有足够的有益菌浓度。一般情况下，推荐猪舍内走道、饲喂台、墙壁等进行火焰消毒等物理消毒措施，垫料区实行深翻、堆积提高发酵效率，利用生物热来杀灭病原微生物。猪舍外，可以正常消毒，阻断病原微生物的传播。整个发酵床正常工作后，内部温度一般在 40 ~ 50℃ 或更高，病原微生物一般都是在低温或中温范围内才能生存，所以即便猪场外面不小心带入了病原菌，在发酵床内 40 ~ 50℃ 高温环境下也难以生存，发酵床就成了真正的"消毒床"，致病菌难以藏身，这样更加有益于保护猪的生长发育。

七、微生物发酵床养猪的注意事项

1. 湿度：猪舍内湿度的湿度关系着发酵床的含水量。湿度大不利于发酵床内的水分向空气中散发，这样就会导致发酵床水分含量高，特别是冬天，猪舍内的湿度大，常常"雾气蒙蒙"，遇到温度较低的屋顶和墙壁就会形成水珠又回落到发酵床，容易出现死床；湿度小发酵床内的水分迅速的被蒸发，发酵床内的水分含量低时不利于菌的生长，影响发酵床的功能。所以，湿度的调节是微生物发酵床养猪的重要环节，要做到夏天降温，冬天排湿。

2. 饲养密度：适宜的饲养密度才能将发酵床的功能发挥到极致。密度过大排出的粪尿多，超出了微生物所能降解的能力范围，长时间下去粪尿堆积，最后出现死床；密度过小排出的粪便少，不能供给发酵床内菌类生长的营养，同时也浪费资源。最佳的养殖密度是：种公猪 3m²／头、120 ~ 180 日龄占 0.8 ~ 1.0m²／头、空怀母猪占 1.2 ~ 1.5m²／头、妊娠期母猪占 1.5 ~ 2.0m²／头、育肥猪占 1.3m²／头。

3. 卫生与防疫：虽然微生物发酵床养猪在过程中可以杀死大量的有害菌，但是仍然要建立良好的卫生条件和免疫程序，如定期的驱虫、灭蝇、灭鼠，并且接种疫苗。

第五章　畜禽防疫

第一节　动物的免疫

一、免疫

（一）免疫的概念

动物免疫是指动物机体对自身和非自身的识别，并排除非自身的大分子物质，从而保持机体内、外环境平衡的一种生理学反应。

（二）免疫类型

（1）天然性免疫：天然的非特异性免疫，这种非特异的不感受性是动物生来具有，是机体在长期的种族发育与进化过程中，不断与外界入侵的病原微生物等抗原物质相互作用，逐步建立起来的，因此也称先天性免疫，先天性免疫可以表现在动物的种间，故又称为种的免疫，如牛不患鼻疽和猪瘟，猪不患鸡瘟和犬瘟热等。先天性免疫非常顽强，大多情况下，甚至将大量的病原微生物注入动物体内，也不能使其感染，例如在任何情况下，马都不感染牛瘟。此外，个体免疫，在对于某种病原微生物易感的动物种内，有个别的动物个体，对其却具有特殊的抵抗力。如有些个体对于某种病原微生物较之同种动物大多数的其他个体具有强得多的抵抗力。

（2）获得性免疫：后天获得的特异性免疫，是动物机体在后天生活过程中，由于不断地与抗原物质相互作用，或患病痊愈以后，或通过预防接种而获得的免疫性，因此这种免疫性不能遗传给后代，所以这种免疫性也成为获得性免疫。此外，这种免疫性的作用对象专一，针对性强，只对某种微生物有抵抗力，对其他微生物仍有感受性。它由特异的细胞免疫与体液免疫所组成，两者关系密切，相互相成。

（3）自动免疫：是动物机体直接受到病原微生物或其有毒产物的作用后，由其本身自动产生的免疫。①天然自动免疫：动物自然感染了某种传染病痊愈后，获得对该疾病的免疫。此外，动物由于经受了某种不显临床症状的隐性传染或轻微传染后，也能产生这种免疫力。天然自动免疫的持续时间长，强度较大，如动物耐过炭疽、腺疫、猪瘟等病后，甚至可以终生免疫。②人工自动免疫：动物由于接种了某种菌苗、疫苗或类毒素等生物制品后，所产生的一种免疫力。这种免疫力的持续时间因生物制品的性质、机体的反应性等因素而不同，如接种活疫苗的免疫期一般比较长，可达一年以上，而接种死疫苗所形成的免疫力则较短，通常只能持续 4~6 个月。另外，这种免疫力都是相对的，即使那些已经建立起强大免疫力的机体，其免疫状态也往往可为病原微生物的大量入侵所破坏，而发生传染。

（4）被动免疫：是动物依靠已经免疫的其他机体输给抗体而获得的免疫。①天然被动免疫：是动物在胚胎发育时期，通过胎盘或出生后经过初乳，由免疫的母体被动地获得抗体而形成的一种免疫力，这种免疫的持续时间短，只有几个月，因而仅为幼畜所享有。如生后不满 3 个月的犊牛很少感染布氏菌病。②人工被动免疫：是动物在注射了高度免疫血清或康复动物血清后，所获得的一种免疫力，这种免疫力产生迅速，注射免疫血清后数小时，机体即可建立免疫。但其持续时间很短，一般仅 2~3 周，多用于治疗或紧急预防。此外，为了预防初生动物的某种常发传染病，先给妊娠母畜注射菌苗或疫苗，使其获得或者加强对该病的免疫力，待分娩后，经初乳授予仔畜以特异性抗体，从而建立起相应的免疫性的方法，是为人工自动免疫和天然被动免疫的综合应用。

需强调指出的是，在抗感染过程中，首先是非特异性免疫发挥作用，随后特异性免疫才逐步形成，两者相互配合，发挥抗感染作用。由此可见，非特异性免疫是特异性免疫的基础，是进行人工免疫的基本条件。增强非特异性免疫是提高机体整体免疫力的一个重要方面，其次是特异性免疫又是消灭某种病原微生物及其有毒产物所不可却少的。

（三）几个免疫相关概念

（1）免疫耐受：特异性免疫无应答即通称的免疫耐受。根据产生免疫耐受的来源不同，分为天然免疫耐受（即经典免疫耐受）和获得性免疫耐受，指给成年动物人工注射最大量（高剂量耐受或免疫麻痹），或反复连续注射极小量（低剂量麻痹）的异种抗原，即可造成获得性免疫耐受，中等量则引起正常的免疫应答。

（2）免疫麻痹：指机体对特异性抗原刺激失去免疫应答，但不是永久性的，经过一定时间待抗原大量清除后，免疫麻痹状态即可解除。有人认为免疫麻痹与获得性免疫耐受是同义词。

（3）免疫抑制：非特异性免疫无应答即通称的免疫抑制。由于免疫细胞发育缺损，或者免疫细胞增殖分化障碍等，引起机体的免疫无应答状态，称为先天免疫抑制。由于应用免疫抑制剂等，使机体产生的免疫无应答状态，称为后天免疫抑制或人工免疫抑制。

（4）超前免疫：超前免疫，简称超免，就是仔猪产下后，在完成擦身、断脐、剪牙、称重等一系列接产工作之后，给仔猪注射免疫猪瘟弱毒疫苗 1mL，经 1 小时左右，再让仔猪吸吮初乳。超前免疫的依据：进行超前免疫的依据是，70 日龄猪胚胎在抗原（疫苗）刺激下，已能产生特异性抗体，仔猪出生后，其免疫机能已经完善，这就是仔猪超前免疫的依据。几乎所有猪场都是用注射猪瘟疫苗作为控制猪瘟发生的主要措施。特别是母猪，长期接种猪瘟疫苗，其体内高水平的猪瘟抗体可通过初乳传递给仔猪，且在仔猪体内存在的时间较长。这种情况下，一定会影响仔猪的免疫状况。为了避免母原抗体的影响，使新生仔猪尽快产生主动免疫，建议猪场采用超前免疫。实践表明，对于疫区，特别是反复爆发猪瘟的地区，猪场或个体养猪户，最好实行仔猪超前免疫。因为在疫区采用该方法，能很快控制疫情，控制猪瘟的连续发病，收到显著效果。

二、免疫的基本功能

1. 免疫防御：免疫防御又称抵抗感染或防御传染。免疫防御是指动物机体抵御、消灭、清除各种病原微生物或非己物质，保护机体受感染和侵袭的能力。免疫防御功能过强（亢进）可引起传染性变态反应，造成机体组织器官损伤；免疫防御功能低下或缺失可引起机体反复感染（免疫缺陷病）。

2. 免疫稳定：免疫稳定是指机体具有清除衰老和破坏的组织细胞及代谢和损伤所产生的废物，以维持机体的正常生理平衡，保证机体组织细胞进行正常生理活动的一种功能。动物生命活动—新陈代谢—细胞衰老死亡—代谢产物积累—影响正常细胞功能。自身稳定功能失调或异常（过强或亢进），自身免疫性疾病，把自身的组织或细胞当做"敌人"进行消灭；类风湿性关节炎、系统性红斑狼疮，重症肌无力。

3. 免疫监视：免疫监视指机体具有发现和消除肿瘤细胞的功能。机体内的细胞常因物理、化学、生物及病毒感染等因素的作用而突发为肿瘤细胞。免疫监视功能低下、失调或被抑制可导致肿瘤的发生。

三、免疫系统

免疫系统是机体执行免疫功能的组织结构，是产生免疫应答的物质基础。它由中枢免疫器官和外周免疫器官组成。

1. 中枢免疫器官又称一级免疫器官，是免疫细胞发生、发育、分化与成熟的场所；同时对外周免疫器官的发育亦起主导作用。中枢免疫器官包括骨髓、胸腺和腔上囊（禽类）。

2. 外周免疫器官是成熟 T、B 淋巴细胞等免疫细胞定居的场所，也是产生免疫应答的部位。有淋巴结、脾及与黏膜有关的淋巴组织和皮下组织等。

第二节　免疫接种

一、免疫接种的类型

1. 预防接种：预防接种指在经常发生某种传染病的地区，或有某类传染病潜在的地区，或受到邻近地区某种传染病的威胁的地区，为了预防这类传染病发生和流行，平时有组织、有计划地给健康动物进行的免疫接种。

2. 紧急接种：紧急接种是指在发生传染病时，为了迅速控制和扑灭传染病的流行，而对疫区和受威胁区尚未发病的动物进行的免疫接种。紧急接种应先从安全地区开始，逐头（只）接种，以形成一个免疫隔离带；然后再到受威胁区，最后再到疫区假定健康动物进行接种。

3. 临时接种（加强免疫）：临时接种指在引进或运出动物时，为了避免在运输途中或到达目的地后发生传染病而进行的预防免疫接种。临时接种应根据运输途中和目的地传染病流行情况进行免疫接种。

二、免疫接种的方法

根据动物种类、疫苗特点来确定免疫方法。常用的免疫接种方法有皮下、皮内注射；点眼、滴鼻、饮水、气雾；刺种；肌肉内注射；口腔粘膜内注射；穴位注射免疫；静脉注射免疫等。在疫苗免疫接种前，免疫人员应详细阅读疫苗使用说明书，按说明书的要求来操作。

结语：随着人们对食品安全意识的增强，抗生素和其他对健康产生不良影响的药物将会受到越来越多的管制，微生物发酵床养猪技术在这种情况下就凸显了它的优势。虽然发酵床养猪技术在国内还处在发展初期，但它的经济型、环保型已经显现，随着社会的发展和人们环保意识的增强，微生物发酵床养猪技术会被逐渐认可并得到推广，将成为生猪饲养的一种新模式。

农业机械化篇

第一章　农业机械知识

第一节　拖拉机基础知识

一、拖拉机的类型

1. 按用途分类：拖位机按用途可分为农用和工业用两大类，农用拖拉机按其用途又可分为两种。

（1）一般用途拖拉机：用于田间耕地、耙地、播种、收割等作业。

（2）特殊用途拖拉机：用于特殊农业工作条件，如中耕拖拉机、棉田高地隙拖拉机、集材拖拉机。

2. 按其结构分类：拖拉机按其结构分为手扶拖拉机、轮式拖拉机、履带式拖拉机、船式拖拉机等。

3. 按功率大小分类：大型拖拉机功率为 73.6kW（即 100 马力）以上；中型拖拉机功率 14.7～73.6kW（即 20～100 马力）；小型拖拉机功率为 14.7kW（即 20 马力）以下。

二、拖拉机的型号

我国拖拉机的型号是根据 1979 年 12 月原农业机械部发布《NJ 189—79 拖拉机型号编制规则》确定的，根据该标准规定，拖拉机的型号由功率代号和特征代号两部分组成，必要时加注区别标志。特征代号又分为字母符号和数字符号，其排列顺序如下：

区别标志	字母特征代号	数字特征代号	功率代号

（一）区别标志

区别标志用 1~2 位数字表示，以区别不适宜用功率代号、特征代号相区别的机型。凡特征代号以数字结尾的，如一般农用拖拉机，在区别标志前应加一短横线，与前面数字隔开。

（二）特征代号

特征代号根据拖拉机机型特征在下列数字符号和字母符号中各选一项且只能选一项表示。

1. 字母符号

Ca 菜地用 （菜 CAI）　　M　棉田用　　（棉 MIAN）

CH 茶园用 （茶 CHA）　P　葡萄园用　（葡 Pu）

G　工业用　（工 GONG）　S　山地用　　（山 SHAN）

Gu 果园用（果 GUO）　Y　静液压驱动（液 YE）

H　高地隙型（高度符号 H）Z　沼泽地用（沼 ZHAO）

L　林业用　（林 LIN）　　（空白）一般农业用

2. 数字符号

0 一般轮式（两轮驱动）

1 手扶式（单轴式）

2 履带式

3 三轮式、双前轮并置式

4 四轮驱动型

（5~8 略）

9 机耕船

（三）功率代号

功率代号用发动机标定功率值的整数部分表示。我国规定使用法定计量单位，拖拉机的功率用"kW"表示。

型号示例：

121　12 马力（8.83kW）左右的手扶拖拉机。

200Gu　20 马力（14.7.kW）左右的果园用轮式拖拉机。

654　　　65 马力（47.78kW）左右的轮式拖拉机，四轮驱动。

1254　　　125 马力（92kW）左右的轮式拖拉机，四轮驱动。

三、拖拉机的基本组成

拖拉机主要由发动机、底盘和电气设备三大部分组成。

1. 发动机：发动机是整个拖拉机的动力装置，也是拖拉机的心脏，为拖拉机提供动力。凡是把某种形式的能量转变为机械能的装置都称为发动机，发动机因能源不同可分为风力发动机、水力发动机和热力发动机等。

大中型拖拉机的发动机一般是直列式、水冷、多缸四冲程柴油发动机。

2. 底盘：底盘是拖拉机的骨架或支撑，是拖拉机上除发动机和电气设备外的所有装置的总称，它主要由传动系统、转向系统、行走系统、制动系统和工作装置组成。

3. 电气系统：电气系统主要是解决拖拉机的照明、信号及发动机的启动等，由发电设备、用电设备和配电设备三部分组成。发电设备包括蓄电池、发电机及调节器。用电设备包括点火装置、启动电机、照明灯、信号灯及各种仪表等。

配电设备包括配电器、导线、接线柱、开关和保险装置等。

第二节　联合收割机基础知识

一、联合收割机的特点与分类

（一）联合收割机的特点

联合收割机是将收割机和脱粒机用中间输送装置连接成为一体的机械，它能在田间一次完成切割、脱粒、分离和清选等项作业，以直接获得清洁的谷粒，因而其生产率很高。随着我国农业机械化程度的不断提高，联合收割机在收获作业中的比重将逐步增大。

联合收割机的特点如下。

1. 生产效率高：一台自走式谷物联合收割机的作业量相当于四五百个劳动力的手工作业量。

2. 谷物损失小：一台联合收割机正常工作时的总损失较小，收小麦时小于2%，收水稻时小于3%，而分段收获因每项作业都有损失，总损失高达6%～10%。

3. 机械化程度高：使用联合收割机能大大减轻农民的劳动强度，改善农民的劳动条件，并能做到对作物大面积及时收获。

虽然联合收割机具有以上优点，但也存在着一些缺点，如机器构造复杂、价格昂贵、维护成本较高等。

（二）联合收割机的分类

目前世界各国生产的联合收割机型号很多，可按谷物喂入方式以及脱粒装置形式不同来加以分类。按谷物喂入方式分类如下。

1. 全喂入式：谷物茎秆和穗头全部喂入脱粒装置进行脱粒。按谷物通过滚筒的方向不同，又可分为切流滚筒式和轴流滚筒式两种。联合收割机的传统机型是切流滚筒式，即谷物沿旋转滚筒的前部切线方向喂入，经脱粒后沿滚筒后部切线方向排出。现在大部分联合收割机均采用这种形式。近年来，国内外有一些联合收割机开始采用轴流滚筒形式，即谷物从滚筒的一端喂入，沿滚筒的轴向作螺旋状运动，一边脱粒，一边分离，最后从滚筒的另一端排出，它通过滚筒的时间较长。这种机型可以省去联合收割机中庞大的逐稿器，缩小了联合收割机的体积，减轻了质量，并且对大豆、玉米、小麦、水稻等多种作物均有较好的适应性。此外，切、轴流结合式及多滚筒联合收割机在国内外也已面世。

2. 半喂入式：用夹持输送装置夹住谷物茎秆，只将穗头喂入滚筒，并沿滚筒轴线方向运动进行脱粒。由于茎秆不进入脱粒器，因而简化了机器结构，降低了功率消耗，并保持了茎秆的完整性，但对进入脱粒装置前的茎秆整齐度要求较高。进入20世纪90年代以后，半喂入式联合收割机发展很快，尤其是日本久保田等公司的半喂入式联合收割机在收获水稻方面呈现出很大的优势，克服了速度慢、效率低、故障多的缺点，而且自动化程度有了很大的提高。

3. 割前脱粒式：此种机型是利用谷物在田间的站立状态（未割），直接将谷粒从穗头或茎秆上摘脱下来，然后对摘脱下来的混合物（包括籽粒、茎叶、颖壳及部分穗头等）进行复脱、分离和清选，从而获得清洁的谷粒，脱掉谷粒后的茎秆仍直立于田间或割倒铺放在田间。

除以上分类方法外，还可以按作物名称分类，如小麦联合收割机、水稻联合收割机、玉米联合收割机等；按谷物在机器中流动的方向和割台相对于脱粒机的位置分类，如"T"型、"r"型、"s"型和直流型联合收割机等；按生产功率分类，如大型（喂入量达 5kg/s 以上）、中型（3~5kg/s）和小型联合收割机（3kg/s 以下）；按行走部件分类，如轮式、半履带式和履带式联合收割机。

二、收割机的型号

按照我国机械工业部《农机具产品编号规则》的规定，谷物联合收割机的产品型号依次由分类代号、特征代号和参数 3 部分组成，表示如图 1 所示：

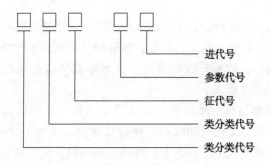

图 1 收割机的型号

收割机械的大类代号为数字"4"。联合收割机小类代号为字

母 "L"；即凡型号以 "4L"，打头的机具均为谷物联合收割机；玉米联合收割机型号以 "4Y" 打头。自走式全喂入联合收割机特征代号为字母 "Z"，悬挂式（单动力）特征代号为字母 "D"，悬挂式（双动力）特征代号为字母 "S"，牵引式特征代号为字母 "Q"，以上机型主参数为喂入量；半喂入联合收割机特征代号为字母 "R"，主参数为割幅。如：型号东风表示四平联合收割机总厂生产的东风牌自走式喂入量 2kg/s 的联合收割机；桂林 4 LD—2.5B 表示桂林联合收割机厂生产的桂林牌喂入量为 2.5kg/s 改进型悬挂式联合收割机；4YZ—3 表示 3 行自走式玉米联合收割机；4LB—100 表示割幅为 1m 的半喂入自走式联合收割机。

三、收割机的正确选购

目前，市场上收割机种类繁多，良莠不齐，选购时应考虑以下几个方面。

1. 根据农艺要求。根据当地作物种植规格、割茬高低等要求选择机型。如小麦、玉米两茬平作直播的，选用大型联合收割机；小麦、玉米两茬套作，要根据畦面大小、收割机轮距、轮胎宽度等选择。

2. 根据作物状况。不同品种甚至同一品种的作物在不同地区种植，其产量、株高相差悬殊，选择机型应适合当地作物状况。平原高产地区应选择喂入量大的机型；茎秆较高的则要求收割机扶禾装置能任意调节；收割时成熟度差、含水率高，应考虑湿脱性能好、适应湿割的机型。

3. 根据收割机械产品质量。产品质量直接关系到机器的工作可靠程度和使用寿命。有的收割机制造质量差，工作中故障不断；有的收割机作业效果达不到要求，所以在选购时，应选择通过国家或省市级以上质量鉴定合格、获 "农业机械推广许可证" 的产品。这类产品结构设计合理，性能指标达到国家有关标准规定，使用可靠性较高，安全性、操纵性好。

4. 根据生产率。收割机的生产率与喂入量、割幅及作业速度有关。生产率大的机型一般机体大、价格高，对道路要求也高，适宜田块大、面积广的地区作业。田块小、面积少的地区应选用小型收割机。

5. 根据零配件供应。维修及零配件供应问题，选购前应重点考虑。收割机构件多，工作条件和环境变化大，工作过程中经常发生零配件的损坏，逐步形成的损件需要经常修理或更换，因此在购买时，要了解当地对你所选机型的修理能力和配件供应情况，不要购买那些没有配件供应又无法修理的机型。一般同等条件下优先选用当地生产、有零配件专营点、三包服务好的定型产品。

6. 根据经济状况。人们购买物品时常常用花钱多少来衡量是否便宜，这对于同型号同质量的产品是对的，但是对不同型号的产品就不能用简单的价格上的比较来衡量了。应该算总账，除考虑机械自身的价格高低外，还含其使用消耗成本和所能挣来的价值。

7. 三包服务内容、期限。要详细了解所购买产品的三包服务内容、期限。检查随机技术资料、说明书、产品合格证、专用工具和备件等。应对照装箱单清点物品是否齐全，避免使用时麻烦。

8. 技术状况。购买的机械应当场进行运转，检验技术状况是否正常。

9. 售后服务。购买农机后应索取购机正式发票及产品三包凭证，按要求进行售后服务登记，办理有关手续，并积极主动地接受厂家或农机部门的操作培训。

四、联合收割机的基本组成

（一）拨禾器

拨禾器的作用：一是割台前方的谷物拨向切割器；二是在切割器切割谷物时，扶持禾秆以防向前倾倒；三是禾秆被切断后，将禾秆及时推放在输送器上。

拨禾器的种类较多，常见的有拨禾轮、链齿式拨禾器、拨禾带、拨禾器等。其中以拨禾轮和链齿式拨禾器应用最广。

（二）切割器

切割器的工作性能直接影响收割机的作业质量。要使切割器在作业中能顺利的切割茎秆，不漏割、不堵刀、不拉断、切割阻力小，必须正确使用和调整切割器。

现有的收割机械上的切割器有回转式和往复式两类。

目前，在收割机械上采用较为广泛的是往复式切割器。其优点是通用性广、适应性强、工作可靠、结构简单、重量轻、适于宽幅收割。

（三）输送装置

1. 割台推运器及倾斜喂入室：割台推运器又称割台搅拢。它的功用是将割下的作物向割台中间输送，并通过推运器中部的伸缩扒杆将作物拨进倾斜喂入室。割台推运器的构造是由圆筒壳，左、右螺旋叶片和附加叶片，扒杆，左、右半轴，曲柄块，扒杆轴和调节板等组成。

2. 谷粒推运器及升运器：谷粒推运器及升运器是将清选装置漏下的清洁谷粒输送到粮仓或卸粮台准备集粮用。一般二者连成一体，在谷粒推运器的轴端就安装了升运器。

3. 杂余推运器、升运器、复脱器及抛扔器：杂余推运器是将清粮室尾筛漏下的脱出物杂余——短茎秆，未脱净的残穗等推运到刮板升运器，再由刮板升运器送到滚筒复脱，或者将其推运到复脱器复脱。然后送到清粮室再清选。抛扔器由叶轮、壳体、抛扔筒和壳盖组成，与叶片搓板式复脱器类似。利用叶片高速回转的离心力作用使脱出物抛扔输送，因此输送距离不能太长，同时受气流影响，如果输送物料间比重差别太大或湿度较大时容易堵塞，因此底盖或壳盖应能打开，便于清理。为提高抛扔效率，一般壳盖上有进气孔。

4. 脱粒装置：脱粒装置的功用是将谷粒从谷穗上脱下，并使其尽量多地从脱出物（由谷粒、碎茎秆、颖壳和混杂物等组成）

中分离出来。

常用的脱粒装置由一高速旋转的圆柱形或圆锥形滚筒和固定的弧形凹板组成。滚筒与凹板间形成脱粒间隙（又称凹板间隙），当谷物在脱粒间隙内通过时，受到滚筒与凹板的机械作用而脱粒。

对脱粒装置要求：脱粒干净；尽可能多地将脱下的谷粒分离；谷粒破碎脱壳少；脱粒种子时避免对种子的机械损伤。此外，应因地制宜地满足不同地区对茎秆的不同要求。

5. 分离装置：谷物经过脱粒以后所得到的混合物，有谷粒、短小茎秆、颖壳和长茎秆等，总称为脱出物。通常经栅格状凹板可分离出 70% ~90% 的谷粒和部分颖壳、短茎秆，并被引导到清选装置。分离装置的作用是：首先将长茎秆和细小脱出物分离开；其次将分离出来的细小脱出物输送到清选装置，而将长茎秆排出机外。目前，谷物联合收割机上常用的分离装置有键式逐稿器、平台式逐稿器和转轮式分离装置三种。

6. 清选装置：脱粒装置脱下并经分离装置分出的细小脱出物中，还有许多颖壳和杂余。为了得到清洁的谷粒，在联合收割机上还设有清选装置。对清选装置的要求是从细小脱出物（包括谷粒、短茎秆、颖壳和混杂物）中清选出的谷粒应干净而不被损伤；分离出的混杂物中，夹带谷粒要少。

7. 卸粮装置：在联合收割机上，谷粒有两种收集方法，即用卸粮台或粮箱。

第三节　水稻插秧机基础知识

机械化插秧技术就是采用高性能插秧机代替人工栽插秧苗的水稻移栽方式，主要包括高性能插秧机的操作使用、适宜机插秧苗的培育、大田农艺管理措施的配套等内容。新型高性能插秧机采用了曲柄连杆插秧机构、液压仿形系统，机械的可靠性、适应性与早期的插秧机相比有了很大提高，作业性能和作业质量完全能满足现代农艺要求。

一、高性能插秧机的工作原理及技术特点

（一）插秧机的工作原理

目前，国内外较为成熟并普遍使用的插秧机，其工作原理大体相同。发动机分别将动力传递给插秧机构和送秧机构，在两大机构的相互配合下，插秧机构的秧针插入秧块抓取秧苗，并将其取出下移，当移到设定的插秧深度时，由插秧机构中的插植叉将秧苗从秧针上压下，完成一个插秧过程。同时，通过浮板和液压系统，控制行走轮与机体、浮板与秧针的相对位置，使得插秧深度基本一致。

（二）插秧机的主要技术特点

1. 基本苗、栽插深度、株距等指标可以量化调节：插秧机所插基本苗由每亩所插的穴数（密度）及每穴株数所决定。根据水稻群体质量栽培扩行减苗等要求，插秧机行距固定为 30cm，株距有多挡或无级调整，达到每亩 1 万~2 万穴的栽插密度。通过调节横向移动手柄（多挡或无级）与纵向送秧调节手柄（多挡）来调整所取小秧块面积（每穴苗数），达到适宜基本苗，同时插深也可以通过手柄方便地精确调节，能充分满足农艺技术要求。

2. 具有液压仿形系统，提高水田作业稳定性：它可以随着大田表面及硬底层的起伏，不断调整机器状态，保证机器平衡和插深一致。同时随着土壤表面因整田方式而造成的土质硬软不同的差异，保持船板一定的接地压力，避免产生强烈的壅泥排水而影响已插秧苗。

3. 机电一体化程度高，操作灵活自如：高性能插秧机具有世界先进机械技术水平，自动化控制和机电一体化程度高，充分保证了机具的可靠性、适应性和操作灵活性。

4. 作业效率高，省工节本增效：步行式插秧机的作业效率最高可达 $0.27\text{hm}^2/\text{h}$，乘坐式高速插秧机 $0.47\text{hm}^2/\text{h}$。在正常作业条

件下，步行式插秧机的作业效率一般为 0.17hm²/h，乘坐式高速插秧机为 0.33hm²/h，远远高于人工栽插的效率。

二、高性能插秧机对作业条件的要求

高性能插秧机由于采用中小苗移栽，因而对大田耕整质量要求较高。一般要求田面平整，全田高度差不大于 3cm，表土硬软适中，田面无杂草、杂物，麦草必须压旋至土中。大田耕整后需视土质情况沉实，沙质土的沉实时间为 1 天左右，壤土一般要沉实 2～3 天，黏土沉实 4 天左右后插秧。若整地沉淀达不到要求，栽插后泥浆沉积将造成秧苗过深，影响分蘖，甚至减产。

三、插秧机分类

（一）按操作方式分类

按操作方式分类，插秧机可分为步行式与乘坐式两大类。在乘坐式插秧机中，根据栽插机构的不同形式，按照插秧作业效率可将插秧机分为普通型与高速型。

（二）按栽插机构分类

按栽插机构分类，插秧机可分为曲柄连杆式与双排回转式两类。曲柄连杆式栽插机构的转速受惯性力的约束，一般的最高插秧频率限制在 300 次/分钟左右。双排回转式运动，运动较平稳，插秧频率可以提高到 600 次/分钟，但在实际生产中，由于其他因素的影响，生产率只比普通乘坐式高出 0.5 倍左右。曲柄连杆式被用于手扶式及普通乘坐式上，高速插秧机均采用双排回转式插秧机构。

插秧机所插秧苗高度的限制，决定于秧门与秧爪尖运动轨迹最低点的距离，一般情况下均小于 25cm，对于正向运动轨迹而言，由于插后这个距离拉长，稍高些秧苗也能栽插，而反向轨迹对苗高的适应范围相对较小。

（三）按插秧机栽插行数分类

按插秧机栽插行数分类，可分为步行式的2行、4行、6行，乘坐式有4行、5行、6行、8行、10行等品种。

（四）按栽植秧苗分类

按栽植秧苗分类，可分为毯状苗及钵体苗两种。由于钵体苗插秧机结构较复杂，需专用秧盘，使用费用高，一般均为毯状苗插秧机。

四、如何选择插秧机

目前，北方稻区使用比较多的插秧机是日产手扶式动力4行插秧机和延吉插秧机厂生产的2Z系列独立6行/8行插秧机。在作业质量方面：在适合机插的条件下，国产和日产插秧机的均匀度合格率和漏插率基本相似，但国产插秧机的漂苗率比日产插秧机略高，插秧质量稳定性稍差；在性能指标上：国产插秧机实际生产率为每小时1 667.5m²，比日产插秧机每小时1 133.9m²多533.6m²；国产插秧机每亩耗柴油0.17～0.18kg，日产插秧机每亩耗汽油0.21～0.23kg；在正常维护保养、调整和使用的情况下，日产插秧机的可靠性比较高，国产插秧机的可靠性相对低一些，但国产插秧机价格比较低，也是一个特点；在适应性方面：国产插秧机要求田面沉淀时间比日产插秧机稍长。当田面沉淀时间稍短作业时，稀泥壅向两侧，严重时会使邻行秧苗位移或被埋没。国产插秧机过埂性能差，当埂埂高度超过30cm时，插秧机不能顺利通过。国产插秧机不适应小地块作业。国产插秧机船板通过田面后，地面呈起垄状态，有利于杂草生长；国产插秧机可以乘坐，劳动强度低，直线性好，装秧手便于及时装秧和观察作业质量。

通过生产鉴定，国产插秧机和日产插秧机不管在技术、生产水平、作业质量和经济效益上看都是可行的，完全可以用于生产，但由于日产插秧机进口价格高，配件难以解决，满足不了水田机械化生产的需要，因此，推广使用国产插秧机具有重要意义。用户水田在 3 350m² 以上时，可购买国产 6 行机动插秧机，水田面积较少的用户，可购买手动 4 行插秧机。

五、机械插秧的优点

实现农业机械化是我国农业现代化的重要内容，只有逐步通过机械化生产，才能不断提高农业现代化水平。近几年来，随着市场经济的发展，农村经济条件逐步改善，大批农业劳力向非农产业转移，为发展机械化创造了条件，其优势可概括为"五个有利于"。

（1）有利于节省用工，减轻劳动强度，加快务农劳动力的转移，促进农村市场经济的发展。

（2）有利于水稻增产。机插较人工插秧分蘖多，效果好。亩增产 25～50kg。

（3）有利于减轻劳动强度，大大提高劳动生产率。

（4）有利于发展专业化服务。插秧机栽插面积大，不仅可以为农户提供栽插服务，而且利用小苗机插，相对集中育秧，便于管理。因此，发展机插秧可以促进服务型适度规模经营的发展。

六、插秧机的农艺技术要求

根据插秧机操作规程，每次作业前要认真检查机器，确诊机器各部正常方可投入作业。插秧机陆地运输速度为 7～10km/h。从田埂进入地块时，机体要向前倾斜，应防止发动机栽入泥中，有液压装置的机器应将机体升至最大高度。插秧机进入开始位置后，将发动机熄火并开始上秧，带好备用秧。将插秧机主离合器和插秧离合器置于入的位置，并渐渐加大油门，使插秧机以 2～5km/h 的移动速度前进并插秧。插秧机前进 2～3m 后，把插秧机停下并熄火，检查取秧量及插深是否合适，不合适时，按随机说明书进行调整，调整合适后重新进行插秧作业。

机插秧的农艺要求是必须保证一定的插秧质量，每穴苗数均匀，北方稻区常规稻 4～8 苗，杂交稻 1～2 苗，同时尽量减少勾秧、伤秧、漏秧和漂秧。

插秧机既要保持一定的行、株距，又要能依照各地要求进行调节。如东北由于采用旱育稀植一般可取 25.4cm × 10cm 或 30cm × 13.3cm。插秧深度要合适，深浅一致，北方一般以 2～3cm 为宜。

七、机插前的准备工作

机插前的准备工作十分重要，是保证机插顺利进行的前提，一般要做好以下七项准备工作：一是培训操作手，添秧手，使他们熟悉机具性能，熟悉田间操作，掌握机插的技术要求，能发现和排除常规故障；二是做好插秧机的安装、调试、检查和试车工作。新购置的插秧机在开箱后检查各部件及零配件是否安全，旧机具清除灰尘、油污和异物，然后进行装配，并对万向节、传动系、离合器、取秧量、分离针与秧门侧间隙、插秧深度、送秧器行程和秧箱进行调整，使其符合技术要求。在此基础上，对整机进行全面检查，各运动部件是否转动灵活，有无碰撞、卡滞现象，所有紧固件是否拧紧，有无松动脱落，所有需要加油润滑的地方是否注油。在确认没有故障的情况下，才能进行试车。先用手摇发动机，慢慢转动，如运转正常，无碰撞和异声，再加柴油启动试车；三是备足插秧机易损易坏的零配件，如分离针、摆杆、推秧器焊合、插垫、连杆轴、链箱盖、栽植臂、秧门护苗板、挡泥油封、骨架油封、送秧齿轮等；四是制定好机插作业计划和插秧机作业路线；五是配足劳力，划分好作业组，制定好单机承包责任制，操作人员岗位责任制；六是抢早耕翻、耙田、整平机插大田；七是加强秧田管理，育成符合机插要求的壮秧。

八、插秧机的典型结构

插秧机的型号众多，插植基本原理是以土块为秧苗的载体，通过从秧箱内分取土块、下移、插植三个阶段完成插植动作。液压仿形基本原理是保持浮板的一定压力不受行走装置的影响。

（一）插植

1. 分切：土块由横向与纵向送秧机构把规格（宽×长×厚）为 28mm×58mm×2mm 的秧块不断地送给秧爪切取成所需的小秧块，采用左右、前后交替顺序取秧的原则。小秧块的横向尺寸是由横向送秧机构所决定，该机构由具有左旋与右旋的移箱凸轮轴与滑套组成；凸轮轴旋转，滑套带动秧苗箱左右移动，由凸轮轴与秧爪运动的速比决定横向切块的尺寸，一般为三个挡位。

定量送秧是指秧爪纵向切取量应与纵向送秧量相等。高速插秧机上纵向送秧与取秧有联动机构，一个手柄动作即完成两项任务，步行机有的需作两次调节才能等量。

2. 下移：秧爪与导轨的缺口（秧门）形成切割幅，切取小秧块后，秧块被秧爪与推秧器形成的楔卡住往土中运送。

3. 插植：秧爪下插至土中后，推秧器把小秧块弹出入土，秧爪出土后，推秧器提出回位。

（二）液压仿形

插秧机的浮板是插秧深度的基准，保持较稳定的接地压力就能保持稳定一致的插深，高性能插秧机均是通过中间浮板前端的感知装置控制液压泵的阀体，由油缸执行升降动作。

当水田底层前后不平时，通过液压仿形系统完成升降动作；当左右不平时，通过左右轮的机械调节或液压的调节来维持插植部水平状态。高速插秧机插植部通过弹簧或液压来维持插植部的水平，使左右插深一致。

第二章　农业机械驾驶操作技术

第一节　拖拉机安全驾驶操作技术

一、基本驾驶知识与基本操作

（一）启动前的准备

（1）各种拖拉机在启动前都必须完成预定的技术保养，加足清洁燃油和冷却软水。

（2）检查油底壳油面和轮胎气压，拧紧各部分螺栓和螺母。

（3）将变速手柄、动力输出轴操纵手柄放在空挡位置。

（4）不使用液压系统时，应将液压泵传动手柄放在分离位置。

（5）在减压的情况下，摇动曲轴数圈，使润滑油提前润滑各部分，避免启动时由于半干摩擦造成零件的非正常磨损，然后按照不同的启动方法和要求启动拖拉机。

（二）启动步骤与注意事项

拖拉机的启动方法，分为人力启动、电力启动和启动机启动三种。以东方红-802型拖拉机为例。启动步骤为：

（1）将主发动机油门拉杆放在熄火位置，并打开机上罩盖。

（2）将减压手柄放在预热"1"位置。

（3）将自动分离机构接合手柄移到接合位置后再拨回到原来位置。

（4）启动机离合器放在分离位置。

（5）减速器变速杆放在1挡。

（6）用手油泵泵油，以排除油路中的空气。

（7）打开汽化器进气口盖，稍开节气门，关小阻风门。

（8）打开启动机油箱开关，按下汽化器按钮，直到汽油溢出为止，对于长期停放后再使用的拖拉机，应通过缸盖上的加油阀向汽缸内注入少许机油，以利于改善活塞、缸套之间的密封和润滑。

（9）将启动绳按顺时针方向（朝拖拉机前进方向看）缠绕在飞轮槽内 1.5~2 圈。另一头拿在手里（不能缠在手上，以免反转打手）。

（10）猛拉启动绳，启动机即可着火，立即打开阻风门。如果多次不能启动，应拧出放油螺塞，转动小飞轮，排出曲轴箱内过多的燃油，调整阻风门和节气门的开度，重新启动。必要时，应检查高压线和火花塞跳火情况，磁电机的触点间隙，点火时间和油路是否畅通。

（11）加大节气阀开度，使启动机转速逐渐提高。

（12）平稳地接合离合器，用 1 挡带动主发动机。主发动机运转 1~3 分钟后，再换入 II 挡，缓慢运转 1~2 分钟，把减压手柄移到预热"2"的位置，经 1~2 分钟预热后，再放到"工作"位置，并将主发动机油门手柄拉到最大供油位置，发动机即可着火。在发动机预热时，不允许向汽缸内供油。

（13）主发动机着火后，应立即分离启动机离合器，关闭节气门，待转速降低后再按磁电机熄火按钮，使启动机熄火。启动完毕后，应打开启动机缸盖上的加油阀，并用手转动曲轴，排出汽缸中的废气，然后关上阻风门。

（14）关闭汽油箱开关和汽化器进气口盖，关上机罩上盖。

二、田间作业驾驶技术

拖拉机田间作业时，要特别注意以下内容：

（1）根据地块情况和农艺要求，选择合适的田间作业行走方法，以提高工作效率。

（2）作业中转弯或倒车之前，一定要使已经入土的农具工作部件升出地面，然后再转弯，以免损坏农具或造成人员伤亡事故。

（3）在地面起伏较大的地块上作业时，要检查农具与拖拉机联接处是否有松动或脱落。

（4）如果农具需要有农具手配合工作时，在拖拉机驾驶员和农具手之间要有联络信号的装置，以免因动作失调而出现事故。

（5）绝对不允许在悬挂机具升起而又无保护措施的情况下，爬到悬挂机具的下面进行清理杂草、调整或检修工作。

（6）有两名驾驶员交替驾驶拖拉机作业时，在田头处休息的那名驾驶员不允许睡觉，尤其是夜晚更不能如此。

（7）带悬挂农具的拖拉机，如暂停时间较长，应将悬挂农具降落到地面，这样，可保护液压悬挂系统和防止意外事故发生。

第二节　联合收割机安全驾驶操作技术

联合收割机使用前应进行空运转磨合、行走试运转和负荷试运转。

一、联合收割机空转磨合

（一）机组运转前的准备工作

（1）摇动变速杆使其处于空挡位置，打开籽粒升运器壳盖和复脱器月牙盖，滚筒脱粒间隙放到最大。

（2）将联合收割机内部仔细检查清理。

（3）检查零部件有无丢失损坏，机器有无损伤、开焊，装配位置是否正确，间隙是否合适。

（4）检查各传动三角带和链条（包括倾斜输送器和升运器输送链条）是否按规定张紧，调整合适。

（5）用手拉动脱粒滚筒传动带，观察各部件转动是否灵活。

（6）按润滑表规定对各部位加注润滑脂和润滑油。

（7）检查各处尤其是重要连接部位紧固件是否紧固。

（二）空运转磨合及检查

1. 磨合：检查机器各个部位正常后，鸣喇叭使所有人员远离机组，启动发动机，待发动机转动正常后，调整油门使发动机转速为 600～800 转/分钟，接合工作离合器，使整个机构运转，逐渐加大油门至正常转速，自走式联合收获机运转 20 分钟（悬挂式联合收获机运转 30 分钟以上）。此间应每间隔 30 分钟停机一次进行检查，发现故障应查明原因，及时排除。

2. 检查：磨合过程中，应仔细观察是否有异响、异振、异味、以及"三漏"现象。运转过程中应进行以下操作和检查。

（1）缓慢升降割台和拨禾轮以及无级变速油缸，仔细检查液压系统工作是否准确可靠，有无异常声音、有无漏油、过热及零部件干涉现象。

（2）扳动电器开关，检查前后照明灯、指示灯、喇叭等是否正常。

（3）反复接合和分离工作离合器、卸粮离合器，检查结合和分离是否正常。

（4）检查各运转部位是否发热，紧固部件是否松动，各"V"形带和链条张紧度是否可靠，仪表指示是否正常。

（5）联合收获机各部件运转正常后应将各盖关闭，栅格凹板间隙调整到工作间隙之后，方可与行走运转同时进行。

二、联合收获机行走试运转

联合收获机无负荷行走试运转，应由 I 挡起步，逐步变换到 II、III 挡，由慢到快运行，还要穿插进行倒挡运转。要经常停车检查调整各传动部位，保证正常运转。自走式联合收获机此间运行时间为 25 小时。

三、联合收获机负荷试运转

联合收获机经空转磨合和无负荷行走试运转，一切正常后，就可进行负荷试运转，也就是进行试割。负荷试运转应选择地势较平坦、无杂草、作物无倒伏且成熟程度较一致的地块进行。有时也可先向割台均匀输入作物检查喂入和脱粒情况，然后进行试割。当机油压力达到 0.3MPa，水温升至 60℃，开始以小喂入量低速行驶，逐渐加大负荷至额定喂入量。应注意无论负荷大小，发动机均应以额定转速全速工作，试割时应注意检查调整割台、拨禾轮高度、滚筒间隙大小、筛孔开度等部位，根据需要调整到要求的技术状态。负荷试运转应不低于 15 小时。

经发动机和收获机的上述试运转后，按联合收获机使用说明书规定，进行一次全面的技术保养。自走式联合收获机需清洗机油滤清器，更换发动机油底壳的机油。

按试运转过程中发现的问题对发动机和收获机进行全面的调整，在确保机器技术状态良好的情况下，才可正式投入大面积的正常作业。

四、收割前的准备工作

（一）出发前准备

机组经磨合试运转及相关保养，符合技术要求。收作物之前要根据自己情况确定是在当地作业还是跨区作业，提前做好作业计划，并进行实地考察，提前联系。确定好机组作业人员，一般联合收获机需要驾驶员 1～2 名，辅助工作人员 1～3 名，联系配备 1～2 辆卸粮车。出发之前要准备好有关证件（身份证、驾驶证、行车证、跨区作业证等）、随机工具及易损件等配件，做到有备无患。

（二）作业前地块准备

为了提高联合收获机的作业效率，应在收获前把地块准备好，主要包括下列内容。

（1）查看地头和田间的通过性。若地头或田间有沟坎，应填平和平整，若地头沟太深应提前勘查好其他行走路线。

（2）捡走田间对收获有影响的石头、铁丝、木棍等杂物。查看田间是否有陷车的地方，做到心中有数，必要时做好标记，特别是夜间作业一定要标记清楚。

（3）若地头有沟或高的田埂，应人工收割地头，一般为 6 ~ 8m，若地块横向通过性好可使用收获机横向收割，不必人工收割。人工收割电线杆及水利设施等周围的作物。

（4）查看作物的产量、品种和自然高度，以作为收获机进地收获前调试的依据。

（三）卸粮的准备

（1）用麻袋卸粮的联合收获机，应根据作物总产量准备足够的装作物用的麻袋和扎麻袋口用的绳子。

（2）粮仓卸粮的联合收获机，应准备好卸粮车。卸粮车车斗不宜过高，应比卸粮筒出粮口低 1m 左右。卸粮车的数量一般应根据卸粮地点的远近确定，保证不因卸粮造成停车耽误作业。

五、田间作业

（一）联合收获机地头作业

（1）行进中开始收获。若地头较宽敞、平坦，机组开进地头时可不停车就开始收割，一般应在离作物 10m 左右时，平稳地接合工作离合器，使联合收获机工作部件开始运转，并逐渐达到最高转速，应以大油门低前进速度开始收割，不断提高前进速度，进入正常作业。

（2）由停车状态开始收割。若地头窄小、凹凸不平，无法在行进中进入地头开始收割，需反复前进和倒车对准收割位置，然后接合工作离合器，逐渐加油门至最大，平稳接合行走离合器开始前进，逐渐达到正常作业行进速度。

（3）收获机的调整。收获机进入地头前应根据收割地块的作物产量、干湿程度和高度对脱粒间隙、拨禾轮的前后位置和高度等部位进行相应的调整。悬挂式联合收获机应在进地前进行调整，自走式联合收获机可在行进中通过操纵手柄随时调整。

（4）要特别注意收获机应以低速度开始收获，但开始收割前发动机一定要达到正常作业转速，使脱粒机全速运转。自走式联合收获机，进入地头前，应选好作业挡位，且使无级变速降到最低转速，需要增加前进速度时，尽量通过无级变速实现，以避免更换挡位，收获到地头时，应缓慢升起割台，降低前进速度拐弯，但不应减小油门，以免造成脱粒机滚筒堵塞。

（二）联合收获机正常作业

1. 选择大油门作业：联合收获机收获作业应以发挥最大的作业效率为原则，在收获时应始终以大油门作业，不允许以减小油门来降低前进速度，因为这样会降低滚筒转速，造成作业质量降低，甚至堵塞滚筒。如遇到沟坎等障碍物或倒伏作物需降低前进速度时，可通过无级变速手柄使前进速度降到适宜速度，若仍达不到要求，可踩离合器摘挡停车，待滚筒中作物脱粒完毕时再减小油门挂低挡位减速前进。悬挂式联合收获机也应采取此法降低前进速度。减油门换挡速度要快，一定要保证再次收割时发动机加速到规定转速。

2. 前进速度的选择：联合收获机前进速度的选择主要应考虑作物产量、自然高度、干湿程度、地面情况、发动机的负荷、驾驶员技术水平等因素。无论是悬挂式还是自走式联合收获机，喂入量是决定前进速度的关键因素。前进速度的选择不能单纯以作物产量为依据，还应考虑作物切割高度、地面平坦程度等因素，一般作物亩产量在 300~400kg 时，可以选择 Ⅱ 挡作业，前进速度为 3.5~8km/小时；作物亩产量在 500kg 左右时应选择 Ⅰ 挡作业，前进速度为 2~4km/小时，一般不选择 Ⅲ 挡作业；当作物亩产量在 250kg 以下时，地面平坦且驾驶员技术熟练，作物成熟好时可以选择 Ⅲ 挡作业，但速度也不宜过快。

3. 不满幅作业：当作物产量很高或湿度很大，以最低速前进发动机仍超负荷时，就应减少割幅收获。就目前各地作物产量来看一般减少到 80% 的割幅即可满足要求，应根据实际情况确定。当收获正常产量作物，最后一行不满幅时，可提高前进速度作业。

4. 潮湿作物的收获：雨后作物潮湿，或作物未完全成熟但需要抢收时，由于作物潮湿，收割、喂入和脱粒阻力增加，应降低前进速度收获，若仍超负荷应减少割幅收获。若时间允许应安排中午以后，作物稍微干燥时收获。

5. 干燥作物的收获：作物成熟，过了适宜收获期，收获时易造成掉粒损失，应将拨禾轮适当调低，以防拨禾轮板打麦穗造成掉粒损失，即使收获机不超负荷，前进速度也不应过快。若时间允许的话，应尽量安排在早晨或傍晚，甚至夜间收获。

6. 机器工作状态的检查：驾驶员进行收获作业时，要随时观察驾驶台上的仪表、收割台上的作物流动情况和各工作部件的运转情况，要仔细听发动机的声音、脱粒滚筒以及其他工作部件的声音，有异常情况应立即停车排除。驾驶员应特别注意发动机和脱粒滚筒的声音，当听到发动机声音沉闷，脱粒滚筒声音异常，看到发动机冒黑烟，说明滚筒内脱粒阻力过大，应减慢前进速度，加大油门进行脱粒，待声音正常后，再进行正常作业。

7. 割茬高度和拨禾轮位置的选择：当作物自然高度不高时，可根据当地的习惯确定合理的割茬高度，可把割茬高度调整到最低，但一般不宜低于15cm。当作物自然高度很高，作物产量高或潮湿，联合收获机负荷过大时，应提高割茬高度，以减少喂入量，降低负荷。

8. 过沟坎时的操作：当田中有沟坎时，应适当调整割台高度，防止割刀吃土或割水稻。当机组前轮压到沟底时会使割台降低，应在压到沟底的同时升高割台，直至机组前轮越过沟时，再调整割台至适宜高度。当机组前轮压到高的田埂时，应立即降低割台，机组前轮越过田埂时，应迅速升高割台，上述操作要快，动作连接要平稳。

（三）倒伏谷物的收获

1. 横向倒伏：横向倒伏的作物收获时，只需将拨禾轮适当降低即可，但一般应在倒伏方向的另一侧收割，以保证作物分离彻底，喂入顺利，减少割台碰撞水稻造成稻粒损失。

2. 纵向倒伏：纵向倒伏的作物一般要求逆向（作物倒向割台）收获，但逆向收获需空车返回，严重降低了作业效率。当作物倒伏不是很严重时应双向收获。逆向收获时应将拨禾轮板齿调整到向前倾斜15°～30°的位置，且将拨禾轮降低并向后。顺向收获时应将拨禾轮的板齿调整到向后倾斜15°～30°的位置，且使拨禾轮降低并向前。

六、道路驾驶

道路驾驶是指联合收获机转移地块和跨区域收获作业长途转移时在路面上行驶。

（一）道路驾驶前的注意事项

由于联合收获机比较笨重，道路行驶速度又相对较快，极易造成悬挂等部位的变形、开焊和掉螺丝等不应有现象发生，自走式联合收获机还会因液压承载过大，造成液压油路漏油，因此，道路行驶前要注意做好下列工作。

1. 卸粮：为了减轻道路转移时收获机的重量，防止道路转移中漏损粮食，道路行驶前应把粮食全部卸净。具有粮箱的收获机还应把卸粮筒向后折放回原处。自流式卸粮装置，应把卸粮仓门关严，把卸粮簸箕折回非工作位置固定。

2. 锁定割台：悬挂式联合收获机的割台锁定应首先提升割台到最高位置，把割台架主梁上的割台拉杆或"U"形悬挂环挂在前悬挂架的前上角上（滑轮上角），拉杆式悬挂部件应穿好螺栓并紧固。自走式联合收获机，应提升割台到最高位置，把驾驶室下面的悬挂链的挂钩挂在倾斜输送槽上的相应孔眼中，或把槽钢支撑块扶起对准空眼插入销子。各种类型的联合收获机的割台悬挂方式稍有区别，总的来说，要保证割台被拉紧或撑起，使割台提升钢丝绳不受力（悬挂式），使支撑割台的悬挂油缸不受力。

3. 道路运输时注意事项：若道路条件允许的话，应走路面中间，以防路两边的树木刮坏收获机，超高时应做好超高标志，注意不要挂断上方电线等。

（二）车辆起步

一般选择 I 挡起步，起步前要首先查看周围情况，当确认安全时可按下述步骤操作：

（1）松开手制动或使制动踏板复位。

（2）将离合器踏板迅速踏到底。

（3）操纵变速手柄挂入 I 挡。

（4）保持正确驾驶姿势，握稳方向盘。

（5）松抬离合器踏板，并踏下加速踏板。

为保证起步平稳，松抬离合器踏板和踏下加速踏板的动作须配合默契。松抬离合器不可一下松到底，要掌握"快松—停顿—慢松—快松"的节奏。在松抬离合器至感觉到离合器刚刚结合时，加以"停顿"的同时，慢慢踏下加速踏板，使车辆平稳起步。离合器踏板松抬过快，加速踏板踏下过慢，会导致起步过猛、发动机转速过低而熄火；而离合器踏板松抬过慢，加速踏板踏下过快，则易造成摩擦片磨损增大、起步不稳和传动件受损等后果。因此，必须正确掌握离合器踏板与加速踏板的配合操作方法，才能使车辆平稳起步。

（三）换挡

车辆在行驶过程中，由于道路及交通情况的不断变化，需要变换不同的行驶速度，即需经常换挡变速。

1. 挡位的使用：车辆行驶中，如行驶阻力增大（如起步、上坡或道路情况不好等）时，应选用低速挡行驶；中速挡通常在车辆转弯、过桥、一般坡道、会车或路况稍差道路行驶时使用；高速挡在车辆行驶中较常用，主要是因为它燃料消耗少，零部件磨损小，经济性能较好。因而在确保安全的前提下，道路行驶提倡多使用高速挡。

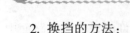

2. 换挡的方法：

（1）低速挡换高速挡。以 I 挡换 II 挡为例，首先需踏下加速踏板提高车速，当车速适合换挡时，立即抬起加速踏板，同时踏下离合器踏板，将变速手柄移入空挡。此时，II 挡齿轮的线速度低于主动齿轮的线速度。为使 II 挡齿轮的线速度提高一些，或使主动齿轮的线速度降低一些，使两者的线速度趋于一致，以便顺利啮合，避免打齿现象发生，此时须放松离合器踏板，让花键轴与发动机输出轴连接，降低主动齿轮的线速度，等两个即将啮合的齿轮圆周切线速度接近一致时，再次踏下离合器踏板，即可顺利换入 II 挡。换入 II 挡后，在缓抬离合器踏板的同时，逐渐踏下加速踏板，待加速至适合换入 III 挡速度时，再依上述方法换入 III 挡。

（2）高速挡换低速挡。其要点是在将变速杆移入空挡后即抬起离合器踏板，踏下加速踏板，提高发动机转速，待两个即将啮合的齿轮线速度接近时，立即抬起加速踏板，再次踏下离合器踏板，便可将变速手柄顺利移入低一挡位。然后缓抬离合器踏板，车辆即可以低一挡位的速度行驶。待车速降至更低一级挡位速度时，再用上述操作方法换入更低一级挡位。

3. 换挡注意事项

（1）换挡时一手握稳方向盘，另一手轻握变速手柄，两眼注视前方，不要左顾右盼或低头看变速杆，以免分散注意力。

（2）变速一般应逐级进行，不能越级换挡。但在特殊情况下允许越级换挡。

（3）变换前进或后退方向时，必须在车辆停车后方能换挡。

（四）转弯

车辆在转弯时，驾驶员应精力集中，操作协调，并遵守减速、鸣号、靠右行的规则。

1. 左转弯：在宽敞平坦、视线良好的道路上左转弯，确认前方无来车的情况下，可以适当偏左侧行驶，以充分利用拱形路面的内侧，改善车辆弯道行驶的稳定性。

2. **右转弯**：要注意等车辆驶入弯道后，再将车辆完全驶向右边，不宜过早靠右行驶，以免后轮偏出路面。

3. **小转弯**：转小弯时，如果地面软滑或转向轮磨损严重，地面与转向轮附着力较小，会引起转向轮侧滑。此时应降低车速。

4. **急转弯**：高速急转弯易发生车辆倾翻事故，所以急转弯时，应低速慢转。总之，转弯时要正确判断路面宽窄和弯度的大小，确定合适的转弯半径和行驶速度，以保证车辆安全平稳地通过弯道。

（五）制动与停车

车辆在行驶中，经常会受到道路及交通情况的限制，驾驶员根据具体情况使车辆减速或停车，以保证行车安全。减速与停车是依靠驾驶员操纵制动装置来实现的。操纵制动装置的正确与否，直接影响行车安全、燃料消耗、轮胎磨损及制动机件的使用寿命。

七、安全操作规程

（一）安全常识

（1）联合收获机的驾驶和操作人员，必须接受安全教育，学习安全防护常识。要提醒参与收获作业的人员注意安全问题，特别注意周围的儿童。驾驶和操作人员要穿紧身衣裤，不允许穿肥大衣裤，男士不得系领带，女士要戴工作帽。收获机不得载人。

（2）遵守交通规则，听从交警的指挥，注意电线、树木等障碍物，注意桥梁的承重量，沟壑的通过性。

（3）驾驶员不得带病、疲劳驾车。

（4）熟悉操作技术，掌握驾驶要领。

（5）配备防火器具。收获机要佩带灭火器，发动机烟筒上要佩带安全帽。

（6）不得开带有故障隐患的车。要保证制动器、转向器、照明大灯、转向灯、喇叭等部件没有故障。

（7）要参加安全保险。

（8）收获机不得与汽油、柴油、柴草存放在一起，不得把带电的导线绕缠在收获机上。

（二）安全操作

（1）每天作业前进行班次保养，确保机器各部件正常。不要把工具丢在机器内，以防伤人和损坏机器。

（2）行进中不准上下收获机，要注意电线、树木等障碍物，注意桥梁的承重量，沟壑的通过性。非机组人员不得上收获机。

（3）收获机运转和未完全停止转动前不得触摸转动部位。严禁把手指伸进割刀空隙间、链轮与链条间、皮带轮与皮带间等转动部位调试收获机，不得把手臂伸进滚筒撕拉麦草。机组维修时严禁启动机器，或转动任何部位。

（4）联合收获机卸粮时，不得把手伸进出粮筒口，向外扒粮，以防搅龙搅伤手臂。

（5）夜间维修和加油时，应佩带手电或车上工作灯，严禁用明火照明。发动机启动电路发生故障时，不得用碰火的方法启动马达。收获机上不得带汽油桶。

（6）驾驶和操作疲劳时，不得在田间、地头睡觉，启动和起步时应鸣喇叭。

（7）每次停车时，一定要把行走变速杆、工作离合器、卸粮离合器放在空挡上，以防再次启动时发生危险。

（8）严禁在电瓶和其他电线接头处放置金属物品，以防短路。中间维修、当日收工、焊接零部件时，一定要关闭总电源开关。

（9）收获机用于固定脱粒时，一定要切断割刀和拨禾轮等无关部位的传动。

（10）收获机不得在地面坡度大于15°的坡地和道路作业和行驶。

（11）收获机发生故障不能行驶需牵引时，牵引绳要挂在专门的牵引点上，不得挂在其他部位，更不得挂偏拉歪。牵引绳长要在5m左右，不能太短，一般要在同一前进方向牵引，以防拉歪翻车。

第三节　水稻插秧机安全驾驶操作技术

插秧机是一种适合我国目前农村自然及经济条件，价格较为低廉的机器。这种机器结构简单、轻巧、操作灵便，使用安全可靠，容易控制机插质量。插秧机按行数分有 2 行、4 行、6 行等品种，一般都选用 4 行机，6 行机效率较高些，但增加了操纵难度。目前多个品牌可供选用，如东洋、井关、久保田、亚细亚等，其结构大同小异。下面介绍其主要部件及操作使用方法。

一、水稻插秧机的操作

（一）操作手柄的使用方法

1. 油门手柄：将油门手柄往里旋转，发动机转数变高，相反则变低。

2. 变速杆：变速杆位于前方挡位板上，设有行驶、插秧、中立、倒退四个位置。杆位置从右到左按行驶、插秧、中立、倒退顺序排列。

注意：操作变速杆时，须在发动机低速并在主离合器"断开"状态下进行。倒退时，须注意机身后部，并应通过油压操作手柄将机体提升，此时注意不让把手上翘。

3. 油压操作手柄：通过油压操作机体上升、固定、下降的操作手柄。手柄拨到"上升"位置时，机体则上升，"固定"位置时机体在任意位置上固定，"下降"位置时，机体则下降。

4. 节气门手柄：设置在操作面板的黑手柄在启动发动机时用，在热机状态下，将黑手柄推到最大位置；在冷机状态下，将节气门手柄拉到最大位置，发动机启动后，将节气门手柄慢慢地推到底。

5. 主离合器手柄：连接或断开从发动机到各部分动力的操作杆。拨到上部时，连接从发动机到各部分的动力，相反则断开动力。液压泵动力直接连发动机，与主离合器无关。

注意：连接主离合器时，将发动机变低速。"断开"位置时，机体自动不上升，在此状态下补给秧苗。

6. 发动机开关：发动机启动时将开关（图2）拨到"ON"位置，停止时拨到"OFF"，位置，照明时拨到"LAMP"位置。

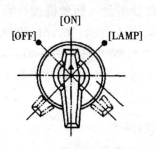

图 2　发动机开关

7. 插秧离合器手柄：操纵插植臂的转动和停止的操作手柄。将此操作手柄拨到"连接"位置时，插秧开始；拨到"断开"位置时，插秧停止。

8. 株距调节手柄：调节株距（每 3.3m² 的株数）的操作杆，通过推或拉可以调节选择 3 挡株距。

注意：株距调节手柄的操作是在插植臂低速运行下进行的。

9. 反冲式启动手柄：反冲式启动手柄设置在手把附近，容易操作。

10. 转向离合器手柄：转向离合器手柄用于分别切断左右侧驱动轴动力，而改变转向的操作手柄。

11. 插秧深度调节手柄：插秧深度调节手柄的调节范围为 4 挡。往上拨动为浅，相反则深。浮板支架上还有 6 个插孔可以调节插深。

（二）各手柄的调整

操作面板上的手柄与手柄后连接的拉线密切有关。操作面板及拉线位置。

1. 手柄拉线：各手柄拉线调节应掌握尺度，否则插秧机将不能正常工作。

（1）主离合器手柄在"切断"的"切"位置时开始作用，此位置为最佳状态，如主离合器拉线（黄）过紧导致主离合器皮带磨损过快，降低其使用寿命；如过松则导致皮带打滑，行走无力。

（2）插植离合器手柄也应在"切"的位置时开始工作。如插植离合器拉线（绿）过紧则会导致插植部不能正常分离；过松则不能正常结合。

（3）液压手柄应在"上"的位置上起作用。液压钢丝（蓝）调整时有三个位置，液压泵阀臂应紧靠在"上升"的位置，即后边为10mm凸台；手柄在"固定"位置时，液压泵阀臂对应在两个10mm凸台中间位置；在"下降"位置时，液压泵阀臂对应在"下降"位置，即紧靠前边10mm凸台。通常以"上升""下降"位置作为调整标准。

如拉线过紧则导致下降缓慢且停机后有时会自动下降；如拉线过松则导致难以上升或上升缓慢且机身自动下降。

2. 液压控制制动钢丝：液压控制制动钢丝（红）作用是在主离合器正常工作时，调节自动仿行油压的灵敏度，此调节与液压钢丝调节相类似，是在液压钢丝调整正确的前提下，调节此钢丝，调节步骤与标准是将主离合器放在"连接"位置上；将中浮板前端向上抬，此时机身应能上升，阀臂应处于"上升"位置；将中浮板放下，机身应下降且阀臂处于"下降"位置。

3. 互锁钢丝：互锁钢丝是保证机器在行走挡位时无法插秧，以保证机器的使用寿命。调整标准为插秧变速杆在"行走"挡位高速行驶时，将插植离合器手柄连接，此时若变速杆自动跳到"插秧"挡则为正常。

4. 启动开关：启动开关从左至右顺时针反向，三个挡位分别是"停机（OFF）"、"启动（ON）"、"灯（LAMP）"，拨到"启动"时，拉动反冲启动机器，机器可正常启动；拨到"LAMP"时，机器前灯打开；拨到"停机"时，发动机熄火。

5. 风门手柄：风门手柄全拉开时，风门关闭；风门手柄推到底，风门全开。

6. 转向离合器手柄：转向离合器手柄间隙标准为 0～1mm，手柄起作用的握力在 1.8kg 以内，调整螺丝在拉线中端。在操作中，左右转向离合器拉线调节的松紧程度应保证分离清晰，转向灵活，接合到位。

7. 株距调节手柄：在齿轮箱右侧（面向前进方向）株距变速挡共三挡，从内向外分别是 70cm、80cm、90cm，对应的株距分别为 14.7cm、13.1cm、11.7cm，每亩基本穴数分别为 14 000穴、16 000穴、18 000穴。

调节方法：变速杆在"中立"位置，插植臂慢速运转；推或拉株距手柄，调节到所要位置（在正确挡位上时有"咔嗒"声，而手柄调节处在中间位置时，尽管发动机正常工作，插植离合器在"连接"位置时，插植臂也无法动作）；加大油门，使插植臂高速运转，确认株距手柄无掉挡现象。

二、插秧作业方法

（一）操作顺序

1. 发动机启动。检查是否加汽油、发动机机油。燃油旋阀是否在"ON"位置上，节气门是否拉在最大位置上，油门手柄是否在1/2位置上。拉反冲式启动器，启动后，将节气门手柄推回原位置。

2. 插秧机驶入稻田。把液压操作手柄往下拨，使机体上升。将变速杆拨到"插秧"位置上，合上主离合器驶进稻田。

（二）补给秧苗

1. 苗箱延伸板。补给秧苗时，秧苗超出苗箱的情况下拉出苗箱延伸板，防止秧苗往后弯曲的现象出现。

2. 取苗方法。取苗时，把苗盘一侧苗提起，同时插入取苗板。

在秧箱上没有秧苗时，务必将苗箱移到左侧或者右侧，再补给秧苗。

秧苗不到秧苗补给位置线之前，就应给予补给。若在超过补给位置时补给，会减少穴株数。补给秧苗时，注意剩余苗与补给苗面对齐，且不必把苗箱左右侧移动。

3. 划印器的使用方法。为保持插秧直线度而使用划印器。其使用方法是，检查插秧离合器手柄和液压操作手柄是否分别在"连接"和"下降"位置上。摆动下次插秧一侧的划印器杆，使划印器伸开，在表土上边划印边插秧。划印器所划出的线是下次插秧一侧的机体中心，转行插秧时中间标杆对准划印器划出的线。

4. 侧对行器的使用方法。为保持均匀的行距而使用侧对行器，插秧时把侧浮板前上方的侧对行器对准已插好秧的秧苗行，并调整好行距。

5. 田埂周围插秧方法。图 3 所示是田埂周围插秧的两种方案，一是插秧时首先在田埂周围留有 4 行宽的余地，按第 1 方案的路线进行插秧作业；二是第一行直接靠田埂插秧，其他三边田埂留有 4 行、8 行宽的余地，按第 2 方案路线作业。

6. 插秧作业前应确认的事项。一是弄清稻田形状，确定插秧方向；二是最初 4 行是插下一行的基准，应特别注意操作确保插秧直线性；三是插秧作业开始前，应进行下列事项的检查：变速杆是否拨到"插秧"速度挡位上；株距手柄是否挂上挡；液压操作手柄是否拨到"下降"位置上；插秧离合手柄是否拨到"连接"位置上；摆动要插秧一侧的划印器，使划印器伸开；主离合器手柄拨到"连接"位置上，将油门手柄慢慢地向内侧摆动，插秧机边插秧边前进。

安全离合器是防止插植臂过载的保护装置。若插植臂停止并发出"咔"、"咔"的声音，说明安全离合器在动作。这时应采取如下措施：迅速切断主离合器手柄；然后熄灭发动机；检查取苗口与秧针间、插植臂与浮板问是否夹着石子，如有要及时清除；若秧针变形，应检查或更换。通过拉动反冲式启动器，确认秧针是否旋转自如，清除苗箱横向移动处未插下的秧苗后再启动。

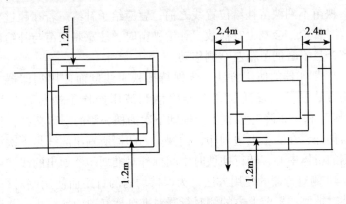

图 3 田埂周围插秧方法示意图

7. 转向换行。当插秧机在田块中每次直行一行插秧作业结束后，按以下要领转向换行：一是将插秧离合器拨到"断开"位置，降低发动机转速，将液压操作手柄拨到"上升"位置使机体提升；二是将手柄往上稍稍抬起（因液压动作开始，机体稍微往上升高），在这种状态下旋转一侧离合器同时扭动机体，注意使浮板不压表土而轻轻旋转。旋转不要忘记及时折回、伸开划印器。

（三）插秧深度

插秧深度调节通常是用插秧深度调节手柄来调整的共有四个挡位，其中（1）为最浅位置，（4）为最深位置。当这四个挡位还不能达到插深要求时，在下面三块浮板上，还设有六孔的浮板安装架，通过插销的连接来改变插深，需要注意三块板上的插销插孔要一致。插秧深度是指小秧块的上表面到田表面的距离，如果小秧块的上表面高于土面，插秧深度表示为"0"，标准的插秧深度为0.5～1cm。插秧深度以所插秧苗在不倒不浮的前提下越浅越好。

第三章 农业机械使用与维修保养

第一节 农业机械的技术维护

农业机械与其他机械一样，工作一段时间以后，技术状态将逐渐恶化，表现为发动机功率下降，燃油消耗率增加，操作性能变坏以及出现各种故障等。为了推迟、减缓机械技术状态恶化的速度，让机械在一定时期内经常处于良好的技术状态，更好地为农业生产服务，必须采取各种措施，加强对农业机器的技术维护。

一、机械正常技术状态的保持和恢复

在机器使用过程中的各个阶段，要采取相应的技术措施，尽量消除人为因素，同时尽量减小自然因素的作用强度，这样才能大大延缓机器主要性能恶化的过程。如果在机器的主要性能指示临近极限时，适时进行修理，使主要性能指标基本上恢复到标准值，机器就可以再次投入使用。在经济和技术许可的条件下，尽量延长机器的使用寿命，保持和恢复机器技术状态所采取的各种技术措施，统称为技术维护。拖拉机良好技术状态的主要标志如下。

（1）发动机的功率和燃油消耗率都在规定范围内，转速稳定，排气正常；

（2）启动容易、迅速；

（3）全负荷工作时，发动机的水温、油温和油压正常，各运动部件无发生不正常的敲击、过热和振动等现象；

（4）电气设备、液压系统和各操纵机构的作用正常；

（5）不漏水、不漏油、不漏气、不漏电。

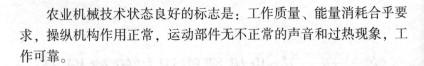

农业机械技术状态良好的标志是：工作质量、能量消耗合乎要求，操纵机构作用正常，运动部件无不正常的声音和过热现象，工作可靠。

二、技术保养规程

技术保养规程是对农业机器进行技术保养的技术法规。根据零部件的使用情况，确定机器零部件工作性能指标的恶化极限值，然后根据工作性能指标的恶化规律，通过科学试验和统计调查，确定零部件工作性能指标恶化到极限值时所经历的时间，并将其作为零部件技术保养周期。为便于定期、有计划地对各零部件进行保养，将各零部件的保养周期由短而长地排列、归纳，组成若干个保养号别，把保养号别、周期和内容用条例形式固定下来，就形成了技术保养规程。

三、现行保养规程

现行保养规程是根据农业机械技术状态正常，以及多数地区的自然条件制定的。当自然条件较特殊或农业机械技术状态显著恶化，以及采用新技术后常常需要对某些零部件的保养周期和保养措施作调整和修改。如在风沙大的地区应加强空气滤清器的保养，水田作业时应加强行走系的保养，而采用滤清效率高的机油滤清器，可适当延长机油更换周期等。

农业机械的技术保养分为班保养和定期技术保养两种。

班保养是在每班工作开始或结束时进行；定期保养是在农业机械工作一定时间间隔之后进行。定期保养目前在国内实行两种制度，一种是四号五级保养制，即班次保养、一号保养、二号保养、三号保养、四号保养；另一种是有些单位推行的班次保养、一号保养、二号保养、三号保养（或高号保养）的三号四级保养制。农业机械三号四级保养和定期修理周期三号四级保养定期修理制度在一些单位已实行多年，效果较好。

第二节　农业机械的保管

农业机械因受季节的限制，每年的工作时间较短而停放保管的时间较长。维护好停放期间的农业机器是一项重要工作。

一、农业机械保管期间损坏的原因

农业机械在保管期间损坏的原因主要有如下。

1. 霉烂　主要是纺织品类，如帆布输送带等存放在潮湿处易于霉烂。

2. 腐朽和破裂　机器上的木质制品由于受微生物的侵害以及长期风吹、日晒、雨淋而破坏。

3. 变形　一些零件在长期受力的情况下存放，或放置不当而产生塑性变形，如弹簧、皮带、长刀杆、轮胎等。

4. 锈蚀　金属受空气中的氧和水蒸气的作用，将发生锈蚀，特别是对已加工的零件表面及厚度为 1～1.5mm 的薄钢板制品危害最大。在露天放置的薄钢板，一年锈蚀的深度可达 0.1～0.22mm，几年即报废。

5. 老化　橡胶件受空气中的氧和阳光中的紫外线作用，易老化变质，使它的弹性变坏并容易折断。

6. 其他　如电气设备受潮、蓄电池自行放电等。

二、农业机械保管的主要技术措施

根据机械、总成和部件保管时间的长短，保管分为短期和长期两种。对那些在田间作业期间暂时不用的机器，进行短期保管；作业季节结束后停机超过两个月的机器，应进行长期保管。

针对机械的结构特点、自然气候条件和上述造成损坏的因素，机器和零部件的保管主要有遮蔽式保管、露天式保管和综合式保管三种方式。

遮蔽式保管（机棚、机库、仓库）是最好的保管方式，它能可靠地保护机器不受天气的影响，可用于保管谷物收获机、清选机、植保机械以及其他复杂的机器。

露天式保管主要用于短期保管的机器，例如犁、耙、中耕机等。特别是用于存放不拆下任何零部件的机器。

综合式保管是指将复杂机器放在机库或机棚下保管，简单机器放在露天或专门铺了坚固地面的场地上保管。机器露天保管时，从机器上按照一定的程序拆下所有露天不易保存的零部件（蓄电池、橡胶传动带、套筒滚子链等），放在机库和仓库内保管，同时在机器上涂防护剂。

第三节　拖拉机的技术保养

在机械正常使用期间，经过一定的时间间隔采取的检查、清洗、添加、调整、紧固、润滑和修复等技术性措施的总和称为技术保养，这个时间间隔就称为保养周期。把保养周期、保养周期的计量单位以及保养内容用条例的形式固定下来就叫做保养规程。每一种型号的拖拉机都有自己的保养规程，由制造企业制订并写在使用说明书中。

目前，技术保养大概可分为：每日保养（班次保养）、一级技术保养、二级技术保养、三级技术保养和换季保养。

一、每日保养

每日保养关系到作业安全，是必须进行的项目，一定不能忽视。随着使用时间的增加，一些配合件会摩擦磨损，甚至会造成一定损坏。因此，只是依靠每日的保养内容显然是不够的，这就需要定期增加一些检查、清洗和紧固等项目，以确保拖拉机的正常使用技术状态。

（一）出车前检查项目

（1）检查柴油、机油、冷却水、制动液和液压油是否加足、有无渗漏。

（2）检查轮胎气压是否足够，两侧轮胎气压是否一致。

（3）检查发动机启动后，在不同转速下是否工作正常。

（4）检查仪表、灯光、喇叭、刮雨器、指示灯、离合器、制动器、转向器等是否正常。

（5）检查各连接部分及紧固件有无松动现象。

（6）蓄电池接线柱是否清洁、接线是否紧固以及通气孔是否畅通。

（7）检查随车工具和附件是否齐全。

（二）途中检查项目

大约行驶2小时，应对拖拉机进行检查。主要项目包括：

（1）观察各仪表、发动机和底盘各部件的工作状态。

（2）停车检查轮毂、制动鼓、变速箱和后桥的温度是否正常。

（3）检查传动轴、轮胎、钢板弹簧、转向装置和制动装置的状态及紧固情况。

（4）检查装载物的状况。

（三）停车后保养项目

（1）清洁车辆。

（2）检查风扇传动带的松紧度，用大拇指按传动带中部，应能压下15～25mm。

（3）在冬季要放掉冷却水。

（4）切断电源。

（5）排除故障。

二、一级技术保养

一级技术保养是拖拉机每行驶2 000～2 500km时进行的保养，主要包括以下内容：

（1）完成每日保养的全部项目。

（2）清除空气滤清器的积尘，清洗柴油、机油滤清器和输油泵滤网，并更换新的机油。

（3）检查蓄电池内电解液的密度和液面高度，不足要及时补充。还要紧固导线接头，并在接头处涂上凡士林。

（4）除发电机及启动电机电刷和整流子上的污垢，检查启动电机开关的状态。

（5）检查汽缸盖和进、排气管有没有漏气现象。

（6）检查、紧固各电线接头，检查散热器及其软管的固定情况。

（7）检查方向盘自由行程、转向器间隙、手刹和脚制动器的蹄片间隙、制动总泵等是否正常。

（8）检查钢板弹簧有无断裂、错开，紧固螺栓、传动轴万向节连接部分是否完好；还要检查各部分的固定情况，并润滑全车各润滑点。

（9）更换发动机冷却水，检查变速箱、后桥的齿轮油油面，不充足时应及时补充。

三、二级技术保养

二级技术保养是拖拉机每行驶 8 000 ~ 10 000km 时进行的技术保养，主要包括以下内容：

（1）完成一级保养所规定的全部项目。

（2）检查汽缸压力，清除燃烧室的积炭。

（3）检查调整气门间隙。

（4）检查调整离合器分离杠杆与分离轴承的端面间隙。

（5）放掉制动分离泵中的脏油。

（6）用浓度为 25% 的盐酸溶液清洗柴油机冷却水道。

（7）检查调整轮毂轴承间隙，并加注润滑脂。

（8）拆下喷油器，检查其喷油压力及雾化质量。

（9）检查各处油封的密封情况。

（10）检查轮胎的胎面，并将全车车轮调换位置。

四、三级技术保养

三级技术保养是拖拉机每行驶 24 000～28 000 km 时进行的技术保养，主要包括以下内容：

（1）完成二级技术保养所规定的项目。

（2）检查调整连杆轴承和曲轴轴承的径向间隙以及曲轴的轴向间隙。

（3）清洗活塞和活塞环，并测量汽缸磨损情况，必要时更换新件。

（4）检查调整发动机调节器、大灯光束。

（5）拆检变速箱，检查各部分的磨损情况，看有无异常。

（6）拆检传动轴，弯曲超过 0.5 mm 应校正；检查万向节、前轴各转动部位、后桥等各部位有没有裂纹或破损，检查各齿轮啮合情况及磨损程度，检查并调整主传动的综合间隙。

（7）拆检钢板弹簧，除锈、整形并润滑。

（8）检查并润滑里程表软轴。

（9）拆下散热器，清除芯管间的杂物、油垢和内部的水垢。

（10）检查全部电气设备工作是否正常。

第四节　联合收割机的技术保养

一、联合收割机的日常保养

正确的维护保养是防止联合收割机出现故障，确保优质、高效、低耗、安全工作的重要条件，因此，必须及时、认真地按下述规定的内容对联合收割机进行维护保养

（一）班保养

发动机的班保养应按使用说明书进行，要注意以下方面：

（1）彻底检查和清理联合收割机各部分的缠草，以及颖糠、麦芒、碎茎秆等堵塞物，尤其应注意清理拨禾轮、切割器、喂入搅龙缠堵物、凹板前后所在脱谷室三角区、上下筛间两侧弱风流道堵塞物、发动机机座附近沉降物等，特别要清理变速器输入轮积泥（影响平衡）。

（2）检查发动机空气滤清器的盆式粗滤清器和主滤芯（纸质滤芯），以及散热器格子集尘情况。盆式粗滤清器在工作中还应视积尘程度随时清除，散热器格子视堵塞程度进行吹扫，必要时班内增加清理次数。

（3）检查、杜绝漏粮现象。

（4）检查各紧固件状况，包括各动力轴承座（特别是驱动桥左右半轴轴承座）紧定套螺母和固定螺栓、偏心套、发动机动力输出带轮、过桥主动轴输出带轮、摆环箱输入带轮、第一级变速轮栓轴开口销，行走轮固定螺栓、发动机机座固定螺栓状况。

（5）检查护刃器和动刀片有无磨损、损坏和松动，以及切割间隙情况。

（6）检查过桥输送链耙的张紧程度。

（7）检查"V"形带的张紧度。

（8）检查传动链张紧度，当用力拉动松边中部时，链条应有20~30mm 挠度。

（9）检查液压系统油箱油面高度，以及各接头有无漏油现象和各执行元件之间的工作情况。

（10）检查制动系统的可靠性，变速器两侧半轴是否窜动（若窜动行走时会有周期性碰撞声）。

（11）检查各电气元件接头是否连接可靠，检查电瓶电解液的液面高度，发现电解液不足时应及时添加。

（二）润滑

（1）为了延长机器的使用寿命和使用经济性，一切摩擦都需要及时、仔细地进行润滑。联合收割机说明书上一般均附有润滑图，必须严格按要求润滑。

（2）经常检查轴承的密封情况和工作温升，如因密封性能差导致工作温升高，应及时润滑和缩短相应的润滑周期。

（3）所有装在外部的传动链每天均应润滑，必须停车润滑，最好先将链上尘土清洗干净，然后用毛刷刷油润滑。

（4）液压油箱每周检查一次油面，每个作业季节完成后应清洗一次滤网，每年更换液压油。换油时应先将摘穗台及秸秆粉碎器落地，然后再将油放尽更换新油。

（5）润滑图规定了润滑周期，如作业量与实际情况不符，可按实际情况调整润滑周期。

（三）"V"形带的使用保养

为了延长"V"形带的使用寿命，在使用中应注意以下几个问题：

（1）装卸"V"形带时应将张紧轮固定螺栓松开，或将无级变速轮张紧螺栓和螺母松开，不得硬将传动带橇下或安上。必要时，可以转动带轮将"V"形带逐步盘下或盘上，但因"V"形带存在制造公差问题，不要太勉强进行拉扯，以免破坏"V"形带内部结构和拉坏轴。

（2）安装带轮时，同一回路中带轮轮槽对称中心面（对于无级变速轮，动轮应处于对称中心处）位置度公差值不大于中心距的0.3%（一般中心距较小时允许偏差2～3mm，中心距较大时允许偏差3～4mm）。

（3）要经常检查"V"形带的张紧情况，新"V"形带在刚使用的前两天易拉长，要及时检查调整。

（4）机器长期不使用，应放松"V"形带。

（5）"V"形带上不要沾上油污和油漆，沾有油污时应及时用肥皂水进行清洗。

（6）注意"V"形带工作温度不能过高，一般不超过 50 ~ 60℃（手能长时间接触）。

（7）"V"形带应以两侧面工作，如带底与带轮槽底接触摩擦，说明"V"形带或带轮已磨损，经检查后更换。

（8）经常清理带轮槽中的杂物，防止锈蚀，减少"V"形带的磨损。

（9）带轮转动时，不允许有过大的摆动现象，以免降低"V"形带寿命。如发现带轮摇摆转动时，要检查轴和带盘是否磨损发生变形，或安装歪斜，并要检查轴承是否磨损。

（10）带轮轮缘有缺口（铸件）或变形张口（冲压件）时，应及时修理更换。

（11）"V"形带应保存在阴凉干燥的地方，挂放时，应尽量避免打卷。

（四）链条的使用和保养

（1）在同一传动回路中的链轮应安装在同一平面上，其齿轮对称中心面位置度公差值不大于中心距的 0.2%（一般中心距为 1.2 ~ 2mm，较长的中心距为 1.8 ~ 2.5mm）。

（2）安装链条时，可将链端绕到链轮上，便于连接链节。连接链节应链条内侧向外穿，以便在外侧装连接板和锁紧紧固件。

（3）链条经使用伸长后，如张紧装置调整量不足，可拆去两个链节继续使用。如链条在工作中经常出现爬齿或跳齿现象，说明节距已增长到不能继续使用的程度，应及时更换新链条。

（4）拆卸链节冲打链条的销轴时，应轮流打链节的两个销轴，销轴头如已在使用中经撞击变毛时，应先磨去。冲打时，链节下应垫物，以免打弯链板。

（5）链条应按时润滑，以提高使用寿命，但润滑油必须加到销轴与套筒的配合面上。因此，应定期卸下进行润滑，润滑前先用煤油清洗干净，待晾干后浸入加热的机油或润滑脂中 30 分钟，冷却后取出链条，滴干多余的油并将表面擦净，以免在工作中粘附尘土，加速传动链的磨损。

（6）链轮轮齿磨损后可以反过来使用，但必须保证传动面安装精度。

（7）新旧链节不要在同一链中混用，以免因节距的误差而产生冲击，拉断传动链。

（8）磨损严重的链轮不可配用新链，以免因转动副节距差值大，使新链加速磨损。

（9）收割机存放时，应卸下传动链，清洗涂油装回原处，最好用纸包起来，垫放在干燥处。可将链在机油中浸泡一夜（链的清洗润滑是延长寿命的有效方法），清理后，涂抹油脂防止锈蚀。

（五）轮胎的使用和保养

（1）每天在联合收割机工作前，要按规定检查轮胎的气压。轮胎气压与规定不符时禁止工作，测试轮胎气压应在轮胎冷状态下。

（2）轮胎不准沾油污和油漆。

（3）每天工作后要检查收割机轮胎，特别要清理胎面内侧碾积的泥土（以免撞挤变速器输入"V"形带轮和半轴固定轴承密封圈），检查轮胎上有无杂物，如铁钉、玻璃、石块等。

（4）夏季作业因轮胎受高气温影响，气压易升高。

（5）当左右轮胎磨损不均匀时，可将左右轮胎对调使用。

（6）安装轮胎时，应放在干净地面进行。安装前，先把外胎的内面和内胎的外面清理干净，并撒上一薄层滑石粉，然后将充一半气的内胎装入轮胎内，要注意避免折叠。将气门嘴放入压条孔之后，再将压条放在外胎和内胎之间，装入轮辋内。为使胎边配合严密，可先将轮胎气压超注20%，然后降到规定气压值。

（7）收割机长期存放时，必须将轮胎架空。

二、联合收割机的定期保养

联合收割机定期保养的内容和要求见表。

表 联合收割机定期保养的内容和要求

内容		要求	
割台	拔禾轮	拔禾轮轴向间隙不大于5mm，径向间隙不大于2mm，一致，偏心滚轮全部与偏心环接触	
		拔禾器与切割器的距离一致，偏差不大于20mm。拔禾齿倾角调节范围不小于45°	
	切割器	刀片铆接牢固，铆钉不得突出刀片表面；定刀片应在同一水平面上，每五个相邻的定刀片平直度公差不大于0.5mm	
		护刃器梁的直线度公差为：水平面不大于4mm，垂直面不大于8mm	
		割刀形成符合要求，当处于左右极限位置是，动刀片中心线应与定刀片中心线重合，偏差不大于5mm（E512/514型联合收割机的动刀片中心线应超出定刀片中心线左右各5~7mm）	
		动刀片与定刀片重合时，前段应相互接触，后端有0.5~1mm间隙。允许前段有小于0.5mm的间隙，后端间隙不大于1.5mm，但其间隙不超过总数的1/3	
		压刃器与定刀片间间隙不大于0.5mm，切割器装好后，手轻推刀杆能左右移动	
		割刀驱动机构运转平稳，无冲击和杂音	
	割台搅拢	割台螺旋输送器转动灵活，与底板间隙为5~25mm（具体值应视收获的作物而定），与割台两端侧板间隙相等。伸缩扒指运动灵活，动作一致，扒指应伸出螺旋叶片40~50mm，与底板间隙不小于6mm，与齿套间隙不大于3mm	
		刚性割台离地间隙应一致，其偏差不大于10mm	
	倾斜输送器	倾斜输送器无扭曲变形，保持割台呈水平状态，外壳无裂纹和漏洞。它与收割机连接处应严密，间隙不大于2mm，并能上下浮动	
		链耙张紧度符合技术要求，一般有一根耙板与底板轻轻接触。若用手从链耙中部提起，其高度以20~35mm为合适，若调至极限位置时，用手提起超过40mm，则应拆去一个链节	
	纹杆式滚筒	纹杆无变形和裂纹，齿纹高度不小于最初高度的2/3时，允许脱粒麦类作物；齿纹高度小于最初高度的2/3而大于1/2时，允许脱粒豆类等大粒作物	滚洞转动平稳灵活，轴向窜动量不大于0.4mm，径向圆跳动量不大于1.5mm
		换装新纹杆要成组更换。换装旧纹杆应进行选配，要求磨损量相近，每根质量差不超过50g	
	钉齿式滚筒	钉齿工作边缘磨损不超过4.5mm，安装端正、牢固，用榔头敲击时发出清脆响声；滚筒间隙调到最小时，滚筒和凹板的钉齿不碰撞	

（续表）

内容	要求
分离装置	逐稿轮转动灵活，壳体与两侧壁间隙一致，偏差不大于 5mm
	键式逐稿器筛面无变形，筛齿角度一致，筛体无裂纹，底板平滑，封闭严密
	键式逐稿器与曲轴连接可靠，轴向窜动量不大于 1.5mm，各逐稿器之间及与两侧壁之间距离相等，偏差不大于 5mm
	键式逐稿器用手能灵活转动，无卡滞、摩擦现象。工作中运转平稳，运转 5 分钟后轴瓦不得发烫
	键式逐稿器上方挡帘完整无损
清选装置	筛架对角线长度差不大于 5mm，相对应的吊杆长度应一致，相差不超过 2mm
	鱼鳞筛开度调整灵活，闭合时必须严密，局部间隙不大于 3mm
	承种盘无变形及裂纹，工作表面清洁无锈蚀，与两侧壁间隙一致。相差不大于 5mm，胶质密封带完好无损，封闭严密
	风扇壳体和叶板无变形和裂纹，不相互碰撞，转动灵活，导风板和风量调节机构调整灵活可靠
	推运器壳体无变形、裂纹及漏洞，底部折页活门封闭严密，螺旋叶片工作表面光滑无毛刺，与壳体间隙为 10～15mm
	颗粒和杂余升运器壳体无变形、裂纹及漏洞，上下盖板封闭严密，升运链张紧度适宜，用手提拉链与漏板相距 15～20mm，或用手扳动刮板可倾斜 30°
	粮箱壳体安装牢固，无裂纹和漏洞
传动系统	同一回路的带轮或链轮应在同一平面内，允许偏差：带轮不大于 3mm，链轮不大于 2mm；带轮、链轮外缘端面圆跳动公差不大于 2mm
	带无油污和损伤，两条以上带传动机构中，有一条传动带损坏时，应全部更换
	带和链的张紧度调整适宜带温升不超过 30℃
	无级变速器主、从动轮的技术状态完好，从动轮能作自由的轴向运动，实现平稳柔和变速

（续表）

内容		要求
行走系统		行走离合器分离彻底，结合平稳，无打滑现象
		变速器运转时不得有不正常的响声和过热，挂挡顺利，锁定可靠。不得有自动脱挡、跳挡和同时挂双挡的现象
		制动踏板行程和工作行程符合规定要求，制动灵敏可靠。冷制动速度不小于 3m/s
		导向轮前束符合规定要求，轮胎充气压力符合要求
液压系统		液压系统工作正常，能灵活可靠地实现转速和位置的调节；各油管接头和工作部件无泄漏，工作压力、工作温升正常
发动机		发动机技术状态正常。功率不低于额定功率的85%；在环境温度不低于补内容的条件下，能顺利启动；不漏油、不漏气、不漏水、不漏电、无异响
		气门间隙符合发动机使用说明书的要求
		检查喷油器是否雾化不良，是否有滴油现象，喷油器体是否有裂纹，压力弹簧压缩力是否足够等问题
其他	外观	整机外壳完好，无变形和破损，保持外观整洁
	调节机构	各调节机构应保证操作方便，调节灵活、可靠，各部件调节范围应达到规定的极限值
	电器设备	电器设备齐全。发电机、电动机、蓄电池工作正常，仪表指示准确清晰，照明设备、喇叭及信号指示设备、监控设备工作可靠。

第五节 水稻插秧机的维护保养

插秧机正常的维护保养是保证插秧机能正常工作，延长插秧机使用寿命，如期完成插秧工作的基础保障。

一、插秧机当天作业后的保养

（1）作业后，应用水冲洗，车轮等转动部件如有杂物应予以清除，而后将水分擦干，容易生锈的地方涂上油。

（2）及时进行各部位的检查，发现问题立即解决。

（3）加注或补充燃油和润滑油。

二、插秧机长期不用时保管保养

插秧机长期不用时应进行详细的机械检查。

（1）发动机在中速运转状态下，用水清洗，应完全清除污物。清洗后不要立即停止运转，而要继续转 2 ~ 3 分钟（这时注意以免水进入空气滤清器内）。

（2）各注油处充分注油。

（3）各指定机油更换处更换新机油；发动机新机油的更换在热机运转结束后进行为好。

（4）应完全放出燃油箱及汽化器内的汽油。

（5）为了防止气缸内壁和气门生锈，往火花塞孔灌入新机油 20mL 左右后，将启动器拉动 10 转左右。

（6）缓慢地拉动反冲式启动器，并在有压缩感觉位置停止下来。

（7）需对插植部件抹油，以免生锈。

（8）为了延长插植臂的压出弹簧的寿命，插植叉应放在最下面位置（压出苗的状态）时保管。

（9）主离合器手柄和插植臂离合器手柄为"断开"、液压手柄为"下降"、燃油旋塞为"OFF"状态下保管。

（10）由于齿轮箱油是兼用于液压工作油，所以保管时，特别注意防止灰尘等混入。

（11）清洗干净插秧机后罩上遮布，应存放在灰尘、潮气少，无直射阳光的场所。防止与肥料等物接触。

（12）确认零配件和工具后，与插秧机一起保管。

第四章　农业机械常见故障与排除

第一节　拖拉机常见故障与排除

一、发动机功率下降的原因及排除方法

1. 表现：拖拉机工作没劲、发动机工作冒烟（蓝烟或黑烟）、易过热，稍有超负荷极易熄火。行驶速度降低。

2. 原因：造成功率下降的原因可归纳为 3 个方面：

（1）没有认真执行技术保养规程，造成空气滤清器堵塞，进气不畅；柴油滤清器或油管堵塞，供油不足；排气管路阻塞，排气阻力过大，废弃残留量过大，导致功率下降。只要按规程要求及时进行技术保养就能避免此类故障的出现。

（2）装配调整不正确。具体表现为：气门间隙过大、过小或封闭不严；喷油泵凸轮轴供油开始角或发动机曲轴供油提前角过早或过晚；喷油器工作不正常，雾化质量、密封性不好；调速器开始起作用（Ⅱ号泵称作用点）转速过低；喷油泵回油阀限制压力过低或接触不严等都会造成发动机功率下降。通过正确的调整故障就可排除。

（3）发动机经过长期工作缸筒活塞磨损超限；高压油泵柱塞偶件磨损超限，造成供油量不足等。遇到这种情况，一般要进专业场所修理。

二、发动机排气冒异烟的原因及排除方法

发动机排气冒异烟是技术状态不好的一种表现。如继续使用，

必将导致压缩系统相关零部件的快速磨损，耗油量增加，马力不足，动力性能和经济性能下降，应立即停车排除。

发动机排气冒烟颜色可分为黑色、白色和蓝色 3 种。一是通过仔细观察准确认定排气颜色；二是注意排气冒烟过程中是否伴有杂音及杂音出现的部位；三是注意观察烟是连续的还是间断的，是突发还是逐渐发展的；四是注意曲轴箱通气孔是否也有烟排出，是多还是少；五是注意燃油耗量是否增加，机油压力是否有变化等。必要时可查阅一下技术档案、修理档案和工作日记等，只有全面了解情况，才能准确判断故障原因。

1. 冒黑烟：发动机冒黑烟是由于燃油燃烧不完全，产生的自由碳由排气管排出而引起的。究其原因，主要由燃油供给系统、空气供给系统和发动机压缩系统的技术状态不良造成。

（1）燃油供给系统的故障主要原因：第一，调整不当，供油量大于标准供油量，油、气比例失调，燃烧不完全，排气管冒黑烟不但连续而且均匀。这种情况新修发动机在马力试验台上就表现出来。第二，由于调整不当或个别缸柱塞调节拉杆接头与油泵拉杆产生相对位置移动时，个别缸供油量偏大，此缸出现燃烧不完全，这时排气冒黑烟是间断的、有规律的，断缸检查时，冒烟消除。第三，喷油嘴雾化质量不好，喷油锥角不正确，燃烧不完全，排气冒黑烟。若是个别缸喷油嘴喷油雾化质量不好，燃烧不完全造成的排气冒黑烟是间断的、有规律的，若各缸油嘴喷油雾化质量都不好，锥角不正确，则所冒黑烟是连续的。造成雾化质量不好的原因主要由喷油嘴调压弹簧弹力减弱或折断造成。第四，供油提前角不正确（稍偏小），燃油燃烧时间缩短，燃烧不完全，排气冒黑烟。

（2）空气供给系统故障原因是：第一，空气滤清器缺乏保养堵塞或通气管道不畅，进气不足，燃烧不完全，排气冒黑烟。第二，配气机构的故障造成发动机充气不足、废气排不净、燃烧不完全冒黑烟。故障表现为气门间隙大；气门弹簧烧坏、弹力不足、气门烧损和气门被积炭等杂物垫起导致关闭不严等。

（3）发动机超负荷，排气管冒黑烟原因是：负荷恢复正常后，黑烟消失。这不是故障，属使用不当。驾驶员操作机器时应合理使用挡位，尽可能避免机器超负荷工作。

2. 冒白烟：喷入汽缸的燃烧油没燃烧；柴油中含水分较多或冷却水漏入汽缸；油路中有空气等排气管都会冒白烟，造成这一现象的原因有以下几点：

（1）发动机温度低，燃油得不到完全燃烧，没燃烧的燃油呈雾状由排气管排出。

（2）缸垫烧损，冷却水进入汽缸，在高温高压作用下，水呈雾状由排气管排出。

（3）供油时间太晚，燃油不能在工作行程中全部燃烧，没燃烧的燃油呈雾状随废气一同排出，呈白烟。油门越大越明显。如是单缸供油过晚（随动柱调整螺钉退扣），这时排气管冒白烟是间断的、有节奏的冒，并伴有粗暴的"砰、砰"声，断缸检查时，白烟消失；如单缸供油晚到活塞下行时，喷入汽缸的燃油不燃烧全部由排气管排出，并伴有发动机着火"缺腿"，马力下降。

（4）喷油嘴后滴、喷油嘴针阀在打开位置卡住或喷油嘴压力弹簧折断等，使进入汽缸的燃油不仅不雾化，而且供油量也增大，燃油不能全部燃烧，大部分由排气管排出。

（5）柱塞副磨损（或质量低劣），密封性不好，喷油时间滞后，部分燃油没燃烧被排气管排出。

（6）燃油质量不好，自燃点及闪点高，燃烧时间落后，燃烧速度慢，不能完全燃烧。

（7）配气机构故障：单缸进气门间隙过大；摇臂、推杆、气门调整螺栓折断等，使进气门不能打开，燃烧室没有空气，燃油不能燃烧，着火"缺腿"，启动困难；个别气门没有间隙，气门不能关闭，燃油也不能燃烧出现"缺腿"。

（8）喷油嘴装配不紧漏气，汽缸压力不足部分燃油不能燃烧，由排气管排出。

（9）由于润滑不良，气门在打开的位置卡住，使汽缸压缩不足，燃油不能燃烧造成"缺腿"。

3. 冒蓝烟：发动机烧机油排气管冒蓝烟。出现这一故障原因如下：

（1）压缩系统缸筒锥度、椭圆度超限；缸筒与活塞间隙太大；活塞环开口间隙、边间隙超限；活塞环开口重合"对口"；活塞环被积炭胶住，弹性消失；扭转环或锥度环安装位置及方向不正确。

（2）缸筒有较深的纵向拉伤。

（3）气门与气门导管间隙过大。

（4）空气滤清器油盆中机油油面过高。

（5）油底壳机油油面过高。

（6）新车或大修后的发动机没有严格按磨合规范进行磨合。

（7）燃油质量低劣，含有较多废机油。

第二节　联合收割机常见故障及排除

一、造成谷物联合收割机常见故障的原因

造成联合收割机常见故障的原因，归纳起来，主要表现为四个方面：

（1）机器零部件的正常磨损造成故障。

（2）事故性故障。

（3）维修、安装调整不正确造成的故障。

（4）作业中使用、调整不当造成的故障。

作业中故障的表现形式有两种：一种是故障造成停机，不能继续作业，必须立即排除故障，才能进行作业；另一种"故障"不造成停机，机器仍然可以继续进行作业，故障表现为作业质量完全达不到农业技术要求，如脱粒不净、分离不彻底、清选不净等，大量籽粒排出机外，丰产不丰收。出现这种故障的主要原因，是作

业中使用调整不当和维修不规范，安装调整不正确造成的。

除正常磨损损坏造成故障外，其他原因引起的故障，只要驾驶员在工作中严格执行联合收割机使用操作规程，认真做好技术维护保养和作业中随作业环境的变化随时调整工作部件的技术状态是完全可以避免的。

熟悉机器的构造、零部件的作用和工作原理是排除故障的基础。故障分析和排除应采取先易后难、先外后内、先简后繁、先头后尾、先低压后高压的方法。避免盲目乱拆乱卸。

二、联合收割机械常见故障及其排除

（一）收割台常见故障及其排除

不同类型的联合收割机其割台常见故障大同小异。

1. 割台前部堆积谷物。

（1）割台推运器与其底面的间隙太大推运器叶片抓不住谷物，不能及时推进，造成谷物堆积。排除方法是将推运器向下调整减小间隙。

（2）拨禾轮转速太低向推运器推送谷物的能力过低，谷物不能及时被推运器推送抓取。排除方法是适当提高拨禾轮转速。

（3）拨禾轮位置太高、太偏前谷物被割后，过早脱离了拨禾轮的推送作用，倒在割台前方，不能及时被推运器抓取而形成堆积。排除方法是将拨禾轮下降并向后移。

（4）割下的谷物短而稀少谷物层薄，推运器无法抓取。排除方法是提高机器的前进速度或降低割茬高度。

2. 拨禾轮打落籽粒太多（损失较大）。

（1）拨禾轮转速太高对禾秆的冲击力太大，造成落粒。排除方法是降低转速。

（2）拨禾轮的位置太高打击穗头造成落粒。排除方法是降低拨禾轮的高度。

（3）拨禾轮的位置太靠前谷物在被切割前受到拨板或弹齿的

重复打击而造成落粒。排除方法是将拨禾轮后移。

3. 拨禾轮挑带禾秆。

（1）拨禾轮位置太低使拨板和弹齿打在谷物的重心之下，造成挑带禾秆。排除方法是升高拨禾轮。

（2）拨禾轮的位置太偏后使弹齿与割台推运器叶片的距离过小而引起挑带禾秆。排除方法是将拨禾轮适当前移。

（3）拨禾轮弹齿后倾角度太大造成回带。排除方法是调整弹齿角度，减小向后倾斜的角度。

4. 谷物向前倾倒。

（1）机器前进速度太高使拨禾轮前推谷物。排除方法是降低机器的速度。

（2）拨禾轮的转速太低使谷物向前冲倒。排除方法是提高拨禾轮的转速。

（3）切割器壅土或间隙太大谷物不能被顺利切割而向前推倒。排除方法是停车清理切割器，调整切割间隙。

（4）割刀驱动机构出现故障使割刀停止运转排除方法是立即停车检修。

5. 割台推运器堵塞。

（1）推运器与割台底面的间隙太小挤压谷物以致堵塞。排除方法是将间隙调大。

（2）谷物层厚密、喂入过多而造成堵塞。排除方法是降低机器前进速度或适当提高割茬高度、减小割幅。

6. 漏割。

（1）切割器技术状态不良如刀片刃口钝、有缺口，护刃器损坏等和装配调整不当都会造成漏割。排除方法是作业前应按技术要求认真检修、调整。

（2）谷物倒伏、拨禾轮调整不当或机器运行方向不对而造成漏割。排除方法是：收割倒伏谷物时，应根据谷物倒伏的程度和方向调整拨禾轮的前后、高低位置和弹齿的倾角，根据倒伏方向合理选择机器运行方向。实践证明，当小麦向机器前进方向的右侧倒伏，且倒伏方向与前进方向呈45°时；或机器前进方向与小麦倒伏方向相反（即逆割）时，漏割损失相对较小。

（3）作业中因停车而重新起步时切割速度低，推倒谷物，出现漏割。排除方法是先倒车，使切割器退出禾丛，待切割器速度稳定后再前进吃刀。

（4）拨禾轮的速度和机器前进速度的比值太低不仅不起拦禾作用，反而向前推禾，禾秆被切割器推倒而造成漏割。排除方法是提高拨禾轮的转速或适当降低机器的前进速度。

7. 割刀咀塞。

（1）遇到石头、木棍、钢丝等障碍物立即停车并关闭发动机，清除障碍物。

（2）割刀间隙过大、塞草，正确调整割刀间隙，防止塞草。

（3）刀片或护刃器损坏应及时更换。

（4）动刀片与定刀片配合位置不"对中"，正确进行"对中"调整。

（5）杂草过多、小麦潮湿，割茬过低也会造成割刀堵塞。排除方法是适当提高割茬高度。

8. 谷物被架在割台推运器上喂入不畅。

（1）机器前进速度太快作物太多，来不及喂入。排除方法是适当降低机器前进速度。

（2）偏心伸缩扒指伸出的最长位置偏低。排除方法是将扒指伸出的最长位置调整到推运器的前上方。

（3）拨禾轮离割台推运器太远，位置偏前。排除方法是向后调整拨禾轮。

（二）脱粒部分常见故障及其排除

1. 滚筒堵塞。

（1）谷物潮湿，喂入量太大，最好缓期收割，或降低机器的前进速度。

（2）滚筒转速太低，谷物在脱粒间隙内停留的时间过长而引起堵塞。排除故障时，应先将发动机关闭，将脱粒间隙调到最大，把堵塞物掏净后，将滚筒转速适当调高。

（3）脱粒间隙过小也是引起堵塞的原因，应当适当调大间隙。

（4）分离机构排料不畅导致逐稿轮返草也会引起滚筒堵塞。应调高逐杆器的挡帘，使其易于排料。

2. 脱粒不净。

（1）滚筒转速太低，冲击力小，应适当调高转速。

（2）脱粒间隙太大对被脱物的揉搓和梳刷作用降低。应将间隙调小。

（3）喂入量过大或喂入不均匀，应降低机器的前进速度，改善喂入状况。

（4）脱粒元件严重磨损或变形，应更换和修理。

（5）被脱物过分潮湿、难脱，应暂缓收割。

3. 谷粒破碎太多。

（1）滚筒转速太高，应降低转速。

（2）脱粒间隙太小，应适当调大间隙。

（3）喂入量过大，应适当减小机器前进速度，以减小喂入量。

4. 滚筒转动不平稳，或有异常响声。

（1）脱粒装置内有堆积物，应停机清除。

（2）螺纹紧固件松动或脱落，应停机检修。

（3）滚筒失去平衡应重新平衡。

（三）分离和清选部分常见故障及其排除

1. 排草中夹带籽粒偏多。

（1）发动机未达到额定转速或联组带、脱谷带未张紧。检查油门是否到位，张紧联组带、脱谷带。

（2）板齿滚筒转速过低或栅格凹板前后"死区"堵塞，分离面积减小。排除方法是提高板齿滚筒转速；清理栅格凹板前后"死区"堵塞。

（3）喂入量偏大，排除方法是降低机器前进速度或提高割茬高度；减小喂入量。

2. 排出机外的颖糠中籽粒过多。

（1）筛片开度过小筛孔堵塞，气流难于通过，造成筛面上堆积物过多，将籽粒裹带推逐出机外。应将风量适当调大，气流吹到堆积物最多处；同时，清除筛孔堵塞物，适当把筛孔开度调大。

（2）风量太大将籽粒同颖糠一起吹出。应适当减小风量。

（3）筛子的摆幅和频率不符合要求过大时籽粒没有来得及分离出来就被推逐出机外，而过小时则推送能力下降造成堆积，被清物层加厚，也会把籽粒裹带出机外。排除方法是应检查驱动皮带轮的工作半径是否正确，皮带的松紧度是否合适，连杆在曲柄上的铰连位置是否因紧固件松动而发生改变。

（4）喂入量太大，碎茎秆过多，使筛子的负荷过大这时应适当降低机器的前进速度，适当调大脱粒间隙、调低脱粒速度。

（5）收割的作物成熟度太低、湿度太大和夹杂的青杂草太多这时应等到适收期收割；对于过多的杂草，可通过适当提高割茬高度、减少杂草的进入量来解决。

3. 粮箱里的籽粒不干净。

（1）筛片开度太大应减小开度。

（2）风量太小或风向不合适未能将轻杂物吹出。排除方法是加大风量，把气流的吹出方向调整正确。

（3）喂入量太大、碎茎秆太多导致筛子的负荷过重。适当降低机器的前进速度或适当提高割茬高度，同时正确地调整脱粒速度和脱粒间隙。

（4）由于机器倾斜造成喂入的不均匀和被清物层的分布不均检查阶梯抖动板上的纵向隔条是否有缺损；有的清选筛上设置了纵向隔条，以防被清物滑向一侧，检查其是否有丢失缺损现象，有则给予修理。

4. 杂余中颖糠和碎茎秆过多。

（1）风量太小，排除方法是应提高风扇的转速或加大进风口，增大风量。

（2）尾筛的开度太大，排除方法是应适当减小开度。

（3）尾筛后段抬得过高使杂余内的颖糠和碎茎秆增多。排除方法是适当降低尾筛的后段。

5. 复脱器堵塞。

（1）安全离合器预紧扭矩过小，排除方法是应停机清除堵塞物后，将安全离合器的预紧扭矩调整为规定值。

（2）传动皮带打滑，排除方法是应将其按要求张紧。

（3）作物过于干燥，进入复脱器内的杂余过多，排除方法是应适当减小尾筛的开度，加大其他筛的开度，加大风扇的风量，适当降低滚筒的转速。

（四）机械传动输送系统常见故障及其排除

1. 行走离合器打滑。

（1）分离杠杆不在同一平面，排除方法是调整分离杠杆螺母。

（2）变速箱加油过多，摩擦片进油，排除方法是将摩擦片拆下清洗，检查变速箱油面高度。

（3）摩擦片磨损偏大，弹簧压力降低，或摩擦片铆钉松脱，排除方法是修理或更换摩擦片，换用长度尺寸公差范围内的弹簧。

2. 行走离合器分离不清。

（1）分离杠杆与分离轴承之间自由间隙偏大，主、被动盘不能彻底分离，排除方法是调整分离杠杆与分离轴承之间自由间隙。

（2）分离杠杆与分离轴承之间自由间隙不等，主、被动盘不能彻底分离，排除方法是检查调整 3 个分离杠杆与分离轴承之间的自由间隙，并进行调整。

（3）分离轴承损坏排除方法是更换分离轴承。

3. 挂挡困难或掉挡。

（1）离合器分离不彻底，排除方法是及时调整。

（2）小制动器制动间隙偏大，排除方法是及时调整小制动器间隙。

（3）工作齿轮啮合不到位，排除方法是调整滑动轴挂挡位置（调整换挡推拉软轴调整螺母）。

（4）换挡轴锁定机构不能定位，排除方法是调整锁定机构弹簧预紧力。

（5）推拉软轴拉长，排除方法是调整推拉软轴调整螺母。

4. 变速箱工作有响声。

（1）齿轮严重磨损，排除方法是更换齿轮副。

（2）轴承损坏，排除方法是更换轴承。

（3）润滑油油面高度不足或型号不对，排除方法是检查油面高度或润滑油型号。

5. 变速范围达不到。

（1）变速油缸工作行程达不到，系统内泄，排除方法是送工厂检查修理。

（2）变速油缸工作时不能定位，系统内泄，排除方法是送工厂检查修理。

（3）动盘滑动副缸卡死，排除方法是及时润滑。

（4）行走无级变速带拉长打滑，排除方法是调整无级变速带张紧度。

6. 最终传动齿轮时有异声。

（1）边减半轴窜动，排除方法是检查边减半轴固定轴承和轮轴固定螺钉。

（2）轴承未注油或进泥损坏，排除方法是更换轴承，清洗边减齿轮。

（3）轴承座螺栓和紧定套未锁紧，排除方法是拧紧螺栓和紧定套。

7. 刮板升运器堵塞。

（1）刮板输送链过松，排除方法是应在排除堵塞之后将刮板输送链适当调紧。

（2）转速太低，排除方法是应检查调整，保证正常转速。

（3）卸粮不及时，粮箱过满，使出粮口堵塞引起升运器堵塞，排除方法是及时卸粮。

（4）传动胶带打滑，排除方法是应适当将传动带调紧。

（5）籽粒推运器中堵塞的籽粒未清除，排除方法是应在清理升运器堵塞籽粒的同时，把籽粒推运器底壳上的盖打开，将积存的籽粒清除干净。

8. 籽粒或杂余推运器堵塞。

（1）安全离合器过松，排除方法是应停机排除堵塞，按前述要求调整离合器。

（2）传动皮带或传动链条过松，排除方法是应按前述要求张紧皮带或链条。

（3）推运器内的积物太多，排除方法是应给予清理。

9. 卸粮推运器堵塞。

（1）籽粒潮湿多汁、成熟度低，排除方法是应等到作物成熟干燥后再收割。

（2）清粮不干净含有过多的茎秆，在接口处或万向节处将搅龙塞住。排除方法是应通过调整筛子的开度、减少进入筛面的茎秆量来解决。

（五）液压系统常见故障及其排除

1. 收割台、拨禾轮不能升降或升降缓慢。

（1）与分配阀串联使用的阀（如东风—5 型联合收割机无级变速的操纵阀）不能回位，一般是扭轴或扭簧被卡，排除方法是修整并拨回手柄即可。

（2）滤清器被脏物堵住，排除方法是清洗滤清器或油管进口接头处的滤网。

（3）油管被压折或漏油，排除方法是矫正、焊补或更换。

（4）油泵泄漏或传动不可靠，排除方法是检查调整。

2. 液压系统各油缸接通分流阀时不工作。

（1）油箱内油位过低，应加油。

（2）油泵不泵油，排除方法是检查调理油泵。

（3）滤清器被脏物堵塞，排除方法是清洗滤芯和滤网。

3. 收割台、拨禾轮升降不平稳和拨禾轮转速不稳定。

（1）油路中进入空气，排除方法是松开油缸接头，排除空气。

（2）分流阀杆与壳体的间隙增大，排除方法是换阀。

4. 油箱内有大量气泡油。

箱内进入空气或水，应首先，排除空气，然后拧紧吸油管卡箍。当油泵油封损坏或磨损时，应更换。有水时，在全液压系统清洗后换用新油。

5. 油泵运转时噪声很大。

（1）油箱中油面过低，应将油加到要求的液面高度。

（2）吸油路不畅通，有阻塞物应清除不畅通因素。

（3）吸油路密封不严，吸入空气将进气处密封好。

（六）电气系统常见故障及其排除

1. 接通电源后启动机不转。

（1）蓄电池（电瓶）存电不足，检测后充电或换蓄电池。

（2）导线接触不良或松动，用砂纸擦净蓄电池卡子和蓄电池桩（接线柱），安装时涂上凡士林，并将导线的连接点拧紧。

（3）起动机的内部线圈短路或搭铁，用万用表检测后拆开修理。

（4）起动开关烧损或调整不当，拆开修磨、调整或更换。

（5）电磁开关触点烧损，接触不上，拆开修磨处理，调整间隙。

（6）整流子表面严重烧蚀，用车床车光或用砂纸磨光整流子表面，使之能正常接触导电。

（7）电刷过度磨损或弹簧软电刷接触不良，应研磨电刷改善接触面或更换。

2. 起动机运转无力。

（1）蓄电池存电不足，导线接触不良，充电或更换蓄电池，清理导线连接处的脏污并紧固导线。

（2）电刷磨损过多或电刷弹簧压力不足造成电刷接触不良，用砂纸研磨电刷改善接触面或更换电刷。

（3）起动开关触点或电磁开关触点烧损，接触不良，导电不足，应拆开修磨清理，调整间隙。

（4）整流子表面有油污或进入尘土，排除方法是清除。

（5）电枢轴套过度磨损引起电枢摩擦磁极（扫膛），排除方法是修理或更换轴套等。

3. 发电机不能充电或充电不足。

（1）故障原因接线断开，线与线之间短路，电流表接线不对，都会出现不充电现象。

（2）排除方法：①逐段逐部位检查和用万用表测量，进行修理或更换。②检查发电机传动带的张紧度，电枢或激磁线圈是否断路（线圈不通）、短路（线圈电阻小）、搭铁（线圈与机壳导通）；整流二极管是否击穿或断线等。找出原因后做相应的修理或更换。③检查调压器接线柱的连接情况，内部是否断路或短路或触头烧焦，电压是否调得过低等。

4. 充电电流过大。

（1）电枢导线与磁场导线之间短路（相通）检查修理，进行绝缘处理。

（2）蓄电池内部短路用电压表测量蓄电池电压，若电压降得很多，要更换电瓶。

（3）检查调节器若电压过高、调节器搭铁不良、触头失灵、电压线圈或电阻断线等都会使充电过大，做相应修理或更换。

5. 发电机有不正常响声。

发电机有不正常响声其原因可能是轴承过度磨损，电枢线圈或整流管短路。修复或更换。

第三节　水稻插秧机常见故障及排除

一、发动机故障

插秧机用的四冲程汽油发动机。它是整个插秧机的心脏。其主要故障表现如下。

（一）发动机启动后熄火

发动机曲轴箱子发出"咔咔"声响，发动机启动时阻力大，启动后不久即熄火。

故障判断：连杆溅油匙折断，连杆大端磨损。故障原因：

（1）连杆溅油匙材质不好，强度不够。

（2）连杆轴瓦装配不好；或由于溅油匙折断，造成润滑不足造成的。连杆溅油匙是发动机曲轴箱内连接在活塞连杆上的像勺匙一样的金属片。它随着连杆的运动而不停地搅动曲轴箱内的机油，使机油分布到曲轴箱各个部位，润滑运动组件。连杆溅油匙折断后，造成曲轴箱各个部件工作不良，阻力加大，连杆轴瓦磨损，最后造成发动机熄火。

解决方法：拆下发动机，放出发动机曲轴箱内的机油。打开曲轴箱盖，更换连杆溅油匙，如连杆轴瓦磨损严重也要更换。

（二）发动机启动困难

发动机启动困难、转速提高不了、排浓烟以及无怠速。故障判断：汽化器堵塞、怠速孔未调好。故障原因：汽油不干净；汽化器调整不到位；汽化器清洗不干净；插秧机长期不工作时，汽油没有放净。

汽化器是发动机一个关键部件，它将燃油和空气混合形成可燃混合气，提供给燃烧室燃烧。汽油是通过针阀进入浮子室，再由喷油管喷到混合室。因汽化器中油路很细，极易造成堵塞，尤其是喷油管。

解决办法：松开风门、油门拉线，拆下汽化器；卸下浮子室、浮阀；清理喷油管及各油孔、油路。如无怠速，则调整怠速螺丝，将其拧紧再回 1/2 圈。

（三）发动机不熄火，大灯不亮

1. 故障现象：当插秧机在田间作业结束后，或其他原因需发动机熄火，当拨动点火开关至停止位置时，发动机不熄火，再将点火开关拨至大灯位置时，大灯不亮。

2. 故障分析：首先，分析发动机是如何点火、熄火：当点火开关拨至运转位置时，拉动启动器，磁电机产生电流通过点火开关送到火花塞，产生电火花，发动机启动；当点火开关拨至停止位置时，磁电机产生的电流通过点火开关传到搭铁线接地，这时，无电流到火花塞，发动机熄火。发生上述故障的主要原因是发动机缸头上的固定搭铁线的螺丝因颠簸或其他原因掉了，导致发动机熄不了火，并且造成断路，大灯不亮。

3. 解决方法：用固定螺丝固定搭铁线。

二、插秧机原地兜圈，不行走

（一）故障现象

一用户在插秧时遇到插秧机一侧轮子转，另一侧轮子不转，插秧机不前进，在原地兜圈。

（二）故障分析

首先，分析可能是左右离合器有一个坏了，经检查，离合器工作正常。再经过仔细反复检查，原来是将轮子固定在驱动轴上的两个固定销子全掉了，原因可能是扭力过大，使销子折断，或可能是固定销子的开口销掉了，从而使销子滑落。

（三）解决方法

用工作包内备用销子固定。

三、插秧机启动后，插植部不工作

（一）故障现象

启动插秧机，连接上所有手柄，准备插秧时，插植部不工作。

（二）故障分析

（1）插植离合器拉线调整不当。

（2）插植离合器凸轮，因毛刺被卡住。

（3）穴距调节手柄未挂上挡。

（三）解决方法

（1）按要求调整插植离合器拉线。

（2）修去插植输入轴上键槽内的毛刺。

（3）将株距调节手柄挂上挡，必要时，调紧变速箱体上方的拨叉限位螺钉，以免工作中因振动滑挡。

在插秧机出现的故障问题中，经常有一些故障乍看上去挺棘手的，但只需搞清它的工作原理，进行相关的调整即可解决。

附件一　中华人民共和国
农业行业标准

ICS 65.020.01
B 00

NY

中华人民共和国农业业行业标准

NY/T 391—2013

代替 NY/T 391—2000

绿色食品　产地环境质量

Green food—Environmental quality for production area

2013 - 12 - 13 发布　　　　　　2014 - 04 - 01 实施

中华人民共和国农业部　发布

前　言

本标准按照 GB/T 1.1—2009 给出的规则起草。

标准代替 NY/T 391—2000《绿色食品　产地环境技术条件》，与 NY/T 391—2000 相比，除编辑性修改外主要技术变化如下：

——修改了标准中英文名称；

——修改了标准适用范围；

——增加了生态环境要求；

——删除了空气质量中氮氧化物项目，增加了二氧化氮项目；

——增加了农田灌溉水中化学需氧量，石油类项目；

——增加了渔业水质淡水和海水分类，删除了悬浮物项目，增加了活性磷酸盐项目，修订了 pH 项目；

——增加了加工用水水质、食用盐原料水质要求；

——增加了食用菌栽培基质质量要求；

——增加了土壤肥力要求；

——删除了附录 A。

本标准由农业部农产品质量安全监管局提出。

本标准由中国绿色食品发展中心归口。

本标准起草单位：中国科学院沈阳应用生态研究所、中国绿色食品发展中心。

本标准主要起草人：王莹、王颜红、李国琛、李显军、宫凤影、崔杰华、王瑜、张红。

本标准的历次版本发布情况为：

——NY/T 391—2000。

引　言

　　绿色食品指产自优良生态环境、按照绿色食品标准生产、实行全程质量控制并获得绿色食品标志使用权的安全、优质食用农产品及相关产品。发展绿色食品，要遵循自然规律和生态学原理，在保证农产品安全、生态安全和资源安全的前提下，合理利用农业资源，实现生态平衡、资源利用和可持续发展的长远目标。

　　产地环境是绿色食品生产的基本条件，NY/T 391—2000 对绿色食品产地环境的空气、水、土壤等制定了明确要求，为绿色食品产地环境的选择和持续利用发挥了重要指导作用，近几年，随着生态环境的变化，环境污染重点有所转移，同时标准应用过程中也遇到一些新问题，因此有必要对 NY/T 391—2000 进行修订。

　　本次修订坚持遵循自然规律和生态学原理，强调农业经济系统和自然生态系统的有机循环。修订过程中主要依据国内外各类环境标准，结合绿色食品生产实际情况，辅以大量科学实验验证，确定不同产地环境的监测项目及限量值，并重点突出绿色食品生产对土壤肥力的要求和影响，修订后的标准将更加规范绿色食品产地环境选择和保护，满足绿色食品安全优质的要求。

绿色食品　产地环境质量

1　范围

　　本标准规定了绿色食品产地的术语和定义、生态环境要求、空气质量要求、水质要求、土壤质量要求。

　　本标准适用于绿色食品生产。

2　规范性引用文件

下列文件对于本文件的应用是必不可少的，凡是注日期的引用文件，仅注日期的版本适用于本文件。凡是不注日期的引用文件，其最新版本（包括所有的修改单）适用于本文件。

GB/T 5750.4　生活饮用水标准检验方法　感官性状和物理指标

GB/T 5750.5　生活饮用水标准检验方法　无机非金属指标

GB/T 5750.6　生活饮用水标准检验方法　金属指标

GB/T 5750.12　生活饮用水标准检验方法　微生物指标

GB/T 6920　水质　pH 值的测定　玻璃电极法

GB/T 7467　水质　六价铬的测定　二苯碳酰二肼分光光度法

GB/T 7475　水质　铜、锌、铅、镉的测定　原子吸收分光光度法

GB/T 7487　水质　氰化物的测定　离子选择电极法

GB/T 7485　水质　总砷的测定　二乙基二硫代氨基甲酸银分光光度法

GB/T 7489　水质　溶解氧的测定　碘量法

GB 11914　水质　化学需氧量的测定　重铬酸盐法

GB/T 12763.4　海洋调查规范　第4部分：海水化学要素调查

GB/T 15432　环境空气　总悬浮颗粒物的测定　重量法

GB/T 17138　土壤质量　铜、锌的测定　火焰原子吸收分光光度法

GB/T 17141　土壤质量　铅、镉的测定　石墨炉原子吸收分光光度法

GB/T 22105.1　土壤质量　总汞、总坤、总铅的测定　原子荧光法　第1部分：土壤中总汞的测定

GB/T 22105.2　土壤质量　总汞、总砷、总铅的测定　原子荧光法　第2部分：土壤中总砷的测定

HJ 479 环境空气 氮氧化物（一氧化氧和二氧化氧）的测定 盐酸萘乙二胺分光光度法

HJ 480 环境空气 氟化物的测定 滤膜采样氟离子选择电极法

HJ 482 环境空气 二氧化硫的测定 甲醛吸收—副玫瑰苯胺分光光度法

HJ 491 土壤 总铬的测定 火焰原子吸收分光光度法

HJ 503 水质 挥发酚的测定 4-氨基安替比林分光光度法

HJ 505 水质 五日生化需氧量（BOD_2）的测定 稀释与接种法

HJ 597 水质 总汞的测定 冷原子吸收分光光度法

HJ 637 水质 石油类和动植物油类的测定 红外分光光度法

LY/T 1233 森林土壤有效磷的测定

LY/T 1236 森林土壤速效钾的测定

LY/T 1243 森林土壤阳离子交换量的测定

NY/T 53 土壤全氮测定法（半微量开氏法）

NY/T 1121.6 土壤检测 第6部分：土壤有机质的测定

NY/T 1377 土壤 pH 值的测定

SL 355 水质 粪大肠菌群的测定—多管发酵法

3 术语和定义

下列术语和定义适用于本文件。

3.1

环境空气标准状态 ambient air standard state
指温度为 273K，压力为 101.325kPa 时的环境空气状态。

4 生态环境要求

绿色食品生产应选择生态环境良好、无污染的地区，远离工矿区和公路、铁路干线，避开污染源。

应在绿色食品和常规生产区域之间设置有效的缓冲带或物理屏障，以防止绿色食品生产基地受到污染。

建立生物栖息地，保护基因多样性，物种多样性和生系统多样性，以维持生态平衡。

应保证基地具有可持续生产能力，不对环境或周边其他生物产生污染。

5　空气质量要求

应符合表1要求。

表1　空气质量要求（标准状态）

项　　目	指　标		检测方法
	日平均[a]	1 小时[b]	
总悬浮颗粒物，mg/m³	≤0.30		GB/T 15432
二氧化硫，mg/m³	≤0.15	≤0.50	HJ 482
二氧化氮，mg/m³	≤0.08	≤0.20	HJ 479
氟化物，μg/m³	≤7	≤20	HJ 480

　[a]　日平均指任何一日的平均指标

　[b]　1 小时指任何一小时的指标

6　水质要求

6.1　农田灌溉水质要求

农田灌溉用水，包括水培蔬菜和水生植物，应符合表2要求。

表2　农田灌溉水质要求

项　　目	指标	检测方法
pH	5.5 ~ 8.5	GB/T 6920
总汞，mg/L	≤0.001	HJ 597
总镉，mg/L	≤0.005	GB/T 7475
总砷，mg/L	≤0.05	GB/T 7485
总铅，mg/L	≤0.1	GB/T 7475

（续表）

项　　目	指　标	检测方法
六价铬，mg/L	≤0.1	GB/T 7467
氟化物，mg/L	≤2.0	GB/T 7484
化学需氧量（COD_{cr}），mg/L	≤60	GB/T 11914
石油类，mg/L	≤1.0	HJ 637
粪大肠菌群*，个/L	≤10 000	SL 355

*　灌溉蔬菜、瓜类和草本水果的地表水需测粪大肠菌群，其他情况不测粪大肠菌群。

6.2　渔业水质要求

渔业用水应符合表3要求。

表3　渔业水质要求

项　　目	指　　标		检测方法
	淡水	海水	
色、臭、味	不应有异色、异臭、异味		GB/T 5750.4
pH	6.5~9.0		GB/T 6920
溶解氧，mg/L	>5		GB/T 7489
生化需氧量（BOD_5），mg/L	≤5	≤3	HJ 505
总大肠菌群，MPN/100mL	≤500（贝类50）		GB/T 5750.12
总汞，mg/L	≤0.0005	≤0.0102	HJ 597
总镉，mg/L	≤0.005		GB/T 7475
总铅，mg/L	≤0.05	≤0.005	GB/T 7475
总铜，mg/L	≤0.01		GB/T 7475
总砷，mg/L	≤0.05	≤0.05	GB/T 7485
六价铬，mg/L	≤0.1	≤0.01	GB/T 7467
挥发酚，mg/L	≤0.005		HJ 503
石油类，mg/L	≤0.05		HJ 637
活性磷酸盐（以P计），mg/L	—	≤0.03	GB/T 12763.4

*水中漂浮物质需要满足水面不应出现油膜或浮沫要求。

6.3　畜禽养殖用水要求

畜禽养殖用水，包括养蜂用水，应符合表4要求。

表4 畜禽养殖用水要求

项 目	指 标	检测方法
色度*	≤15，并不应呈现其他异色	GB/T 5750.4
浑浊度*（散射浑浊度单位），NTU	≤3	GB/T 5750.4
臭和味	不应有异臭、异味	GB/T 5750.4
肉眼可见物*	不应含有	GB/T 5750.4
pH	6.5~8.5	GB/T 5750.4
氟化物，mg/L	≤1.0	GB/T 5750.5
氰化物，mg/L	≤0.05	GB/T 5750.5
总砷，mg/L	≤0.05	GB/T 5750.6
总汞，mg/L	≤0.001	GB/T 5750.6
总镉，mg/L	≤0.01	GB/T 5750.6
六价铬，mg/L	≤0.05	GB/T 5750.6
总铅，mg/L	≤0.05	GB/T 5750.6
菌落总数*，CFU/mL	≤100	GB/T 5750.12
总大肠菌群，MPN/100m/L	不得检出	GB/T 5750.12

* 散养模式免测该指标。

6.4 加工用水要求

加工用水包括食用菌生产用水、食用盐生产用水等，应符合表5要求。

表5 加工用水要求

项 目	指 标	检测方法
pH	6.5~8.5	GB/T 5750.4
总汞，mg/L	≤0.001	GB/T 5750.6
总砷，mg/L	≤0.01	GB/T 5750.6
总镉，mg/L	≤0.005	GB/T 5750.6
总铅，mg/L	≤0.01	GB/T 5750.6
六价铬，mg/L	≤0.05	GB/T 5750.6
氰化物，mg/L	≤0.05	GB/T 5750.5
氟化物，mg/L	≤1.0	GB/T 5750.5
菌落总数，CFU/mL	≤100	GB/T 5750.12
总大肠菌群，MPN/100mL	不得检出	GB/T 5750.12

6.5 食用盐原料水质要求

食用盐原料水包括海水、湖盐或井矿盐天然卤水，应符合表6

要求。

表6 食用盐原料水质要求

项 目	指标	检测方法
总汞，mg/L	≤0.001	GB/T 5750.6
总砷，mg/L	≤0.03	GB/T 5750.6
总镉，mg/L	≤0.005	GB/T 5750.6
总铅，mg/L	≤0.01	GB/T 5750.6

7 土壤质量要求

7.1 土壤环境质量要求

按土壤耕作方式的不同分为旱田和水田两大类，每类又根据土壤 pH 的高低分为三种情况，即 pH < 6.5、6.5 ≤ pH ≤ 7.5、pH > 7.5。应符合表7要求。

表7 土壤质量要求

项 目	旱田			水田			检测方法
	pH < 6.5	6.5 ≤ pH ≤ 7.5	pH > 7.5	pH < 6.5	6.5 ≤ pH ≤ 7.5	pH > 7.5	NY/T 1377
总镉，mg/kg	≤0.30	≤0.30	≤0.10	≤0.30	≤0.30	≤0.40	GB/T17141
总汞，mg/kg	≤0.25	≤0.30	≤0.35	≤0.30	≤0.40		GB/T 22105.1
总砷，mg/kg	≤25	≤20	≤20	≤20	≤20	≤15	GB/T 22105.2
总铅，mg/kg	≤50	≤50	≤50	≤50	≤50	≤50	GB/T 17141
总铬，mg/kg	≤120	≤120	≤120	≤120	≤120	≤120	HJ 491
总铜，mg/kg	≤50	≤60	≤60	≤50	≤60	≤60	GB/T 17138

注1：果园土壤中铜限量值为旱田中铜限量值的2倍。

注2：水旱轮作的标准值取严不取宽。

注3：底泥按照水田标准执行。

7.2 土壤肥力要求

土壤肥力按照表8划分。

表8　土壤肥力分级指标

项目	级别	旱地	水田	菜地	园地	牧地
有机质，g/kg	I	>15	>25	>30	>20	
	II	10~15	20~25	20~30	15~20	15~20
	III	<10	<20	<20	<15	<15
全氮，g/kg	I	>1.0	>1.2	>1.2	>1.0	
	II	0.8~1.0	1.0~1.2	1.0~1.2	0.8~1.0	—
	III	<0.8	<1.0	<1.0	<0.8	—
有效磷，mg/kg	I	>10	>15	>10	>10	>10
	II	5~10	10~15	20~40	5~10	5~10
	III	<5	<10	<20	<5	<5
速效钾，mg/kg	I	>120	>100	>150	>100	—
	II	80~120	50~100	100~150	50~100	—
	III	<30	<50	<10	<50	—
阳离子交换量，cmol（+）kg	I	>20	>20	>20	>20	—
	II	15~20	15~20	15~20	15~20	—
	III	<15	<15	<15	<15	—

注：底泥、食用菌栽培基质不做土壤肥力检测。

7.3　食用菌栽培基质量要求

土培食用菌栽培基质按7.1执行，其他栽培基质应符合表9要求。

表9　食用菌栽培基质要求

项　目	指标	检测方法
总汞，mg/kg	≤0.1	GB/T 22105.1
总砷，mg/kg	≤0.8	GB/T 22105.2
总镉，mg/kg	≤0.3	GB/T 17141
总铅，mg/kg	≤35	GB/T 17141

ICS 67. 220

X 40

NY

中华人民共和国农业业行业标准

NY/T 392—2013

代替 NY/T 392—2000

绿色食品　食品添加剂使用准则

Green food—Food additive application guideline

2013 - 12 - 13 发布　　　　　　　2014 - 04 - 01 实施

中华人民共和国农业部　发布

前　言

本标准按照 GB/T 1.1—2009 给出的规则起草。

本标准代替 NY/T 392—2000《绿色食品　食品添加剂使用准则》。与 NY/T 392—2000 相比，除编辑性修改外主要技术变化如下：

——食品添加剂使用原则改为 GB 2760《食品安全国家标准　食品添加剂使用标准》相应内容；

——食品添加剂使用规定改为 GB 2760 相应内容；

——删除了绿色食品生产中不应使用的食品添加剂：过氧化苯甲酰、溴酸钾、过氧化氢（或过碳酸钠）、五碳双缩醛（戊二醛）、十二烷基二甲基溴化胺（新洁尔灭）；

——删除了面粉处理剂；

——增加了 A 级绿色食品生产中不应使用的食品添加剂类别酸度调节剂、增稠剂、胶基糖果中基础剂物质及其具体品种。

本标准由农业部农产品质量安全监管局提出。

本标准由中国绿色食品发展中心归口。

本标准起草单位：农业部乳品质量监督检验测试中心、河南工业大学、中国绿色食品发展中心。

本标准主要起草人：张宗城、刘钟栋、孙丽新、李鹏、薛刚、阎磊、郑维君、张燕、唐伟、陈曦。

本标准的历次版本发布情况为：

——NY/T 392—2000。

引　言

绿色食品是指产自优良生态环境，按照绿色食品史无前例生产、祛地全程质量控制并获得绿色食品标志使用权的安全、优质食用农产品及相关产品。本标准按照绿色食品要求，遵循食品安全国家标准，并参照发达国家和国际组织数得上服务性。除天然食品添加剂外，禁止在绿色食品中使用未经联合国食品添加剂联合专家委员会（JECFA）等国际或国内风险评估的食品添加剂。

我国现有的食品添加剂，广泛用于各类食品，包括部分农产品。GB 2760 规定了食品添加剂的品种和使用规定。NY/T 392—300《绿色食品　食品添加剂使用准则》除列出的品种不能在绿色食品中使用外，其余均执行 GB 2750—1996。随着该国家标准的修订及我国食品添加剂品种的增减，原标准已不适应绿色食品生产发展的需要。同时，在此修订前，国外在食品添加剂使用的理论和应用上均有显著的发展，有必要借鉴于本标准的修订。

本标准的实施将规范绿色食品的生产，满足绿色食品安全优质的要求。

绿色食品　食品添加剂使用准则

1　范围

本标准规定了绿色食品食品添加剂的术语和定义、食品添加剂使用原则和使用规定。

本标准适用于绿色食品生产。

2　规范性引用文件

下列文件对于本文件的应用是必不可少的。凡是注日期的引用文件，仅注日期的版本适用于本文件。凡是不注日期的引用文件，其最新版本（包括所有的修改单）适用于本文件。

GB 2760　食品安全国家标准　食品添加剂使用标准

GB 26687　食品安全国家标准　复配食品添加剂通则

NY/T 391　绿色食品　产地环境质量

3 术语和定义

GB 2760 界定的以及下列术语和定义适用于本文件。

3.1 AA 级绿色食品 AA grade green food

产地环境质量符合 NY/T 391 的要求，遵照绿色食品生产标准生产，生产过程中遵循自然规律和生态学原理，协调种植业和养殖业的平衡，不使用化学合成的肥料、农药、盖药、渔药，添加剂等物质，产品质量符合绿色食品产品标准，经专门机构许可使用绿色食品标准的产品。

3.2 A 级绿色食品 grade green food

产地环境质量 NY/T 391 的要求，遵照食品生产标准生产，生产过程中遵循自然规律和生态学原理，协调种植业和养殖业的平衡，限量使用限定的化学合成生产资料，产品质量符合绿色食品产品标准，经专门机构许可使用绿色食品标准的产品。

3.3 天然食品添加剂 natural food additise

以物理方法、微生物法或酶法从天然物中分离出来，不采用基因工程获得的产物，经过毒理学评价确认其食用安全的食品添加剂。

3.4 化学合成食品添加剂 chemical synthctic food additive

由人工合成的，经毒理学评价确认其食用安全的食品添加剂。

4 食品添加剂使用原则

4.1 食品添加剂使用时应符合以下基本要求：

a) 不应对人体产生任何健康危害；

b) 不应掩盖食品腐败变质；

c) 不应掩盖食品本身或加工过程中的质量缺陷或以掺杂、掺假、伪造为目的而使用食品添加剂；

    d）不应降低食品本身的营养价值；

    e）在达到预期的效果下尽可能降低在食品中的使用量；

    f）不采用基因工程获得的产物。

4.2 在下列情况下可使用食品添加剂：

    a）保持或提高食品本身的营养价值；

    b）作为某些特殊膳食用食品的必要配料或成分；

    c）提高食品的质量和稳定性，改进其感官特性；

    d）便于食品的生产、加工、包装、运输或者贮藏。

4.3 所用食品添加剂的产品质量应符合相应的国家标准。

4.4 在以下情况下，食品添加剂可通过食品配料（含食品添加剂）带入食品中：

    a）根据本标准，食品配料中允许使用该食品添加剂；

    b）食品配料中该添加剂的用量不应超过允许的最大使用量；

    c）应在正常生产工艺条件下使用这些配料，并且食品中该添加剂的含量不应超过由配料带入的水平；

    d）由配料带入食品中的该添加剂的含量应明显低于直接将其添加到该食品中通常所需要的水平。

4.5 食品分类系统应符合 GB 2760 的规定。

5 食品添加剂使用规定

5.1 生产 AA 级绿色食品应使用天然食品添加剂。

5.2 生产 A 级绿色食品可使用天然食品添加剂，在这类食品添加剂不能满足生产需要的情况下，可使用 5.5 以外的化学合成食品添加剂，使用的食品添加剂应符合 GB 2760 规定的品种及其适用食品名称、最大使用量和备注。

5.3 同一功能食品添加剂（相同色泽着色剂甜味剂、防腐剂或抗氧化剂）混合使用时，各自用量占其最大使用量的比例之和不应超过 1。

5.4 复配食品添加剂的使用应 GB 26687 的规定。

5.5 在任何情况下，绿色食品下应使用下列食品添加剂（见表1）

表1 生产绿色食品不应使用的食品添加剂

食品添加剂功能类别	食品添加剂名称（中国编码系统 CNS 号）
酸度调节剂	富马酸一钠（01.311）
抗结剂	亚铁氰化理（002.001）、亚铁氰化钠（02.008）
抗氧化剂	硫代二丙酸二月桂酯（04.012）、4 - 已基间苯二酚（04.013）
漂白剂	硫黄（05.007）
膨松剂	硫酸铝钾（又名钾明矾）（06.004），硫酸钼铵（又名铵明矾）（06.005）
着色剂	新红及其铝色淀（08.004）、二氧化钛（08.011）、赤藓红及其铝色淀（08.003）、焦糖色（亚硫酸铵法）（08.109）、焦糖色（加氨生产）（08.110）
护色剂	硝酸钠（09.001）、亚硝酸钠（09.002）、硝酸钾（09.003）、亚硝酸钾（09.004）
乳化剂	山梨醇酐单月桂酸酯（又名司盘20）（10.024）、山梨醇酐棕榈酸酯（又名司盘40）（10.006）、山梨醇酐单油酸酯（又名司盘80）（10.005）、聚氧乙烯山梨醇酐单月桂酸酯（又名吐温20）（10.025）、聚氧乙烯山梨醇酐单棕榈酸酯（又名吐温40）（10.026）、聚氧乙烯山梨醇酐单油酸酯（又名吐温80）（10.016）
防腐剂	苯甲酸（17.001）、苯甲酸钠（17.002）、乙氧基喹（17.010）、仲丁胺（17.011）、桂醛（17.012）、噻苯咪唑（17.018）、乙萘酚（17.021）、联苯醚（又名二苯醚）（17.022）、2 - 苯基苯酚钠盐（17.023）、4 - 苯基苯酚（17.025）、2, 4 - 二氯苯氧乙酸（17.027）
甜味剂	糖精钠（19.001）、环己基氨基磺酸钠（又名甜蜜素）及环己基氨基磺酸钙（19.002）、L - a - 天冬氨低 - N - （2, 2, 4, 4 - 四甲基 - 3 - 硫化三亚甲基）- D - 丙氨酰胺（又名阿力甜）（19.013）
增稠剂	海萝胶（20.040）
胶基糖果中基础剂物质	胶基糖果中基础剂物质

注：对多功能的食品添加剂，表中的功能类别为其主要功能。

ICS65. 100. 01

B 17

NY

中华人民共和国农业行业标准

NY/T 393—2013

代替 NY/T 393—2000

绿色食品 农药使用准则

Green food—Guideline for application of pesticide

2013 -12 -13 发布　　　　　　　2014 -04 -01 实施

中华人民共和国农业部　发布

前　言

本标准按照 GB/T 1.1—2009 给出的规则起草。

本标准代替 NT/T 393—2000《绿色食品　农药使用准则》，与 NY/T 393—2000 相比，除编辑性个改外主要技术变化如下：

——增设引言；

——修改本标准的适用范围为绿色食品生产和仓储（见第 1 章）；

——删除 6 个术语定义，同时修改了其他 2 个术语的定义（见第 3 章）；

——将原标准第 5 章悬置段中有害生物综合防治原则方面的内容单独段为一章，并修改相关内容（见第 4 章）；

——将可使用的农药种类从原准许和禁用混合制改为单纯的准许清单制，删除原第 4 章"允许使用的农药种类"、原第 5 章中有关农药选用的内容和原队录 A、设"农药选用"一章规定农药的选用原则，将"绿色食品生产允许使用的农药和其他植保产品清单"以附录的形式给出（见第 5 章和附录 A）

——将原第 5 章的标题"使用准则"改为"农药使用规范"，增加了关于施药时机和方式方面的规定，并修改关于施药剂量（或浓度）、施药次数和安全间隔期的规定（见第 6 章）

——增设"绿色食品农药残留要求"一章，并修改残留限量要求（见第 7 章）

本标准由农业部农产品质量安全监管局提出。

本标准由中国绿色食品发展中心归口。

本标准起草单位：浙江省农业科学院农产品质量标准研究所、中国绿色食品发展中心、中国农业大学理学院、农业部农产品及转基因产品质量安全监督检验测试中心（杭州）。

本标准主要起草人"张志恒、王强、潘灿平、刘艳逃、陈倩、李振、于国光、袁玉伟、孙彩霞、杨桂玲、徐丽红、郑蔚然、蔡铮。

本标准的历次版本发布情况为：

——NY/T 393—2000。

引　言

绿色食品是指产自优良生态环境、按照绿色食品标准生产、实行全程质量控制并获得绿色食品标志使用权的安全、优质食用农产品及相关产品。规范绿色食品生产中的农药使用行为，是保证绿色食品符合性的一个重要方面。

NY/T 393—2000 在绿色食品的生产和管理中发挥了重要作用，但 10 多年来，国内外在安全农药开发等方面的研究取得了很大进展，有效地促进了农药的更新换代；且农药风险评估技术方法、评估结论以及使用规范等方面的相关标准法规也出现了很大的变化，同时，随着绿色食品产业的发展，对绿色食品的认识趋于深化，在此过程中积累了很多实际经验。为了更好地规范绿色食品生产中的农药使用，有必要对 NY/T 393—2000 进行修订。

本次修订充分遵循了绿色食品对优质安全、环境保护和可持续发展的要求，将绿色食品生产中的农药使用更严格地限于农业有害生物综合防治的需要，并采用准许清单制进一步明确允许使用的农药品种。允许使用农药清单的制定以国内外权威机构的风险评估数据和结论为依据，按照低风险原则选择农药种类，其中，化学合成农药筛选评估时采用的慢性膳食摄入风险安全系数比国际上的一般要求提高 5 倍。

绿色食品　农药使用准则

1　范围

本标准规定了绿色食品生产和仓储中有害生物防治原则、农药选用、农药使用规范和绿色食品农药残留要求。

本标准适用于绿色食品的生产和仓储。

2 规范性引用文件

下列文件对于本文件的应用是必不可少的，凡是注日期的引用文件，仅注日期的版本适用于本文件。凡是不注日期的引用文件，其最新版本（包括所有的修改单）适用于本文件。

GB 2763 食品安全国家标准，食品中农药最大残留限量

GB/T 8321 （所有部分） 农药合理使用准则

GB 12475 农药贮运、销售和使用的防毒规程

NY/T 391 绿色食品 产地环境质量

NY/T 1667 （所有部分） 农药登记管理术语

3 术语和定义

NY/T 1667 界定的以及下列术语和定义适用于本文件。

3.1

AA 级绿色食品 AA grade green food

产地环境质量符合 NY/T 391 的要求。遵照绿色食品生产标准生产，生产过程中遵循自然规律和生态学原理协调种植业和养殖业的平衡，不使用化学合成的肥料，农药、兽药、渔药、添加剂等物质，产品质量符合绿色食品产品标准，经专门机构许可使用绿色产品标准的产品。

3.2

A 级绿色食品 A grade green food

产地环境质量的符合 NY/T 391 的要求，遵照绿色食品生产标准生产，生产过程中遵循自然规律和生态学原理，协调种植业和养殖业的平衡，限量使用限定的化学合成生产资料，产品质量符合绿色食品产品标准，经专门机构许可使用绿色食品标准的产品。

4 有害生物防治原则

4.1 以保持和优化农业生态系统为基础，建立在利于各类天敌繁衍和不利于病虫草害孳生的环境条件，提高生物多样性，维持农业生态系统的平衡。

4.2 优先采用农业措施，如抗病虫品种、种子种苗检疫、培育壮苗、加强栽培管理、中耕除草、耕翻晒垡、清洁田园、轮作倒茬、间作套种等。

4.3 尽量利用物理和生物措施，如用灯光、色彩诱杀害虫，机械捕捉害虫，释放害虫天敌，机械或人工除草等。

4.4 必要时，合理使用低风险农药。如没有足够有效的农业、物理和生物措施，在确保人员、产品和环境安全的前提下按照第5、6章的规定，配合使用低风险的农药。

5 农药选用

5.1 所选用的农药应符合相关的法律法规，并获得国家农药登记太阳风可。

5.2 应选择对主要防治对象有效的低风险农药品种，提倡兼治和不同作用机理农药交替使用。

5.3 农药剂型宜选用悬浮剂、微囊悬浮剂、水剂、水乳剂、微乳剂、颗粒剂、水分散粒剂和可溶性粒剂等环境友好型剂型。

5.4 AA级绿色食品生产应按照 A.1 的规定选用农药及其他植物保护产品。

5.5 A级绿色食品生产应按照附录 A 的规定，优先从表 A.1 中选用农药。在表 A.1 所列农药不能满足有害生物防治需要时，还可适量使用 A.2 所列的农药。

6 农药使用规范

6.1 应在主要防治对象的防治适期，根据有害生物的发生特点和农药特性，选择适当的施药方式，但不宜采用喷粉等风险较大的施药方式。

6.2 应按照农药产品标签或 GB/T8321 和 GB 12475 的规定使用农药控制施药剂量（或浓度）、施药次数和安全间隔期。

7 绿色食品农药残留要求

7.1 绿色食品生产中允许使用的农药，其残留量应不低于 GB 2763 的要求。

7.2 在环境中长期残留的国家明令禁用农药，其再残留量应符合 GB 2763 的要求。

7.3 其他农药的残留量不应超过 0.01mg/kg，并应符合 GB 2753 的要求。

附录 A

(规范性附录)

绿色食品生产允许使用的农药和其他植保产品清单

A.1 AA 级和 A 级绿色食品生产均允许使用的农药和其他植保产品清单

　　见表 A.1。

表 A.1　AA 级和 A 级绿色食品生产均允许使用的农药和其他植保产品清单

类别	组分名称	备注
I.植物和动物来源	楝素（苦楝、印楝等提取物，如印楝素等）	杀虫
	天然除虫菊素（除虫菊科植物提取液）	杀虫
	苦参碱及氧化苦参碱（苦参等提取物）	杀虫
	蛇床子素（蛇床子提取物）	杀虫、杀菌
	小檗碱（黄连、黄柏等提取物）	杀菌
	大黄素甲醚（人黄、虎杖等提取物）	杀菌
	乙蒜素（大蒜提取物）	杀菌
	苦皮藤素（苦皮藤提取物）	杀虫

（续表）

类别	组分名称	备注
Ⅰ.植物和动物来源	藜芦碱（百合科藜芦属和喷嚏草属植提取物）	杀虫
	桉油精（桉树叶提取物）	杀虫
	植物油（如薄荷油、松树油、香菜油、八角茴香油）	杀虫、杀螨、杀真菌、抑制发芽
	寡聚糖（甲壳素）	杀菌、植物生长调节
	天然诱康和杀线虫剂（如万寿菊、孔雀草、荞子油）	杀线虫
	天然酸（如食醋、木醋和竹醋等）	杀菌
	菇类蛋白多糖（菇类提取物）	杀菌
Ⅰ.植物和动物来源	水解蛋白质	引诱
	蜂蜡	保护嫁接和修剪伤口
	明胶	剁虫
	具有驱避作用的植物提取物（大蒜、薄荷、辣椒、花椒、薰衣草、柴胡、艾草的提取物）	驱逐
	害虫大敌（如寄生蜂、瓢虫、草蛉等）	控制虫害
Ⅱ.微生物来源	真菌及真菌提取物（白僵菌、轮枝菌、水往菌、耳保菌、淡紫拟青霉、金龟子绿僵菌、寡雄腐霉菌等）	杀虫、杀菌、杀线虫
	细菌及细菌提取物（苏云金芽孢杆菌、枯草芽孢杆菌、蜡质芽孢杆菌、地蜂拥而来芽孢杆菌、多粘类芽孢杆菌、莹光假单胞杠菌、短稳杆菌等。）	杀虫、杀菌
	病毒及病毒提取物（核型多角体病毒、质型多角体病毒、颗粒体病毒等）	杀虫
	多杀霉素、乙基多杀菌素	杀虫
	春雷霉素、多抗霉素、井冈霉素、（硫酸）链霉素、嘧啶核苷类抗菌素、宁南霉素、甲嗪霉素和中生菌素	杀菌
	S−诱抗素	植物生长调节

（续表）

类别	组分名称	备注
Ⅲ. 生物化学产物	氨基寡糖素、低聚糖素、香菇多糖	防病
	几丁聚糖	防病、植物生长调节
	苄氨基嘌呤、超敏蛋白、赤霉酸、羟烯腺嘌呤、三十烷醇、乙烯利、吲哚丁酸、吲哚乙酸、芸薹素内酯	植物生长调节
Ⅳ. 矿物来源	石硫合剂	杀菌、杀虫、杀螨
	铜盐（如波尔多液、氢氧化铜等）	杀菌，每年铜使用量不能超过 $6kg/hm^2$
	氢氧化钙（石灰水）	杀菌、杀虫
	硫黄	杀菌、杀螨、驱避
	高锰酸钾	杀菌，仅用于果树
	碳酸氢钾	杀菌
	矿物油	杀虫、杀螨、杀菌
	氯化钙	仅用于治疗缺钙症
	硅藻土	杀虫
	黏土（如斑脱土、珍珠岩、蛭石、沸石等）	杀虫
	硅酸盐（硅酸钠、石英）	驱避
	硫酸铁（3价铁离子）	杀软体动物

（续表）

类别	组分名称	备注
V. 其他	氢氧化钙	杀菌
	二氧化碳	杀虫，用于贮存设施
	过氧化物类和含氯类消毒剂（如过氧乙酸、二氧化氯、二氯异氰尿酸钠、三氯异氰尿酸等）	杀菌，用于土壤和培养基质消毒
	乙醇	杀菌
	海盐和盐水	杀菌，仅用于种子（如稻谷等）处理
	软皂（钾肥皂）	杀虫
	乙烯	催熟等
	石英砂	杀菌、杀螨、驱避
	昆虫性外激素	引诱，仅用于诱捕器和散发皿内
	磷酸氢二铵	引诱，只限用于诱捕器中使用

A. 2　A 级绿色食品生产允许使用的其他农药清单

当表 A.1 所列农药和其他植保产品不能满足有害生物防治需要时，A 级绿色食品生产还可按照农药产品标签或 GB/T 8321 的规定使用下列农药：

a）杀虫剂

1）S – 氰戊菊酯　esfen-valeratc

2）吡丙醚　pyriproxifen

3）吡虫啉　imidacloprid

4）吡蚜酮　pymetrozine

5）丙溴磷　profenofos

6）除虫脲　diflubenzuron

7）啶虫脒　acetamiprid

8）毒死蜱　chlorpyrifos

9）氟虫脲　flufenoxuron

10）氟啶虫酰胺　flonic-amid

11）氟铃脲　hexaflumuron

12）高效氯氰菊酯　beta-cypermethrin

13）甲氨基阿维菌素苯甲酸盐　emamectin benzoate

14）甲氰菊酯 fenpropath-
rin

15）抗蚜威 pirimicarb

16）联苯菊酯 bifenthrin

17）螺虫乙酯 spirotetra-
mat

18）氯虫苯甲酰胺 chlo-
rantraniliprole

19）氯氰菊酯 cyhalothrin

20）氯菊酯 permethrin

21）氯氰菊酯 cyper-
methrin

22）灭蝇胺 cyromazine

23）灭幼脲 chlorbenzuron

24）噻虫啉 thiacloprid

25）噻虫嗪 thiamethoxam

26）噻嗪酮 buprofezin

27）辛硫磷 phoxim

28）茚威 indoxacard

b）杀螨剂

1）苯丁锡 fenbutatin oxide

2）喹螨醚 fenazaquin

3）联苯肼酯 bifenazate

4）螺螨酯 spirodiclofen

5）噻螨酮 hexythiazox

6）四螨嗪 clofentezine

7）乙螨唑 etoxazole

8）唑螨酯 fenpyroximate

c）杀软体动物剂

四聚乙醛 metaldehyde

d）杀菌剂

1）吡唑醚菌酯 pyra-
clostrobin

2）丙环唑 propiconazol

3）代森联 metriam

4）代森锰锌 mancozeb

5）代森锌 zineb

6）啶酰菌胺 boscalid

7）啶氧菌酯 picoxystrobin

8）多菌灵 carbendazim

9）噁霉灵 hymexazol

10）噁霜灵 ozadixyl

11）粉唑醇 flutriafol

12）氟吡菌胺 fluopicolide

13）氟啶胺 fluazinarn

14）氟环唑 epoxiconazole

15）氟菌唑 triflumizole

16）腐霉利 procymidone

17）咯菌腈 fludioxonil

18）甲基立枯磷 tolclofos
rnethyl

19）甲基硫菌灵 thio
phanate metliyl

20）甲霜灵 metalaxyl

21）腈苯唑 fenbuconazole

22）腈菌唑 myclobutanil

23）精甲霜灵 metalaxyl-M

24）克菌丹 captan

25）醚菌酯 kresoxim-
methyl

26）嘧菌酯 azoxystrobin

27）嘧霉胺 pyrimethanil

28）氰霜唑 cvazofamid

29）噻菌灵 thiabendazole

30）三乙膦酸铝 fosetyl-aluminium

31）三唑醇 triadimenol

32）三唑酮 triadimefon

33）双炔酰菌胺 mandipropamid

34）霜霉威 propamocarb

35）霜脲氰 cymoxanil

36）萎锈灵 carboxin

37）戊唑醇 tebuconazole

38）烯酰吗啉 dimethomorph

39）异菌脲 iprodione

40）抑霉唑 imazalil

e）熏蒸剂

1）棉隆 dazomer

2）威百亩 metam-sodium

f）除草剂

1）2甲4氯 MCPA

2）氨氯吡啶酸 picloram

3）丙炔氟草胺 flumioxazin

4）草铵膦 glufosinate-ammonium

5）草甘膦 glyphosate

6）敌草隆 diuron

7）噁草酮 oxadiazon

8）二甲戊灵 pendimethalin

9）二氯吡啶酸 clopyralid

10）二氯喹啉酸 quinclorac

11）氟唑磺隆 flucarbazone-sodium

12）禾草丹 thiobencarb

13）禾草敌 molinate

14）禾草灵 diclodop-methyl

15）环嗪酮 hexazinone

16）磺草酮 sulcotrione

17）甲草胺 alachlor

18）精吡氟禾草灵 fluazifop-P

19）精喹禾灵 quizalofop-P

20）绿麦隆 chlortoluron

21）氯氟吡氧乙酸（异辛酸）fluroxypyr

22）氯氟吡氧乙酸异辛酯 fluroxypyrmepthyl

23）麦草畏 dicamba

24）咪唑喹啉酸 imazaquin

25）灭草松 bentazone

26）氰氟草酯 cyhalofop butyl

27）炔草酯 clodinafop-propargyl

28）乳氟禾草灵 lactofen

29）噻吩磺隆 thifensulfuron-methyl

30）双氟磺草胺 florasulam

31）甜菜安 desmedipham

32）甜菜宁 phenmedipham

33）西玛津 simazine

34）烯草酮 clethodim

35）烯禾啶 sethoxydim

36）硝磺草酮 mesotrione

37）野麦畏　tri-allate

38）乙草胺　acetochlor

39）乙氧氟草醚　oxyfluor-
fen

40）异丙甲草胺　metola-
chlor

41）异丙隆　isoproturon

42）莠灭净　ametryn

43）唑草酮　carfentrazone-
ethyl

44）仲丁灵　butralin

g）植物生长调节剂

1）2,4-滴　2,4-D（只允许
作为植物生长调节剂使
用）

2）矮壮素　chiormcquai

3）多效唑　paclobutrazol

4）氯吡脲　forchlorfemuron

5）萘乙酸　l-naphthal acetic
acid

6）噻苯隆　thidiazuron

7）烯效唑　uniconazole

注1：该清单每年都可能根据新的评估结果发布修改单。

注2：国家新禁用的农药自动从该清单中删除。

ICS 65.080

B 10

NY

中华人民共和国农业行业标准

NY/T 394—2013
代替 NY/T 394—2000

绿色食品 肥料使用准则

Green food-Fertilizer application guideline

2013-12-13 发布　　　　　　　2014-04-01 实施

中华人民共和国农业部　发布

前　　言

本标准按照 GB/T 1.1—2009 给出的规则起草。

本标准代替 NY/T 394—2000《绿色食品　肥料使用准则》。与 NY/T 394—2000 相比，除编辑性修改外主要技术变化如下：

——增加了引言、肥料使用原则、不应使用的肥料各类等内容；

——增加了可使用的肥料品种，细化了使用规定，对肥料的无害化指标进行了明确规定，对无机肥料的用量做了规定。

本标准由农业部农产品质量安全监管局提出。

本标准由中国绿色食品发展中心归口。

本标准主要起草单位：中国农业科学院农业资源与农业区划研究所。

本标准主要起草人：孙建光、徐晶、宋彦耕。

本标准的历次版本发布情况为：

——NY/T 394—2000。

引　　言

绿色食品是指产自优良生态环境、按照绿色食品标准生产、实行全程质量控制并获得绿色食品标志使用权的安全、优质食用农产品及相关产品。

合理使用肥料是保障绿色食品生产的重要环节，同时也是保护生态环境，提供农田肥力的重要措施。绿色食品的发展对生产用肥提出了新的要求，现有标准已经不适应生产需求。本标准在原标准基础上进行了修订，对肥料使用方法做了更详细的规定。

本标准按照保护农田生态环境，促进农业持续发展，保证绿色食品安全的原则，规定优先使用有机肥料，减控化学肥料，不用可能含有安全隐患的肥料。本标准的实施将对指导绿色食品生产中的肥料使用发挥重要作用。

绿色食品　肥料使用准则

1　范围

本标准规定了绿色食品生产中肥料使用原则、肥料种类及使用规定。

本标准适用于绿色食品的生产。

2　规范性引用文件

下列文件对于本文件的应用是必不可少的。凡是注日期的引用文件，仅注日期的版本适用于本文件。凡是不注日期的引用文件，其最新版权（包括所有的修改单）适用于本文件。

GB 20287　农用微生物菌剂

NY/T 391　绿色食品　产地环境质量

NY 525　有机肥料

NY/T 798　复合微生物肥料

NY 884　生物有机肥

3　术语和定义

下列术语和定义适用于本文件。

3.1

AA 级绿色食品　AA grade green food

产地环境质量符合 NY/T 391 的要求，遵照绿色食品生产标准生产，生产过程中遵循自然规律和生态学原理，协调种植业和养殖业的平衡，不使用化学合成的肥料、农药、兽药、渔药、添加剂等物质，产品质量符合绿色食品产品标准，经专门机构许可使用绿色食品标志的产品。

3.2

A 级绿色食品　A grdae green food

产地环境质量符合 NY/T　391 的要求，遵照绿色食品生产标准生产，生产过程中遵循自然规律和生态学原理，协调种植业和养殖业的平衡，限量使用限定的化学合成生产资料，产品质量符合绿色食品产品标准，经专门机构许可使用绿色食品标志的产品。

3.3

农家肥料　farmyard manure

就地取材，主要由植物和（或）动物残体、排泄物等富含有机物的物料制作而成的肥料。包括秸秆肥、绿肥、厩肥、堆肥、沤肥、沼肥、饼肥等。

3.3.1

秸秆　stalk

以麦秸、稻草、玉米秸、豆秸、油菜秸等作物秸秆直接还田作为肥料。

3.3.2

绿肥　green manure

新鲜植物体作为肥料就地翻压还田或异地施用。主要分为豆科绿肥和非豆科绿肥两大类。

3.3.3

厩肥　barnyard manure

圈养牛、马、羊、猪、鸡、鸭等畜禽的排泄物与秸秆等垫料发酵腐熟而成的肥料。

3.3.4

堆肥　compost

动植物的残体、排泄物等为主要原料，堆制发酵腐熟而成的肥料。

3.3.5

沤肥　waterlogged　compost

动植物残体、排泄物等有机物料在淹水条件下发酵腐熟而成的肥料。

3. 3. 6

沼肥 biogas fertilizer

动植物残体、排泄物等有机物料经沼气发酵后形成的沼液和沼渣肥料。

3. 3. 7

饼肥 cake fertilier

含油较多的植物种子经压榨去油后的残渣制成的肥料。

3. 4

有机肥料 organic fertilizer

主要来源于植物和（或）动物，经过发酵腐熟的含碳有机物料，其功能是改善土壤肥力、提供植物营养、提高作物品质。

3. 5

微生物肥料 microbial fertilizer

含有特定微生物活体的制品，应用于农业生产，通过其中所含微生物的生活活动，增加植物养分的供应量或促进植物生长，提高产量，改善农产品品质及农业生态环境的肥料。

3. 6

有机—无机复混肥料 organic-inorganic compound fertilizer

含有一定量有机肥料的复混肥料。

注：其中复混肥料是指氮、磷、钾三种养分，至少有两种养分标明量的由化学方法和（或）掺混方法制成肥料。

3. 7

无机肥料 inorganic fertilizer

主要以无机盐形式存在，能直接为植物提供矿质营养的肥料。

3. 8

土壤调理剂 soil amendment

加入封中用于改善封的物理、化学和（或）生物性状的物料，功能包括改良土壤结构、降低土壤盐碱危害、调节土壤酸碱度、改善土壤水分状况、修复土壤污染等。

4 肥料使用原则

4.1 持续发展原则。绿色食品生产中所使用的肥料应对环境无不良影响，有利于保护生态环境，保持或提高土壤肥力及土壤生物活性。

4.2 安全优质原则。绿色食品生产中应使用安全、优质的肥料产品，生产安全、优质的绿色食品。肥料的使用应对作物（营养、味道、品质和植物抗性）不产生不良后果。

4.3 化肥减控原则。在保障植物营养有效供给的基础上减少化肥用量，兼顾元素之间的比例平衡，无机氮素用量不得高于当季作物需求量的一半。

4.4 有机为主原则。绿色食品生产过程　肥料种类选取应以农家肥料、有机肥料、微生物肥料为主，化学肥料为辅。

5 可使用的肥料种类

5.1 AA 级绿色食品生产可使用的肥料种类

可使用 3.3、3.4、3.5 规定的肥料。

5.2 A 级绿色食品生产可使用的肥料种类

除 5.1 规定的肥料外，还可使用 3.6、3.7 规定的肥料及 3.8 土壤调理剂。

6 不应使用的肥料各类

6.1 添加有稀土元素的肥料。

6.2 成分不明确的、含有安全隐患成分的肥料。

6.3 未经发酵腐熟的人畜粪尿。

6.4 生活垃圾、污泥和含有害物质（如毒气、病原微物生、重金属等）的工业垃圾。

6.5 转基因品种（产品）及其副产品为原料生产的肥料。

6.6 国家法律法规规定不得使用的肥料。

7　使用规定

7.1　AA 级绿色食品生产用肥料使用规定

7.1.1　应选用 5.1 所列肥料各类，不应使用化学合成肥料。

7.1.2　可使用农家肥料，但肥料的重金属限量指标应符合 NY 525 的要求，粪大肠群数、蛔虫卵死亡率应符合 NY 884 的要求，宜使用秸秆和绿肥，配合施用具有生物固氮、腐熟秸秆等功效的微生物肥料。

7.1.3　有机肥料应达到 NY 525 技术指标，主要以基肥施入，用量视地力和目标产量而定，可配施农家肥料和微生物肥料。

7.1.4　微生物肥料应符合 GB 20287 或 NY 884 或 NY/T 798 的要求，可与 5.1 所列其他肥料配合施用，用于拌种、基肥或追肥。

7.1.5　无土栽培可使用农家肥料、有肥肥料和微生物肥料，掺混在基质中使用。

7.2　A 级绿色食品生产用肥料使用规定

7.2.1　应选用 5.2 所列肥料种类。

7.2.2　农家肥料的使用按 7.2.1 的规定执行。耕作制度允许情况下，宜利用秸秆和绿肥，按照约 25∶1 的比例补充化学氮素。厩肥、堆肥、沤肥、沼肥、饼肥等农家肥料庆完全腐熟，肥料的重金属限量指标应符合 NY 525 的要求。

7.2.3　有机肥料的使用按 7.1.3 的规定执行。可配施 5.2 所列其他肥料。

7.2.4　微生物肥料的使用按 7.1.4 的规定执行。可配施 5.2 所列其他肥料。

7.2.5　有机—无机复混肥料、无机肥料在绿色食品生产中作为辅助肥料使用，用来补充农家肥料、有机肥料、微生物肥料所含养分的不足。减控化肥用量，其中无机氮素用量按当地同种作物习惯的施肥用量减半使用。

7.2.6　根据土壤障碍因素，可选用土壤调理剂改良土壤。

CIS 11.220
B 42

NY

中华人民共和国农业行业标准

NY/T 472—2013
代替 NY/T 472—2006

绿色食品 兽药使用准则

Green food-Veterinary drug application guideline

2013－12－13 发布　　　　　　　　2014－04－01 实施

中华人民共和国农业部　发布

前　言

本标准按照 GB/T 1.1—2009 给出的规则起草。

本标准代替 NY/T 472—2006《绿色食品　兽药使用准则》，与 NY/T　472—2006 相比，除编辑性修改外主要技术变化如下：

——删除了最高残留限量的定义，补充了泌乳期、执业兽医等术语和定义；

——修改完善了可使用的兽药种类，补充了 2006 年以来农业部发布的相关禁用药物；

——补充产蛋期和泌乳期不应使用的兽药，增强了标准的可操作性、实用性。

本标准由农业部农产品质量安全监管局提出。

本标准由中国绿色食品发展中心归口。

本标准起草单位：农业部动物及动物产品卫生质量监督检验测试中心、中国兽医药品监察所、中国农业大学、中国绿色食品发展中心。

本标准主要起草人：赵思俊、曲志娜、汪海洋、徐士新、王娟、陈倩、汪霞、普旭敏、洪军、王君玮、王玉东、张侨、郑增忍。

本标准的历次版本发布情况为：

——NY/T 472 – 2006。

引　言

绿色食品是指产自优良生态环境、按照绿色食品标准生产、实行全程质量控制并获得绿色食品标志使用权的安全、优质食用农产品及相关产品。鉴于食品安全和生态环境两方面影响因素，在动物性绿色食品生产中应制定兽药使用的规范和要求。

NY/T 472 标准根据《兽药管理条例》、《中华人民共和国兽药典》、《兽药质量标准》、《进口兽药质量标准》等国家法规和标准，结合绿色食品"安全、优良"的特性和要求，对动物性绿色食品生产中兽药使用的基本原则、使用原则和使用的品种、方法等进行了严格规定为规范绿色食品兽药使用，提高动物性绿色食品安全水平发挥了重要作用。但随着国家和公众对食品安全要求的提高以及畜禽养殖技术水平、规模和使用兽药的种类、使用方法等部发生了较大的变化，急需对原标准进行修订完善。

本次修订在遵循现有国家法律法规和食品安全国家标准的基础上，突出强调两绿色食品生产中要加强饲养管理，采取各种措施以减少应效，增强动物自身的抗病力，尽量不用或少用兽药；同时在国家批准使用兽药种类基础上进行筛选和限定，结合绿色食品养殖企业生产情况，在既保证不影响畜禽疾病防治，又能提升动物性绿色食品质量安全的前提下，确定了生产绿色食品可使用和不应使用的兽药种类。修订后的 NY/T 472 对绿色食品畜禽产品生产和管理更有指导意义。

绿色食品　兽药使用准则

1　范围

本标准规定了绿色食品生产中兽药使用的术语和定义、基本原则、生产 AA 级和 A 级绿色食品的兽药使用原则。

本标准适用于绿色食品畜禽及其产品的生产与管理。

2　规范性引用文件

下列文件对于本文件的应用是必不可少的，凡是注日期的引用文件，仅注日期的版本适用于本文件。凡是不注日期的引用文件，其最新版本（包括所有的修改单）适用于本文件。

GB/T 19639　有机产品　第 1 部分　生产

NY/T 391　绿色食品　产地环境质量

兽药管理条例

畜禽标识和养殖档案管理办法

中华人民共和国动物防疫法

中华人民共和国农业部　中华人民共和国兽药典

中华人民共和国农业部，兽药质量标准

中华人民共和国农业部　兽用生物制品质量标准

中华人民共和国农业部　进口兽药质量标准

中华人民共和国农业部公告　第 235 号　动物性食品中兽药最高残留限量

中华人民共和国农业部公告　第 278 号　兽药停药用规定

3　术语和定义

下列术语和定义造用本文件

3.1

AA 级绿色食品　AA grade grccn food

产地环境质量符合 NY/T 891 的要求，遵照绿色食品生产标准生产，生产过程中遵循自然规律和生态学原理，协调种植业和养植业的平衡，不使用化学合成的肥料、农药、兽药、渔药、添加剂等物质，产品质量符合绿色食品产品标准经专门机构许可使用绿色食品标志的产品。

3.2

A 级绿色食品　A grade green food

产地环境质量符合 NY/T 391 的要求，遵照绿色食品生产标准生产，生产过程中遵循自然规律和生态学原理，协调种植业和养殖业的平衡，限定的化学合成生产资料，产品质量符合绿色食品产品标准，经专门机构许可使用绿色食品标志的产品。

3.3

兽药　veterinary drug

用于预防、治疗、诊断动物疾病，或者有目的地调节动物生理机能的物质。包括化学药品、抗生素、中药材、中成药、生化药品、血清制品、疫苗、诊断制品、微生态制剂、放射性药品、外用杀虫剂和消毒剂等。

3.4

微生态制剂　probiotics

运用微生态学原理，利用对宿主有益的微生物及其代谢产物，经特殊工艺将一种或多种微生物制成的制剂。包括植物乳杆菌、枯草芽孢杆菌，乳酸菌，双歧杆菌，肠球菌和酵母菌等。

3.5

消毒剂　disinfcctant

用于杀灭传播媒介上病原微生物的制剂。

3.6

产蛋期　egg producing period

禽从产第一枚蛋至产蛋周期结束的持续时间。

3.7

泌乳期　duration of lactation

乳畜每一胎次开始泌乳到停止泌乳的持续时间。

3.8

休药期　withdrawal time withholding time

停药期

从畜禽停止用药到允许屠宰或其产品、蛋许可上市的时间隔时间。

3.9

执业兽医 licensed vetcrinarian

具备兽医相关技能，取得国家执业兽医统一考试或授权具有兽医执业资格，依法从事动物诊疗和动物保健等经营活动的人员，包括执业兽医师执业助理兽医师和乡村兽医。

4 基本原则

4.1 生产者应供给动物充是的营养，应按照 NY/T 391 提供良好的饲养环境，加强饲养管理，采取各种措施以减少应，增强动物自身的抗病力。

4.2 应按《中华人民共和国动物防疫法》的规定进行动物疾病的防治，在养殖过程中尽量不用或少用药物；确需使用兽药时，应在执业兽医指导下进行。

4.3 所用兽药应来自取得生产许可证和产品批准文号的生产企业或者取得进口兽药登记许可证的供应商。

4.4 兽药的质量应符合《中华人民共和国兽药典》、《兽药质量标准》、《兽用生物制品质量标准》、《进口兽药质量标准》的规定。

4.5 兽药的使用应符合《兽药管理条例》和《兽药停药期规定》等有关规定，建立用药记录。

5 生产 AA 级绿色食品的兽药使用原则

按 GB/T 19630.1 的规定执行。

6 生产 A 级绿色食品的兽药使用原则

6.1 可使用的兽药种类

6.1.1 优先使用第 5 章中生产 AA 级绿色食品所规定的兽药。

6.1.2 优先使用《动物性食品中兽药最高残留限量》中无最高残

限量（MRLs）要求或《兽药停药期规定》中无休药期要求的兽药。

6.1.3 可使用国务院兽医行政管理部门批准的微生态制剂、中药制剂和生物制品。

6.1.4 可使用高效、低毒和对环境污染低的消毒剂。

6.1.5 可使用附录 A 以外且国家许可的抗菌药、抗寄生虫药及其他兽药。

6.2 不应使用药物种类

6.2.1 不应使用附录 A 中的药物以及国家规定的其他禁止在畜禽养殖过程中使用的药物；产蛋期和泌乳期还不应使用附录 B 中的兽药。

6.2.2 不应使用药物饲料添加剂。

6.2.3 不应使用酚类消毒剂，产蛋期不应使用酚类和醛类消毒剂。

6.2.4 不应为了促进畜禽生长而使用抗菌药物、抗寄生虫药、激素或其他生长促进剂。

6.2.5 不应使用基因工程方法生产的兽药。

6.3 兽药使用记录

6.3.1 应符合《畜禽标识和养殖档案管理办法》规定的记录要求。

6.3.2 应建立兽药入库、出库记录，记录内容包括药物的商品名称、通用名称、主要成分、生产单位、批号、有效期、贮存条件等。

6.3.3 应建立兽药使用记录包括消毒记录、动物免疫记录和患病动物诊疗记录等。其中，消毒记录内容包括消毒剂名称、剂量、消毒方式、消毒时间等；动物免疫记录内容包括疫苗名称、剂量、使用方法、使用时间等；患病动物诊疗记录内容包括发病时间、症状、诊断结论以及所用的药物名称、剂量、使用方法、使用时间等。

6.3.4 所有记录资料应在畜禽及其产品上市后保存 2 以上。

附录 A

（规范性附录）

生产 A 级绿色食品不应使用的药物

生产 A 级绿色食品不应使用表 A.1 所列的药物

表 A.1　生产 A 级绿色食品不应使用的药物目录

序号	种类		药物名称	用途
1	β - 受体激动剂类		克仑特罗（clenbuterol）、沙丁胺醇（salbotenol）、莱克多巴胺（cavtopamine）、西马特罗（cimatetol）、特布他林（terbutaline）、多巴胺（doparnine）、班布特罗（bambnerol）、齐帕特罗（zilpaterol）、氯丙那林（clorpreoaline）、马布特罗（ronbuterbl）、西布特罗（cimbuterol）、溴布特罗（brombaterol）、阿福特罗（arformoterol）、福莫特罗（formoterol）、苯乙醇胺 A（phemylethanolamine A）、及其盐、酯及制剂	所有用途
2	激素类	性激素类	己烯雄酚（dielhystilbestrol）、已烷雄酚（bcxestol）及其盐、酯及制剂	所有用途
			甲基睾丸酮（mc + aby ltislerme）、丙胺睾丸酮（testosoronepropiemte）、苯丙酸诺龙（mancholone phemyl prepionate）、戊酸雌二醇（estradiol valcrae）、苯甲酸雌二醇（estradiol benzoatc）、及其盐、酯及制剂	促生长
		具雌激供需样作用的物质	玉米赤霉醇类药物（zeranol）、去甲雄三烯醇酮（tcenbolone）、醋酸甲孕酮（mengestrolecetate）及制剂	所有用途
3	催眠镇静类		安眠酮（methqalone）及制剂	促生长
			氯丙（chlonprocnzise）、地西津（安定 diazeparn）及其盐、酯及制剂	所有用途

（续表）

序号	种类	药物名称	用途
4	氨苯砜	氯苯砜（tnpsene）及制剂	所有用途
	酰胺醇类	氯霉素（chloramphcurol）及其盐、酯包括琥珀氯霉素（chloranhnicolshecinate）及制剂	所有用途
	硝基呋喃类	呋喃唑酮（fucazolidone）、呋喃西林（uricillin）、呋喃妥因（pierofuranton）、呋喃它酮（furalthbone）、呋喃苯烯酸钠（nitursyrenntesteun）及制剂	所有用途
	硝基化合物	硝基酚钠（scdivmnirophenolate）、硝呋烯腙（oitrovin）及制剂	所有用途
	磺胺类及其增效剂	磺胺噻唑（suliathazoie）、磺胺嘧啶（sulfadlazhn）、磺胺二甲嘧啶（sulfarnethoxydiazine）、磺胺甲噁唑（soluuiabime）、三甲氧苄氨嘧啶（trimetboptin）及其盐和制剂	所有用途
	喹诺酮类	诺氟沙星（norlfbxocin）、氧氟沙星（ofloxmcin）、培氟沙星（pcfloxacin）、洛美沙星（lomefloxacncin）及其盐和制剂	所有用途
5	喹噁啉类	卡巴氧（carbabox）、喹乙醇（olaquindox）、喹烯酮（quinocetone）、乙酰甲喹（mequindox）及其盐、酯及制剂	所有用途
	抗球虫类	二氯二甲吡啶酚（tbiaendazole）、阿苯咪唑（albendnzole）、甲苯咪唑（mebendazole）、硫苯咪唑（fcnbendnxole）、磺苯咪唑（oxfendazole）、丙噻苯咪唑（CBZ）及制剂	所有用途
	硝基咪唑类	甲硝唑（metronidazole）、地美硝唑（dimetronidazole）、替硝唑（tinidazole）及其盐、酯及制剂等	促生长
	氨基甲酸酯类	甲奈威（earbaryl）、呋喃丹（克百威，carbofuran）及制剂	杀虫剂
	有机氯杀虫剂	六六六（BHC）、滴滴涕（DDT）、林丹（丙体六六六，lindane）、毒杀芬（氯化烯，camahechlor）及制剂	杀虫剂
	有机磷杀虫剂	敌百虫（trichlorfon）、敌敌畏（dichlorvos）、皮蝇磷（fenchlorphos）、氧硫磷（oxinothiophos）、二嗪农（diazinon）、倍硫磷（fenthion）、毒死蜱（chlorpyrifos）、蝇毒磷（coumzphos）、马拉硫磷（malathion）及制剂	杀虫剂

抗菌药类（序号4）、抗寄生虫类（序号5）

（续表）

序号	种类		药物名称	用途
5	抗寄生虫类	其他杀虫剂	杀虫脒（克死螨，chonrdirneorm）、双甲脒（amitraz）、酒石酸锑钾（antimooypotassium）、锥虫肿胺（tryparsamide）、孔雀石绿（malachntegrccn）、五氯酚酸钠（pentachlorophenolsodiun）、氯化亚汞（甘汞，calomel）硝酸亚汞（mercurousnitrate）醋酸汞（mercurous scetate）、吡啶基醋酸汞（pyrdymercurous acetate）	杀虫剂
6	抗病毒类药物		金刚烷胺（anumtadme）、金刚乙胺（rimantadine）、阿昔洛韦（aciclovir）、吗啉（双）瓶（病毒灵）（moroxychine）、利巴韦林（ribaviin）等及其盐、酯及单、复方制剂	抗病毒
7	有机肿制剂		洛克沙肿（roxarsone）、氨苯肿酸（阿散酸·arsanilic acid）	所用用途

附录 B

（规范性附录）
产蛋期和泌乳期不应使用的兽药

产蛋期和泌乳期不应使用 B.1 所列的兽药

表 B.1　产蛋期和泌乳期不应使用的兽药目录

生长阶段	种类		兽药名称
产蛋期	抗菌药类	四环素类	四环素（tetracvcline）、多西环素（doxybvclih）
		青毒素类	阿莫西林（arnoycillin）、氨苄西林（anpichine）
		氨基糖苷类	新霉素（neornycin）安普霉素（apraraycin）、越霉素 A（destomycin A）、大观霉素（spectinomycn）
		磺胺类	磺胺氯哒嗪（sulfachlorpyridazine）、磺胺氯吡嗪钠（sulfachlorpyridazine）
		酰胺醇类	氯苄尼考（florfenicol）
		林可按类	林可霉素（lincomycim）

（续表）

生长阶段	种类		兽药名称
产蛋期	抗菌药类	大环内酯类	红霉素（rrythrcnycin）东菌素（lyosin）、其他霉素（kitasamycin）、替米考星（lmcosim）、万菌素（tylvalosim）
		喹诺酮类	达氟沙星（danofilxacin）、恩诺沙星（etuoflotacin）环丙沙星（cprofloxacin）、三氟沙星（diflomein）、氟甲喹（flumepoine）
		多肽类	那西咪（iuislleorieoride）、黏毒素（tohnyvcin）、想拉霉素（enimyvcin）、维吉尼素（iryinlahnyein）
		聚酯类	海南霉素纳（bidnngfoscnyeinsoxhueu）
	抗寄生虫类		二硝托斯（drmiolnrde）、马杜霉素（cmadvmaruvin）、地克珠利（diclazuril）、吡啶（cloqdol）、氯苯（cobciudiny）、盐霉素钠（ssrinemycin）
泌乳期	抗菌药类	四环素类	固环境（tetrcvior）、多四环素（dosycychnon）
		青霉素类	苄星邻氯霉素（bcoznbinic cloxacillin）
		大环内酯类	替米考星（umccin）、素拉霉素（teinheomucu）
	抗寄生虫类		双甲脒（armiraz）、伊维素（taistironciu）、阿维菌素（avermectin）、左旋咪唑（lhuzmisole）、芬达唑（toundazole）、脂胺（nioxanide）

CIS 11. 220

B 42

NY

中华人民共和国农业行业标准

NY/T 755—2013

代替 NY/T 755—2003

绿色食品 渔药使用准则

Green food – Fishery drug application guideline

2013 – 12 – 13 发布　　　　　　　　2014 – 04 – 01 实施

中华人民共和国农业部　发布

前　言

本标准按照 GB/T 1.1—2009 给出的规则起草。

本标准代替 NY/T 755—2003《绿色食品　渔药使用准则》，与 NY/T 755—2003 相比，除编辑性修改外主要技术变化如下：

——修改了部分术语和定义

——删除了允许使用药物的分类列表；

——重点修改渔药使用的基本原则和规定

——用列表将渔药划分为预防用渔药和治疗用渔药；

——本标准的附录 A 和附录 B 是规范性附录，

本标准由农业部农产品质量安全监管局提出。

本标准由中国绿色食品发展中心归口。

本标准准起草单位，中国水产科学研究院黄海水产研究所、江苏溧阳市长荡湖水产良种科技有限公司、青岛卓越海洋科技有限公司，中国绿色食品发展中心。

本标准主要起草人：周德庆、朱兰兰、潘洪强、乔春楠、马云峰、张瑞玲

本标准的历次版本发布情况为：

——NY/T 755—2003。

引　言

绿色食品是指产自优良生态环境、按照绿色食品标准生产、实行全程质量控制并获得绿色食品标志使用权的安全、优质食用农产品及相关产品，绿色食品水产养殖用药坚持生态环保原则，渔药的选择和使用应保证水资源和相关生物不遭受损害，保护生物循环和生物多样性，保障生产水域质量稳定。

科学规范使用渔药是保证绿色食品水产品质量安全的重要

手段，NY/T 755—2003《绿色食品　渔药使用准则》的发布实施规范了绿色食品水产品的渔药使用，促进绿色食品水产品质量安全水平的提高。但是，随着水产养殖、加工等的不断发展，渔药种类的使用限量和管理等出现了新变化、新规定，原版标准已不能满足绿色食品水产品生产和管理新要求，急需对标准进行修订。

本次修订在遵循现有食品安全国家标准的基础上立足绿色食品安全优质的要求，突出强调要建立良好养殖环境，并提倡健康养殖，尽量不用或者少用渔药，通过增强水产养殖动物自身的抗病力，减少疾病的发生，本次修订还将渔药按预防药物和治疗药物分别制定使用规范，对绿色食品水产品的生产和管理更有指导意义。

绿色食品　渔药使用准则

1　范围

本标准规定了绿色食品水产养殖过程中渔药使用的术语和定义、基本原则和使用规定。

本标准适用于绿色食品水产养殖过程中疾病的预防和治疗。

规范性引用文件

下列文件对于本文件的应用是必不可少的　凡是注日期的引用文件，仅注日期的版本适用于本文件。凡是不注日期的引用文件，其最新版本（包括所有的修改单）适用于本文件。

GB/T 19630.1　有机产品 第1部分；生产

中华人民共和国农业部　中华人民共和国兽药典

中华人民共和国农业部　兽药质量标准

中华人民共和国农业部　进口兽药质量标准

中华人民共和国农业部　兽用生物制品质量标准

NY/T 391　绿色食品　产地环境质量

中华人民共和国农业部公告　第176号　禁止在饲料和动物饮用水中使用的药物品种目录

中华人民共和国农业部公告　第193号　食品动物禁用的兽药及其他化合物清单

中华人民共和国农业部公告　第236号　动物性食品中兽药最高残留限量

中华人民共和国农业部公告　第278号　停药期规定

中华人民共和国农业部公告　第560号　兽药地方标准废止目录

中华人民共和国农业部公告　第1435号　兽药试行标准转正标准目录（第一批）

中华人民共和国农业部公告　第1506号　兽药试行标准转正标准目录（第二批）

中华人民共和国农业部公告　第1510号　禁止在饲料和动物饮水中使用的物质

中华人民共和国农业部公告　第1759号　兽药试行标准转正标准目录（第三批）

兽药国家标准化学药品中药卷

3　术语和定义

下列术语和定义适用于本文件

3.1

AA 级绿色食品　AAgrade green food

产地环境质量符合 NY/T 391 的要求按照绿色食品生产标准生产，生产过程中遵循自然规律和生态学原理，协调种植业和养殖业的平衡，不使用化学合成的肥料、农药、兽药、渔药、添加剂等物质，产品质量符合绿色品产品标准，经专门机构许可使用绿色食品标志的产品。

3. 3

渔药　fishery medicine

水产用兽药。

指预防、治疗水产养殖动物疾病或有目的地调节动物生理机能的物质，包括化学药品，抗生素、中草药和生物制品等。

3. 4

渔用抗微生物药　fishery antmicrobial agents

抑制或杀灭病原微生物的渔药。

3. 5

渔用抗寄生虫药　fishery antparasite agents

杀灭或驱除水产养殖动物体内、外或养殖环境中寄生虫病原的渔药。

3. 6

渔用消毒剂　fishey disinfectant

用于水产动物体表、渔具和养殖环境消毒的药物。

3. 7

渔用环境改良剂　envionment conditioner

改善养殖水域环境的药物。

3. 8

渔用疫苗　fishery vaecine

预防水产养殖动物传染性疾病的生物制品。

3. 9

停药期　vitbdraual period

从停止给药到水产品抽捞上市的间隔时间。

4　渔药使用的基本原则

4.1　水产品生产环境质量应符合 NY/T 891 的要求。生产者应按农业部《水产养殖质量安全管理规定》实施健康养殖。采取各种措施避免应激、增强水产养殖动物自身的抗病力，缺少病病的发生。

4.2 按《中华人民共和国动物防疫法》的规定、加强水产养殖动物疾病的预防，在养殖生产过程中尽量不用或者少用药物。确需使用渔药时，应选择高效、低毒、低残留的渔药、应保证水资源和相关生物不遭受损害，保护生物循环和生物多样性，保障生产水域质量稳定，在水产动物病害控制过程中，应在水生动物类执业兽医的指导下用药。停药期应满足中华人民共和国农业部公告第278号规定《中国兽药典兽药使用指南化学药品卷》（2010 版）的规定。

4.3 所用渔药应符合中华人民共和国农业部公告第 1435 号，第 1759 号，应来自取得生产许可证和产品批准文号的生产企业可者取得《进口兽药登记许可证》的供应商。

4.4 用于预防或治疗疾病的渔药应符合中华人民共和国农业部《中华人民共和国兽药典》、《兽药质量标准》、《兽用生物制品质量标准》和《进口兽药质量标准》等有关规定。

5 生产 AA 级绿色食品水产品的渔药使用规定

按 GB/T 19630.1 的规定执行。

6 生产 A 级绿色食品水产品的渔药使用规定

6.1 优先选用 GB/T 19630.1 规定的渔药。

6.2 预防用药见附录 A。

6.3 治疗用药见附录 B。

6.4 所有使用的渔药应来自具有生产许可证和产品批准文号的生产企业，或者具有《进口兽药登记许可证》的供应商

6.5 不应使用的药物种类

6.5.1 不应使用中华人民共和国农业部公告第 176 号、193 号、235 号、560 号和 1519 号中规定的渔药。

6.5.2 不应使用药物饲料添加剂

6.5.3 不应为了促进养殖水产动物生长而使用抗菌药物、激素或

其他生长促进剂。

6.5.4 不应使用通过基因工程技术生产的渔药。

6.6 渔药的使用应建立用药记录

6.6.1 应满足健康养殖的记录要求。

6.6.2 出入库记录：应建立渔药入库、出库登记制度，应记录的药物的商品名称、通用名称、主要在分、批号、有效期、贮存条件等。

6.6.3 建立并保存消毒记录，包括消毒剂种类、批号、生产单位、剂量消毒方式、消毒频率或时间等。建立并保存水产动物的免疫程序记录，包括疫苗种类，使用方法、剂量、批号生产单位等。建立并保存患病水产动物的治疗记录，包括水产动物标志，发病时间及症状，药物种类、使用方法及剂量、治疗时间、疗程、停药时间、所有药物的商品名称及主要成分、生产单位及批号等。

6.6.4 所有记录资料应在产品上市后保存两年以上。

A.1 国家兽药标准中列出的水产用中草药及其成药制剂
     见《兽药国家标准化学药品、中药卷》

A.2 生产A级绿色食品预防用化学药物及生物制品
     见表A.1。

表A.1 生产A级绿色食品预防用化学药物及生物制品目录

类别	制剂与主要成分	作用与用途	主要事项	不良反应
调节代谢或生长药物	维生素C纳粉（Sodium Ascorbate Poqdern）	预防和治疗水生动物的维生素C缺乏症等	1. 勿与维生素D和维生素K合用，以免氧化失效 2. 勿与含铜、锌离子的药物混合使用	

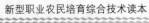

（续表）

类别	制剂与主要成分	作用与用途	主要事项	不良反应
疫苗	草鱼出血病灭活疫苗（Cirrss arp Hcmetthake Vacme，lnclivnted）	预防草鱼出血病免疫期 12 个月	1. 切忌冻结，冻结的疫苗严禁使用 2. 使用前，先使疫苗恢复至室温并充分摇匀 3. 开瓶后限当日用完 4. 接种时，应作局部消毒外理 5. 使用过的疫苗瓶器具和未用完的疫苗等应进行消毒处理	
	牙鲆鱼溶藻弧菌、鳗弧菌、迟缓爱德华病多联抗独特型抗体疫苗（Vibrio arguolyicus. Vilbrio anguillarum，sow Edward diseaso umtiple anti idiotypicantibody vaccine）	预防牙鲆鱼溶藻弧菌、鳗弧菌、迟缓爱德华病，免疫期为 5 个月	1. 本品仅用于接种健康鱼 2. 接种浸泡前应停食至少 24h 浸泡时向海水内充气 3. 注射型疫苗使用时应将疫苗与等量的弗氏不完全佐剂充分混合浸泡型疫苗与等量的弗氏不完全佐剂充分混合，浸泡型疫苗倒入海水也要充分搅拌便疫苗均匀分布于海水中 4. 弗氏不完全佐剂在 2℃ ~8℃ 储藏，疫苗封后，应限当日用完 5. 注射接种时，应尽量避免操作对鱼造成的损伤 6. 接种疫苗时，应使用 1 毫升的一次性注射器，注射中应注意避免针孔堵塞 7. 浸泡的海水温度以 15℃ ~20℃ 为宜 8. 使用过的疫苗瓶、器具和未用完的疫苗等应进行消毒处理	
	鱼嗜水气单胞菌败血症灭活疫苗（Grass Carp Hemorrhage Vaccine Inactivated）	预防淡水鱼类特别是鲤科鱼的嗜水气单胞菌败血症，免疫期为 6 个月	1. 切忌冻结，冻结的疫苗严禁使用，疫苗稀释后，限当日用完 2. 使用前，应先使疫苗恢复至室温，并充分摇匀 3. 接种时，应作局部消毒处理 4. 使用过的疫苗瓶、器具和未用完的疫苗等应时行消毒处理	

（续表）

类别	制剂与主要成分	作用与用途	主要事项	不良反应
疫苗	鱼虹彩病毒病灭活疫苗（lridovirus Vaccine，lnactivated）	预防真鲷、鰤鱼属、拟鯵的虹彩病毒病	1. 仅用于接种健康鱼 2. 本品不能与其他药物混合使用 3. 对真鲷接种时，不应使用麻醉剂 4. 使用麻醉剂时，应正确掌握方法和用量 5. 接种前应停食至少24h 6. 接种本品时，应采用连续性注射，并采用适宜的注射深度，注射中应避免针孔堵塞 7. 应使用高压蒸汽消毒沸消毒过的注射器 8. 使用的充分摇匀 9. 一日开瓶，一次性用完 10. 使用过的疫苗瓶、器具和未用完的疫苗等应进行消毒处理 11. 应避免冻结 12. 如意外将疫苗污染到人的眼、鼻、嘴中或注内到人体内时，应及时对其部采取消毒等措施	
	鰤鱼格氏乳球菌灭活疫苗（BY1一株）（Lactceocctw Garviat Vaccine，ln etivtcd）（S train BY1）	预防出口样本的五条鱼鰤、杜氏师（高体师）格氏乳球菌病	1. 营养不良、患病或疑似患病的靶动物不可注射，正在使用其他药物或停药4d内的靶动物不可注射 2. 靶动物需经7d明化并停止喂食24h以上方能注射疫苗，注射7d内应避免运输 3. 本疫苗在20℃以上的水温中使用 4. 本品使用前和使用过程中注意摇匀 5. 注射器具，应经高压蒸汽灭菌或煮沸等方法消毒后使用，推荐使用连续注射器 6. 使用麻醉剂时，遵守麻醉剂用量 7 本品不与其他药物混合使用 8. 疫苗一旦开启尽快使用 9. 妥善处理使用后的残留疫苗、空瓶和针头等 10. 避光、避热、避冻结 11. 使用过的疫苗瓶、器具和未用完的疫苗等应进行消毒处理	

（续表）

类别	制剂与主要成分	作用与用途	主要事项	不良反应
消毒用药	溴氯海因粉（Bromochlorodi methylhydantoin Powder）	养殖水体消毒；预防鱼虾、蟹、鳖、贝、蚌等由弧菌、嗜水气单胞菌、爱德华菌等引起的出血、烂鳃、腐皮、肠炎等疾病	1. 勿用金属容器盛装 2. 缺氧水体禁用 3. 水质较清，透明度高于30cm时，剂量酌减 4. 苗种剂量减半	
	次氯酸钠溶液（Sodium Hypochlorite Solution）	养殖水体、器械的消毒与杀菌；预防鱼、虾、蟹的出血、烂鳃、腹水、肠炎、疖疮、腐皮等细菌性疾病	1. 本品受环境因素影响较大，因此使用时应特别注意环境条件，在水温偏高、pH较低、施肥前使用效果更好 2. 本品有腐蚀性，勿用金属容器盛装，会伤害皮肤 3 养殖水体深超过2m时，按2m深计算用药 4. 包装物用后集中销毁	
	聚维酮碘溶液（Povidone Iodine Solution）	养殖水体的消毒，防治水产养殖动物由弧菌、嗜水气单菌引起的细菌性疾病	1. 水体缺氧时禁用 2. 勿用金属容器盛装 3. 勿与强碱类物质及重金属物质混用 4. 冷水性鱼类慎用	
	三氯异氰脲酸粉（Trichloroisocyanuti Acid Powder）	水体、养殖场所和工具等消毒以及水产动物体表消毒等，防治鱼虾等水产动物的多种细菌性和病毒性疾病	1. 不得使用金属容器盛装，注意使用人员的防护 2. 勿与破性药物、油脂、硫酸亚铁等混合使用 3. 根据不同的鱼类和水体的pH，使用剂量适当增减	
	复合碘溶液（Complex Iodine Soln ion）	防治水产养殖动物细菌性和病毒性疾病	1. 不得与强碱或还原剂混合使用 2. 冷水鱼慎用	
	蛋氨酸碘粉（Methonine Iodine Podwer）	消毒药，用于防治对虾白斑综合症	勿与维生素C类强还原剂同时使用	

（续表）

类别	制剂与主要成分	作用与用途	主要事项	不良反应
消毒用药	高碘酸钠（Sodium Pericdate Solution）	养殖水体的消毒，防治鱼、虾、蟹、水产养殖动物由弧菌、嗜水气单胞菌、爱德华氏菌等细菌引起的出血、烂鳃、腹水、肠炎、腐皮等细菌性疾病	1. 勿用金属容器盛装 2. 勿与强碱类物质及含汞类药物混用 3. 软体动物、鲑等冷水性鱼类慎用	
	苯扎溴铵溶液（Benzalkonium Bromide Solu Gon）	养殖水体消毒，防治水体养殖动物由细菌性感染引起的出血、烂鳃、腹水、肠炎、疖疮、腐皮等细菌性疾病	1. 勿用金属容器盛装 2. 禁与阴离子表面活性剂、碘化物和过氧化物等混用 3. 软体动物，鲑等冷水性鱼类慎用 4. 水质较清的养殖水体慎用 5. 使用后注意池塘缺氧 6. 包装物使用后集中销毁	
	含氯石灰（Chlorinated Lime）	水体的消毒，防治水产养殖动物由弧菌、嗜水单胞菌、爱德华氏菌等细引起的细菌性疾病	1. 不得使用金属器具 2. 缺氧、浮头前后严禁使用 3. 水质较瘦、透明度高于60cm时，剂量减半 4. 苗种慎用 5. 本品杀菌作用快而强，但不持久，且受有机物的影响，在实际使用时，本品需与被消毒物至少接触1min～20min	
	石灰（Lime）	鱼池消毒、改良水质		

（续表）

类别	制剂与主要成分	作用与用途	主要事项	不良反应
渔用环境改良剂	过硼酸钠（Sodium Perborate Powder）	增加水中溶氧，改善水质	1. 本品为急救药品，根据缺氧程度适当增减用量，并配合充水，增加增氧机等措施改善水质 2. 产品有轻微结块，压碎使用 3. 包装物用后集中销毁	
	过碳酸钠（Sodium Percarboratc）	水质改良剂，用于缓解和解除鱼、虾、蟹等水产养殖动物因缺氧引起的浮头和泛塘	1. 不得与金属、有机溶剂、还原剂等解除 2. 按浮头处水体计算药品用量 3. 视浮头程度决定用药次数 4. 发生浮头时，表示水体严重缺氧，药品加入水体后，还应采取冲水，开增氧机等措施 5. 包装物使用后集中销毁	
	过氧化钙（Calciutn Peroxide Powder）	池塘增氧，防治鱼类缺氧浮头	1. 对于一些无更换水源的养殖水体，应定期使用 2. 严禁与含氯制剂、消毒剂、还原剂等混放 3. 严禁与其他化学试剂混放 4. 长途运输时常使用增氧设备，观赏鱼长途运输禁用	
	过氧化氢溶液（Hydrogen Peroxicie Solution）	增加水体溶氧	本品为强氧化剂，腐蚀剂，使用时顺风向泼洒，勿将药液接触皮肤，如接触皮肤应立即用清水冲洗	

见表 B.1。

表 B.1　生产 A 级绿色食品治疗用化学药物目录

类别	制剂与主要成分	作用与用途	注意事项	不良反应
抗微生物药物	盐酸多西环素粉（Doxycycline Hyelate Powder）	治疗鱼类由弧菌、嗜水单胞菌、爱德华菌等细菌引起的细菌性疾病。	1. 均匀拌饵投喂 2. 包装物用后集中销毁	长期应用可引起二重感染和肝脏损害
	氧苯尼考粉（Hofchicol Poweer）	防治淡、海水养殖鱼类由细菌引起的败血症、溃疡、肠道病、烂鳃病以及虾红体病、蟹腹水病	1. 混拌后的药饵不宜久置 2. 不宜高剂量长期使用	高剂量长期使用对造血系统具有可逆性抑制作用
	氧苯尼考粉预混剂（5%）（Flofencol Prcinix–50）	治疗嗜水气单胞菌、副溶血弧菌、溶藻弧菌、链球菌等引起的感染，如鱼类细菌性败血症、溶血性腹水病、肠炎、赤皮病等，也可治疗虾、蛋类弧菌病、罗非鱼链球菌病等	1. 预混剂需先用食用油混合之后再与饲料混合，为确保均匀，本品须先与少量饲料混匀，再与剩余饲料混匀 2. 使用后须用肥皂和清水彻底洗净饲料所用的设备	高剂量长期使用对造血系统具有可逆性抑制作用
	氟苯尼考粉注射剂（Flofeniccl Inlcction）	治疗鱼类敏感菌所致疾病		
抗微生物药物	硫酸锌霉素（Neomycin Sulfate Powder）	用于治疗鱼、虾、蟹等水产动物由气单胞菌、爱德华氏菌及弧菌引起的肠道疾病		

（续表）

类别	制剂与主要成分	作用与用途	注意事项	不良反应
驱杀虫药物	硫酸锌粉（Zin Sulfate Powder）	杀灭或驱除河蟹、虾类等的固着类纤毛虫	1. 禁用于鳗鲡 2. 虾蟹幼苗期及脱壳期中期慎用 3. 高温低压气候注意增氧	
	硫酸锌三氯异氰脲酸粉（Zincsulfate and Trichloroisocyanuric Powder）	杀灭或驱除河蟹、虾类等水生动物的固着类纤毛虫	1. 禁用于鳗鲡 2. 虾蟹幼苗期及脱壳期中期慎用 3. 高温低压气候注意增氧	
	盐酸氯苯胍粉（Robenidinum Hydrochloride Powder）	鱼类孢子虫病	1. 搅拌均匀，严格按照推荐剂量使用 2. 斑点叉尾鮰慎用	
	阿苯达唑粉（Albendaxole Powder）	治疗海水鱼类线虫病和由双鳞盘吸虫、贝尼登虫等引起的寄生虫病；淡水养殖鱼类由指环虫、三代虫以及黏孢子虫等引起的寄生虫病		
	地克珠利预混剂（Dielazuril Premix）	防治鲤科鱼类黏孢子虫、碘泡虫、尾孢虫、四级虫、单级虫等孢子虫病		
消毒用药	聚维酮碘溶液（Povidone Iodine Solution）	养殖水体的消毒，防治水产养殖动物由弧菌、嗜水气单胞菌、爱德华菌等细菌引起的细菌性疾病	1. 水体缺氧时禁用 2. 勿用金属容器盛装 3. 勿与强碱类物质及重金属物质混用 4. 冷水性鱼类慎用	

（续表）

类别	制剂与主要成分	作用与用途	注意事项	不良反应
消毒用药	三氯异氰脲酸粉（Trichloroisocvlim trtc Acid Powder）	水体、养殖场所和工具等消毒以及水产动物体表消毒等，防治鱼虾等水产动物的多种细菌性和病毒性疾病的作用	1. 不得使用金属容器盛装，注意使用人员的防护 2. 勿与碱性药物，油脂、硫酸亚铁等混合使用 3. 根据不同的鱼类和水体的 pH，使用的剂量适当增减	
	复合碘溶液（Complcx Iddine Solution）	防治水产养殖动物细菌性和病毒性疾病	1. 不得与强碱或还原剂同时使用	
	蛋氨酸碘粉（Mrchionina Iofine Podwer）	消毒药，用于防治对虾白斑综合症	勿与维生素 C 类强还原剂同时使用	
	高碘酸钠（Sodi-urn Periodate Solution）	养殖水体的消毒；防治鱼、虾、蟹等水产养殖动物由弧菌、嗜水气单胞菌、爱德华氏菌等细菌引起的败血、烂鳃、腹水、肠炎、腐皮等细菌性疾病	1. 勿用金属容器盛装 2. 勿与强类物质及含汞类药物混用 3. 软体动物、鲑等冷水性鱼类慎用	
	苯札溴铵溶液（Benzalkonium Bramuiu Solution）	养殖水体消毒，防治水产养殖动物由细菌性感染引起的出血、烂鳃、腹水、肠炎、疖疮、腐皮等细菌性疾病	1. 勿用金属容器盛装 2. 禁与阴离子表面活性剂、硫化物和过氧化物等混用 3. 软体动物、鲑等冷水性鱼类慎用 4. 水质较清的养殖水体慎用 5. 使用后注意池塘增氧 6. 包装物使用后集中销毁	

NY

中华人民共和国农业行业标准

NY/T 1054—2013

代替 NY/T 1054—2006

绿色食品

产地环境调查、监测与评价规范

Green food—Specification for environmental investigation,
monitoring and assessment

2013－12－13 发布　　　　　　　　2014－04－01 实施

中华人民共和国农业部　发布

前　言

本标准按照 GB/T 1.1—2009 给出的规则起草。

标准代替 NY/T 1054—2006《绿色食品　产地环境调查、监测与评价导则》，与 NY/T 1054—2006 相比，除编辑性修改外主要技术变化如下：

——修改了标准中英文名称；

——修改了调查方法；

——增加了食用盐原料产区和食用菌栽培基质的调查、监测及评价方法；

——调整了部分环境质量免测条件和采样点布设点数；

——修改了评价原则和方法；

本标准由农业部农产品质量安全监管局提出。

本标准由中国绿色食品发展中心归口。

本标准起草单位：中国科学院沈阳应用生态研究所、中国绿色食品发展中心。

本标准主要起草人：王颜红、崔杰华、李显军、张宪、李国琛、王莹、王瑜、林桂凤。

本标准的历次版本发布情况为：

——NY/T 1054—2006。

引　言

根据农业部《绿色仪器标志管理办法》和 NY/T 391《绿色食品　产地环境质量》的要求，特制定本规范。

产地环境质量状况直接影响绿色食品质量，是绿色食品可持续发展的先决条件。绿色食品的安全，优质和营养特性，不仅依赖合格的空气、水质、土壤等产地环境质量要素，也需要合理的农业产业结构和配套的生态环境保护措施，一套科学有效的产地环境调查、监测与评价方法是保证绿色食品生产基地安全条件的基本要求。

制定《规范》，目的在于规范绿色食品产地环境质量调查、监测、评价的原则、内容和方法，科学、正确地评价绿色食品产地环境质量，为绿色食品认证提供科学依据。同时，要通过以清洁生产和生态保护为基础的农业生态结构调节，保证农业生态系统的主要功能趋于良性循环，达到保护资源、增加效益、促进农业可持续发展的目的，最终实现经济效应和生态安全和谐统一。《规范》制定以立足现实、兼顾长远，以科学性、准确性、可操作性为原则，保证 NY/T 391《绿色食品　产地环境质量》的实施。

绿色食品　产地环境调查、监测与评价规范

1　范围

本标准规定了绿色食品产地环境调查、产地环境质量监测和产地环境质量评价的要求。

本标准适用于绿色食品产地环境。

2　规范性引用文件

下列文件对于本文件的应用是必不可少的，凡是注日期的引用文件，仅注日期的版本适用于本文件。凡是不注日期的引用文件，其最新版本（包括所有的修改单）适用于本文件。

GB/T 391　绿色食品　产地环境质量

GB/T 395　农田土壤环境质量监测技术规范

GB/T 396　农用水源环境质量监测技术规范

GB/T 397　农区环境空气质量监测技术规范

3　产地环境调查

3.1　调查目的和原则

产地环境质量调查的目的是科学、准确地了解产地环境质量现状，为优化监测布点提供科学依据。根据绿色食品产地环境特点，兼顾重要性、典型性、代表性，重点调查产地环境质量现状、发展趋势及区域污染控制措施，兼顾产地自然环境、社会经济及工农业生产对产地环境质量的影响。

3.2　调查方法

省级绿色食品工作机构负责组织对申报绿色食品产品的产地环境进行现状调查，并确定布点采样方案。现状调查应采用现场调查方法，可以采取资料核查、座谈会、问卷调查等多种形式。

3.3　调查内容

3.3.1　自然地理：地理位置、地形地貌。

3.3.2　气候与气象：该区域的主要气候特性，年平均风速和主导风向、年平均气温、极端气温与月平均气温、年平均相对温度、年平均降水量、降水天数、降水量极值、日照时数。

3.3.3　水文状况：该区域地表水、水系、流域面积、水文特征、地下水资源总量及开发利用情况等。

3.3.4　土地资源：土壤类型、土壤肥力、土壤背景值、土壤利用情况。

3.3.5　植被及生物资源：林木植被覆盖率、植物资源、动物资源、鱼类资源等。

3.3.6　自然灾害：旱、涝、风灾、冰雹、低温、病虫草鼠害等。

3.3.7　社会经济概况：行政区划、人口状况、工业布局、农田水利和农村能源结构情况。

3.3.8　农业生产方式：农业种植结构、生态养殖模式。

3.3.9　工农业污染：包括污染源分布、污染物排放、农业投入品使用情况。

3.3.10　生态环境保护措施：包括废弃物处理、农业自然资源合理利用；生态农业、循环农业、清洁生产、节能减排等情况。

3.4　产地环境调查报告内容

根据调查、了解、掌握的资料情况，对申报产品及其原料生产基地的环境质量状况进行初步分析，出具调查分析报告，报告包括如下内容：

——产地基本情况、地理位置及分布图；

——产地灌溉用水环境质量分析；

——产地环境空气质量分析；

——产地土壤环境质量分析；

——农业生产方式、工农业污染、生态环境保护措施等；

——综合分析产地环境质量现状、确定优化布点监测方案；

4　产地环境质量监测

4.1　空气监测

4.1.1　布点原则

依据产地环境调查分析结论和产品工艺特点，确定是否进行空气质量监测。进行产地环境空气质量监测的地区，可根据当地生物生长期的主导风向，重点监测可能对产地环境造成污染的污染源的下风向。

4.1.2　样点数量

样点布设点数应充分考虑产地布局，工业污染情况和生产工艺等特点，按表1的规定规定执行；同时还应根据空气质量稳定性以及污染物对原料生长的影响程度适当增减，有些类型产地可以减免布设点数，具体要求详见表2。

表1　不同产地类型空气点数布设表

产地类型	布设点数/个
布局相对集中，面积较小，无工矿污染源	1~3
布局较为分散，面积较大，无工矿污染源	

表 2　减免布设空气点数的区域情况表

产地类型	减免情况
产地周围 5km，主导风向的上风向 20km 内无工矿污染源的种植业区	免测
设施种植业区	只测温室大棚外空气
养殖业区	只测养殖原料生产区域的空气
矿泉水等水源地和食用盐原料产区	免测

4.1.3　采样方法

a）空气监测点应选择在远离树木、城市建筑及公路、铁路的开阔地带，若为地势平坦区域，沿主导风向 45°～90° 夹角内布点；若为山谷地貌区域，应沿山谷走向布点。各监测点之间的设置条件相对一致，间距一般不超过 5km，保证各监测点所获数据具有可比性。

b）采样时间应选择在空气污染对生产质量影响较大的时期进行，采样频率为每天 4 次，上下午各 2 次，连采 2d。采样时间分别为：晨起、午前、午后和黄昏，每次采样量不得低于 10m³。遇雨雪等降水天气停采，时间顺延。取 4 次平均值，作为日均值。

c）其他要求按 NY/T397 的规定执行。

4.1.4　监测项目和分析方法

按 NY/T 391 的规定执行。

4.2　水质监测

4.2.1　布点原则

a）水质监测点的布设要坚持样点的代表性、准确性和科学性的原则。

b）坚持从水污染对产地环境质量的影响和危害出发，突出重点、照顾一般的原则。即优先布点监测代表性强，最有可能对产地环境造成污染的方位、水源（系）或产品生产过程中对其质量有直接影响的水源。

4.2.2 样点数盈

对于水资源丰富，水质相对稳定的同一水源（系），样点布设 1 个 ~3 个，若不同水源（系）则依次叠加，具体布设点数按表 3 的规定执行。水资源相对贫乏，水质稳定性较差的水源及对水质要求较高的作物产地，则根据实际情况适当增设采样点数，对水质要求较低的粮油作物、禾本植物等，采样点数可适当减少，有些情况可以免测水质，详见表 4。

表 3　不同产地类型水质点数布设表

产地类型		布设点数（以每个水源或水系计），个
种植业（包括水培蔬菜和水生植物）		1
	近海（包括滩涂）渔业	1 ~3
养殖业	集中养殖	1 ~3
	分散养殖	1
食用盐原料用水		1 ~3
船工用水		1 ~3

表 4　免测水质的产地类型情况表

产地类型	布设点数（以第个水源或水系计）
灌溉水系天然降雨的作物	免测
深海渔业	免测
矿泉水水源	免测

4.2.3 采样方法

a）采样时间和频率：种植业用水在农作物生长过程中灌溉用水的主要灌期采样 1 次；水产养殖业用水，在其生长期采样 1 次；畜禽养殖业用水，宜与原料产地灌溉用水同步采集饮用水水样 1 次；加工用水每个水源采集水样 1 次。

b）其他要求按 NY/T396 的规定执行。

4.2.4 监测项目和分析方法

按 NY/T391 的规定执行。

4.3 土壤监测

4.3.1 布点原则

绿色食品产地土壤监测点布设，以能代表整个产地监测区域为原则；不同的功能区采取不同的布点原则；宜选择代表性强、可能造成污染的最不利的方位、地块。

4.3.2 样点数量

4.3.2.1 大田种植区

按照表5 的规定执行，种植区相对分散，适当增加采样点数。

表5 大田种植区土壤样点数量布设表

产地面积	布设点数
2 000hm² 以内	3 个 ~5 个
2 000hm² 以上	每增加 1 000hm²，增加 1 个

4.3.2.2 蔬菜露地种植区

按照表6 的规定执行。

表6 蔬菜露地种植区土壤样点数量布设表

产地面积	布设点数
200hm² 以内	3 个 ~5 个
200hm² 以上	每增加 100hm²，增加 1 个

注：莲藕、荸荠等水生植物采集底泥。

4.3.2.3 设施种植业区

按照表7 的规定执行，栽培品种较多，管理措施和水平差异较大，应适当增加采样点数。

表7　设施种植业区土壤样点数量布设表

产地面积	布设点数
100hm² 以内	3 个
100hm² ~ 300hm²	5 个
300hm² 以上	每增加 100hm²，增加 1 个

4.3.2.4　食用菌种植区

根据品种和组成不同，每种基质采集不少于 3 个。

4.3.2.5　野生产品生产区

按照表 8 的规定执行。

表8　设施种植业区土壤样点数量布设表

产地面积	布设点数
2 000hm² 以内	3 个
2 000hm² ~ 5 000hm²	5 个
5 000hm² ~ 10 000hm²	7 个
10 000hm² 以上	每增加 5 000hm²，增加 1 个

4.3.2.6　其他生产区域

按照表 9 的规定执行。

表9　设施种植业区土壤样点数量布设表

产地面积	布设点数
近海（包括滩涂）渔业	不少于 3 个（底泥）
淡水养殖区	不少于 3 个（底泥）

注：深海和网箱养殖区，食用盐原料产区、矿泉水水源区、加工业区免测。

4.3.3　采样方法

a）在环境因素分布比较均匀的监测区域，采取网格法或梅花法布点；在环境因素分布比较复杂的监测区域，采取随机布点法布点；在可能受污染的监测区域，可采用放射法布点。

b）土壤样品原则上要求安排在作物生长期内采样，采样层次按表10的规定执行，对于基地区域内同时种植一年生和多年生作物，采样点数量按照申报品种，分别计算面积进行确定。

c）其他要求按NY/T395的规定执行。

表10　设施种植业区土壤样点数量布设表

产地面积	布设点数
一年生作物	0～20
多年生作物	0～40
底泥	0～20

4.3.4　监测项目和分析方法

土壤和食用菌栽培基质的监测项目和分析方法按NY/T391的规定执行。

5　产地环境质量评价

5.1　概述

绿色食品产地环境质量评价的目的，是为保证绿色食品安全和优质，从源头上为生产基地选择优良的生态环境，为绿色食品管理部门的决策提供科学依据，实现农业可持续发展。环境质量现状评价是根据环境（包括污染源）的调查与监测资料，应用具有代表性、简便性和适用性的环境质量指数系统进行综合处理，然后对这一区域的环境质量现状做出定量描述，并提出该区域环境污染综合防治措施。产地环境质量评价包括污染指数评价、土壤肥力等级划分和生态环境质量分析等。

5.2　评价程序

应按图1的规定执行。

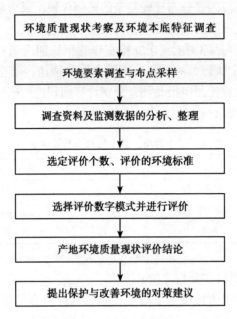

图1 绿色食品产地环境质量评价工作程序图

5.3 评价标准

按 NY/T391 的规定执行。

5.4 评价原则和方法

5.4.1 污染指数评价

5.4.1.1 首先进行单项污染指数评价，按照式（1）计算。如果有一项单项污染指数大于1，视为该产地环境质量不符合要求，不适宜发展绿色食品。对于有检出项目，污染物实测值取检出限的一……

5.5 评价报告内容

评价报告应包括如下内容：

——前言，包括评价任务的来源、区域基本情况和产品概述；

——产地环境状况，包括自然状况、农业生产方式、污染源分布和生态环境保护措施等；

　　——产地环境质量监测，包括布点原则、分析项目、分析方法和测定结果；

　　——产地环境评价，包括评价方法、评价标准、评价结果与分析；

　　——结论；

　　——附件，包括产地方位图和采样点分布图等。

附件二　重大动物疫病强制免疫实施方案

高致病性禽流感强制免疫实施方案

对所有鸡、水禽（鸭、鹅）进行高致病性禽流感强制免疫。对人工饲养的鹌鹑、鸽子等，参考鸡的相应免疫程序进行免疫。

对进口国有要求且防疫条件好的出口企业，以及提供研究和疫苗生产用途的家禽，报经省畜牧局批准后，可以不实施免疫。

一、免疫程序

规模养殖场可按下述推荐免疫程序进行免疫，对散养家禽在春秋两季各实施一次集中免疫，每月对新补栏的家禽要及时补免。

1. 种鸡、蛋鸡免疫

雏鸡 7 ~ 14 日龄时，用禽流感 H5N1（Re-6 株 + Re-7 株）二价灭活疫苗进行初免；3 ~ 4 周后进行一次加强免疫，使用禽流感 H5N1（Re-6 株 + Re-7 株）二价灭活疫苗或使用禽流感单价苗；开产前再用禽流感 H5N1（Re-6 株 + Re-7 株）二价灭活疫苗进行加强免疫，以后每隔 4 ~ 6 个月或根据免疫抗体检测结果，用禽流感 H5N1（Re-6 株 + Re-7 株）二价灭活疫苗免疫一次。

2. 商品代肉鸡免疫

7 ~ 14 日龄时，用禽流感 H5N1（Re-6 株 + Re-7 株）二价灭活疫苗免疫一次。或者，7 ~ 14 日龄时，用禽流感 – 新城疫重组二联活疫苗（rLH5-6 株）首免；2 周后，用禽流感–新城疫重组二联活疫苗（rLH5-6 株）加强免疫一次。

饲养周期超过 70 日龄的，参照蛋鸡免疫程序免疫。

3. **种鸭、蛋鸭、种鹅、蛋鹅免疫**

雏鸭或雏鹅 14～21 日龄时，用禽流感 H5N1（Re-6 株＋Re-7 株）二价灭活疫苗进行初免；3～4 周后，再用禽流感 H5N1 二价灭活疫苗进行一次加强免疫；以后每隔 4～6 个月或根据免疫抗体检测结果，用禽流感 H5N1 二价灭活疫苗免疫一次。

4. **商品肉鸭、肉鹅免疫**

肉鸭 7～10 日龄时，用禽流感 H5N1（Re-6 株＋Re-7 株）二价灭活疫苗进行一次免疫即可。

肉鹅 7～10 日龄时，用禽流感 H5N1（Re-6 株＋Re-7 株）二价灭活疫苗进行初免；3～4 周后，再用禽流感 H5N1 二价灭活疫苗进行一次加强免疫。

5. **散养禽免疫**

春、秋两季用禽流感 H5N1（Re-6 株＋Re-7 株）二价灭活疫苗各进行一次集中全面免疫，每月定期补免。

6. **鹌鹑、鸽子等其他禽类免疫**

根据饲养用途，参考鸡的相应免疫程序进行免疫。

7. **调运家禽免疫**

对调出县境的种禽或其他非屠宰家禽，要在调运前 2 周进行一次禽流感强化免疫。未进行强化免疫的（1 周龄内雏禽除外），动物卫生监督机构不得出具检疫合格证明。

8. **紧急免疫**

发生疫情时，要对受威胁区域的所有家禽进行一次强化免疫。边境地区受到境外疫情威胁时，要对距边境 30 公里范围内所有家禽进行一次强化免疫。最近 1 个月内已免疫的家禽可以不进行强化免疫。

二、免疫方法

各种疫苗免疫接种方法及剂量按相关产品说明书规定进行。当使用 H5 + H9 二价灭活疫苗（H5N1Re-6 + H9N2Re-2 株）免疫时，须注意使用 H5N1 亚型二价灭活疫苗（H5N1Re-6 + Re-7）加强免疫。

三、免疫效果监测

1. 检测方法

血凝抑制试验（HI）。

2. 免疫效果判定

活疫苗的免疫效果判定：商品代肉雏鸡第二次免疫 14 天后，进行免疫效果监测。鸡群免疫抗体转阳率≥50% 判定为合格。

灭活疫苗的免疫效果判定：家禽免疫后 21 天进行免疫效果监测。禽流感抗体血凝抑制试验（HI）抗体效价≥2^4 判定为合格。

存栏禽群免疫抗体合格率≥70% 判定为合格。

口蹄疫强制免疫实施方案

对所有猪进行 O 型口蹄疫强制免疫；对所有牛、羊、骆驼、鹿进行 O 型和亚洲 I 型口蹄疫强制免疫；对所有奶牛和种公牛进行 A 型口蹄疫强制免疫。

一、免疫程序

所有家畜都要按下述推荐免疫程序进行免疫，对新补栏的家畜要及时免疫，散养家畜首免后 1 个月必须进行一次加强免疫。

所有怀孕母畜（1 个月内临产的除外）必须进行免疫。为减轻免疫副反应，可将疫苗多点多次进行免疫注射，并避免动物剧烈活动。

1. 养殖场（户）家畜和种畜免疫

仔猪、羔羊：28～35 日龄时进行初免。

犊牛：90 日龄左右进行初免。

所有新生家畜初免后，间隔 1 个月后进行一次加强免疫，以后每隔 4 个月免疫一次。

2. 散养户家畜免疫

新购入幼畜，要及时进行免疫。如购入前未进行初免的，间隔 1 个月后还要进行一次加强免疫。饲养期较长的，以后每隔 4 个月免疫一次。

3. 调运家畜免疫

对调出县境的种用或非屠宰畜，要在调运前 2 周进行一次强化免疫。未进行强化免疫的，动物卫生监督机构不得出具检疫合格证明。

4. 紧急免疫

发生疫情时，对疫区、受威胁区域的全部易感家畜进行一次加强免疫。边境地区受到境外疫情威胁时，要对距边境线 30 公里以内的所有易感家畜进行一次加强免疫。最近 1 个月内已免疫的家畜可以不进行加强免疫。

二、疫苗使用

牛、羊、骆驼和鹿：口蹄疫 O 型-亚洲 I 型二价灭活疫苗；种牛、奶牛：可使用口蹄疫 O 型-亚洲 I 型二价灭活疫苗和口蹄疫 A 型灭活疫苗，也可使用口蹄疫 O 型-A 型-亚洲 I 型三价灭活疫苗。

猪：口蹄疫 O 型灭活疫苗、口蹄疫 O 型合成肽疫苗（双抗原）。

三、免疫方法

各种疫苗免疫方法及剂量按相关产品说明书规定进行。有条件的地方在根据监测结果验证可靠的前提下，也可采取加大免疫剂量

和后海穴免疫接种等免疫方法。

四、免疫效果监测

猪免疫 28 天后，其他畜 21 天后，进行免疫效果监测。

1. 检测方法

亚洲 I 型口蹄疫：液相阻断 ELISA。

O 型口蹄疫：灭活疫苗采用液相阻断 ELISA、正向间接血凝试验，合成肽疫苗采用 VP1 结构蛋白 ELISA。

A 型口蹄疫：液相阻断 ELISA。

2. 免疫效果判定

亚洲 I 型口蹄疫：液相阻断 ELISA 的抗体效价 $\geq 2^6$ 判定为合格。

O 型口蹄疫：液相阻断 ELISA 的抗体效价 $\geq 2^6$ 判定为合格，正向间接血凝试验的抗体效价 $\geq 2^5$ 判定为合格；合成肽疫苗 VP1 结构蛋白抗体 ELISA 的抗体效价 $\geq 2^5$ 判定为合格。

A 型口蹄疫：液相阻断 ELISA 的抗体效价 $\geq 2^6$ 判定为合格。

存栏家畜免疫抗体合格率 $\geq 70\%$ 判定为合格。

高致病性猪蓝耳病强制免疫实施方案

对所有猪进行高致病性猪蓝耳病强制免疫。原则上一个县区域内只使用一种高致病性猪蓝耳病活疫苗进行免疫。

一、免疫程序

规模养殖场按免疫程序进行免疫，散养猪在春秋两季各实施一次集中免疫，对新补栏的猪要及时免疫。"百日会战"期间，对所有存栏猪全部强化免疫一次。

1. 规模养猪场免疫

商品猪：使用活疫苗于断奶前后初免，4 个月后免疫 1 次；或者，使用灭活苗于断奶后初免，在初免后 1 个月加强免疫 1 次。

种母猪：使用活疫苗或灭活疫苗进行免疫。150 日龄前免疫程序同商品猪；以后每次配种前加强免疫 1 次。

种公猪：使用灭活疫苗进行免疫。70 日龄前免疫程序同商品猪，以后每隔 4 ~ 6 个月加强免疫 1 次。

2. 散养猪免疫

春秋两季对所有猪进行一次集中免疫，每月定期补免。有条件的地方可参照规模养猪场的免疫程序进行免疫。

二、使用疫苗种类

高致病性猪蓝耳病活疫苗、高致病性猪蓝耳病灭活疫苗。

三、紧急免疫

发生疫情时，对疫区、受威胁区域的所有健康猪使用活疫苗进行一次加强免疫。最近 1 个月内已免疫的猪可以不进行加强免疫。

四、免疫方法

各种疫苗免疫接种方法及剂量按相关产品说明书规定操作。

五、免疫效果监测

活疫苗免疫 28 天后，进行免疫效果监测。高致病性猪蓝耳病 ELISA 抗体检测阳性判为合格。存栏猪免疫抗体合格率≥70% 判定为合格。

猪瘟强制免疫实施方案

对所有猪进行猪瘟强制免疫。

一、免疫程序

规模养殖场按免疫程序进行免疫，散养猪在春秋两季各实施一次集中免疫，对新补栏的猪要及时免疫。

1. 规模养猪场免疫

商品猪：25～35 日龄初免，60～70 日龄加强免疫一次。

种公猪：25～35 日龄初免，60～70 日龄加强免疫一次，以后每 6 个月免疫一次。

种母猪：25～35 日龄初免，60～70 日龄加强免疫一次，以后每次配种前免疫一次。

新引进猪：及时补免。

2. 散养猪免疫

每年春秋两季集中免疫，每月定期补免。

3. 紧急免疫

发生疫情时对疫区和受威胁地区所有健康猪进行一次加强免疫。最近 1 个月内已免疫的猪可以不进行加强免疫。

二、使用疫苗种类和免疫方法

传代细胞源猪瘟活疫苗和政府采购专用猪瘟活疫苗，按说明书规定使用。

三、免疫抗体监测

免疫 21 天后，进行免疫效果监测。

猪瘟抗体阻断 ELISA 检测试验抗体阳性判定为合格，猪瘟抗体间接 ELISA 检测试验抗体阳性判定为合格，猪瘟抗体正向间接血凝实验抗体效价 $\geqslant 2^5$ 判定为合格。

存栏猪抗体合格率 $\geqslant 70\%$ 判定为合格。

新城疫免疫实施方案

对所有鸡进行新城疫全面免疫，参考免疫程序如下：

一、免疫程序（参考）

1. 规模养鸡场免疫

种鸡、商品蛋鸡：1 日龄时，用新城疫弱毒活疫苗初免；7 ～ 14 日龄时用新城疫弱毒活疫苗和（或）灭活疫苗进行免疫；12 周龄用新城疫弱毒活疫苗和（或）灭活疫苗进行强化免疫，17 ～ 18 周龄或产蛋前再用新城疫灭活疫苗免疫一次。开产后，根据免疫抗体检测情况进行疫苗免疫。

肉鸡：使用禽流感灭活疫苗的在 7 ～ 10 龄使用新城疫弱毒苗和新城疫灭活苗各免疫一次，24 日龄使用新城疫弱毒苗免疫一次。或 7 ～ 10 日龄时，用禽流感 - 新城疫重组二联活疫苗（rLH5-6）初免，1 周后，用新城疫弱毒疫苗加强免疫一次，2 周后，用禽流感—新城疫重组二联活疫苗（rLH5-6）再加强免疫一次。各规模养鸡场结合本场实际情况，定期进行新城疫免疫抗体水平检测，根据检测结果适时调整免疫程序。

2. 散养户免疫

实行春秋两季集中免疫，每月定期补免。

3. 紧急免疫

发生疫情时，要对疫区、受威胁区等高风险区域的所有鸡进行一次强化免疫。最近 1 个月内已免疫的鸡可以不进行强化免疫。

二、使用疫苗种类和免疫方法

新城疫弱毒活疫苗和灭活疫苗，各种疫苗免疫接种方法及剂量按相关产品说明书规定操作。

三、免疫效果监测

免疫 21 天后，进行免疫效果监测。

新城疫抗体血凝抑制试验抗体效价 ≥2^5 判定为合格。

存栏家禽抗体合格率达到 ≥70% 判定为合格。

参考文献

1. 陈温福．北方水稻生产技术问答．北京：中国农业出版社（第三版）

2. 田文霞编著．村级动物防疫员必备技能（畜牧篇）．北京：中国农业出版社．2009.

3. 中国动物疫病预防控制中心组编、村级动物防疫员技能培训教材．北京：中国农业出版社．2008.